科学出版社"十四五"普通高等教育本科规划教材

卓越工程师教育培养计划——现代工程图学精品教材

现代机械工程图学题典

（第四版）

主编 刘雪红 陈 全 王 琳

主审 黄 丽

科学出版社

北 京

内 容 简 介

本书与《现代机械工程图学教程》(第四版)，《现代机械工程图学电子教材》配套使用，编排顺序与教材体系保持一致，使学与练相互促进。在习题编写上，加强基本体表达、组合体读图、机件各种表达方法的应用、零件表达等方面的训练，习题安排按教材内容相对集中，同时摒弃了过多重复的训练内容，充分培养和提高学习者的分析问题能力与空间想象能力，在此基础上通过对零件图和装配图画图和读图的练习，进一步提高机械图读图和绘图的能力。

《现代机械工程图学电子教材》，用分步骤的图解、三维模型、文本、动画等生动地介绍全部课程的教学内容和所有习题答案，呈现方式采用"二维码"形式，读者扫描《现代机械工程图学教程》(第四版)中的二维码登录即可查看，这有利于教师采用现代教学手段组织教学和读者自学。

本题典可供普通高等学校机械类和近机械类制图课程的学生选用，也可作为相关工程技术人员的参考书。

图书在版编目(CIP)数据

现代机械工程图学题典/刘雪红，陈全，王琳主编. —4版. —北京：科学出版社，2024.5
科学出版社"十四五"普通高等教育本科规划教材
卓越工程师教育培养计划：现代工程图学精品教材
ISBN 978-7-03-077436-1

Ⅰ. ①现… Ⅱ. ①刘… ②陈… ③王… Ⅲ. ①机械制图-高等学校-习题集 Ⅳ. ①TH126-44

中国国家版本馆 CIP 数据核字(2023)第 252644 号

责任编辑：王 晶/责任校对：高 嵘
责任印制：彭 超/封面设计：苏 波

科学出版社 出版
北京东黄城根北街16号
邮政编码：100717
http://www.sciencep.com

武汉市首壹印务有限公司印刷
科学出版社发行 各地新华书店经销

*

开本：787×1092 1/16
2024年5月第 四 版 印张：10 3/4 插页：2
2024年5月第一次印刷 字数：127 000

定价：39.00 元

(如有印装质量问题，我社负责调换)

《现代机械工程图学题典》(第四版)编委会

前　　言

本书在2006年第一版、2011年第二版、2016年第三版陆续出版后，得到了图学界同行的大力支持和读者的充分肯定，一直在武汉理工大学和部分兄弟院校的机械类和近机械类本科专业教学中使用。随着科学技术的发展，工程教育认证标准所确定的专业培养目标和毕业要求对当前的课程教学改革和教材更新提出了新的要求。

本书在保持第三版“精练内容，完善体系，紧跟学科前沿”的编写宗旨等诸多特色的基础上，融合近几年的本课程教学改革成果，对原第三版进行了改进和优化，全书力求体现以下特色。

1. 本书在内容安排上符合高等工科学校工程制图课程教学大纲基本要求，并与《现代机械工程图学教程》保持一致，能较好地满足教学需要；

2. 本书全部采用最新的国家标准，内容新颖，符合学生的认识规律，由浅入深，覆盖面广，重点突出；

3. 本书在题目数量和难度设计上有一定的选择余地，以满足不同教学学时和不同专业学生的需求，便于发挥学生的潜能，便于教师因材施教；

4. 本书在内容上进行了拓展，习题按照教学内容实行模块化编排，有利于教师组织学生进行课堂和课后的学习训练。

5. 本书另配有电子教材，用分步的图解、三维模型、文本和动画等多种形式全面生动地展现了课程教学内容和习题解答，方便教师采用现代教学手段组织教学和读者的自学。(注：电子教材前几版均采用光盘制作，本版将光盘内容改为二维码形式呈现，便于读者学习，具体可在配套《现代机械工程图学教程》(第四版)中扫描二维码查看)

6. 本书中练习的答案可扫封三的二维码激活本书后查看。

本书由刘雪红、陈全、王琳担任主编，张仪哲、姚勇、张萍担任副主编。与本书配套的《现代机械工程图学电子教材》由王琳、张永权、王慧源、刘雪红、李茂担任主编。

参加编写的有：王琳、王慧源、王成刚、卢其兵、匡珑、刘雪红、刘冬林、祁型虹、朱希夫、李茂、李新、李瑞亚、李云怡、张萍、张仪哲、张永权、陈全、郑钧宜、杨红涛、姚勇、姚碧涛和游险峰。本书由刘雪红负责策划、统稿和定稿。武汉理工大学工程图学部的老师们在本书的编写过程中提出了许多宝贵的意见和建议，在此一并表示感谢。

由于编者水平所限，书中存在不妥之处，我们诚恳希望读者批评指正。

编　者

2023 年 11 月

目　　录

练习1　制图的基本知识

练习1-1　制图的基本知识

1. 字体练习。

销键孔槽齿轮千斤顶机油泵管钳旋塞虎钳技术要求

制图校对审核比例重量件数材料专业班级学制图校对审核比例重量件数

2. 字体练习。

1234567890　*ØRABCDEFGHIJKL*　Ⅰ Ⅱ Ⅲ Ⅳ Ⅴ Ⅵ Ⅶ Ⅷ Ⅸ Ⅹ

MNOPQRSTUVWXYZ　*abcdefghijklmnopqrstuvwxyz*

班级　　　姓名　　　学号

练习1-3　制图的基本知识

3. 将所给图线抄画在右边。

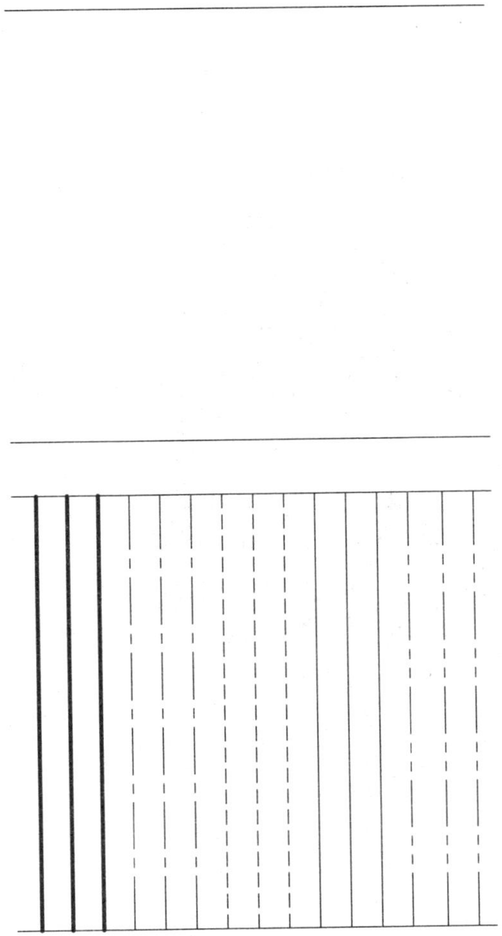

4. 将所给图形抄画在下方。

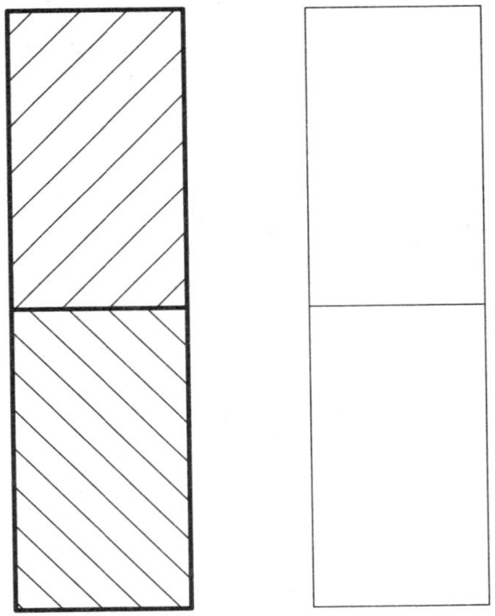

班级　　　　姓名　　　　学号

5. 将所给图形抄画在A3图纸上（选择合适的比例），并标注尺寸。

（1）

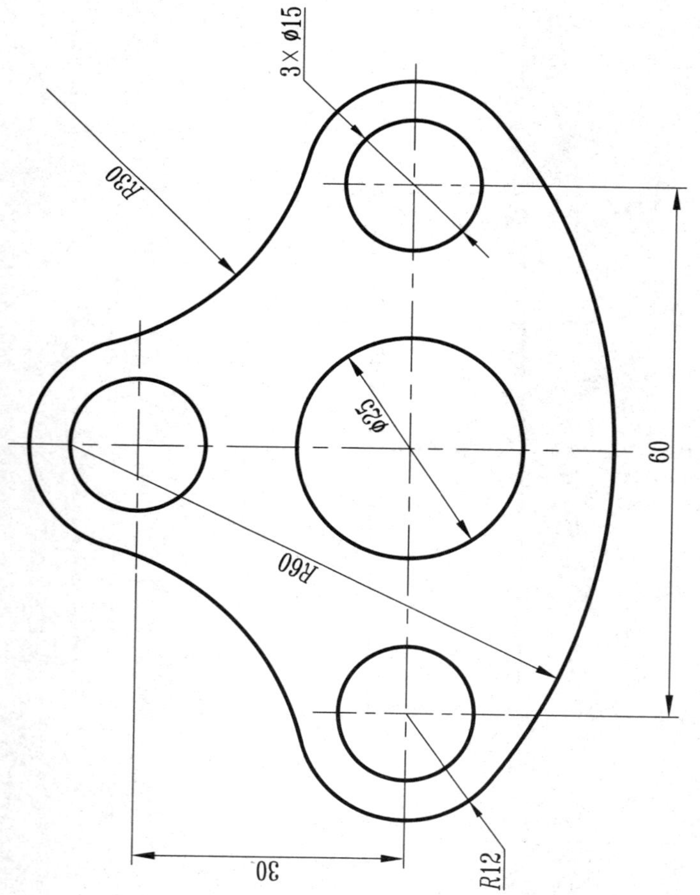

（2）

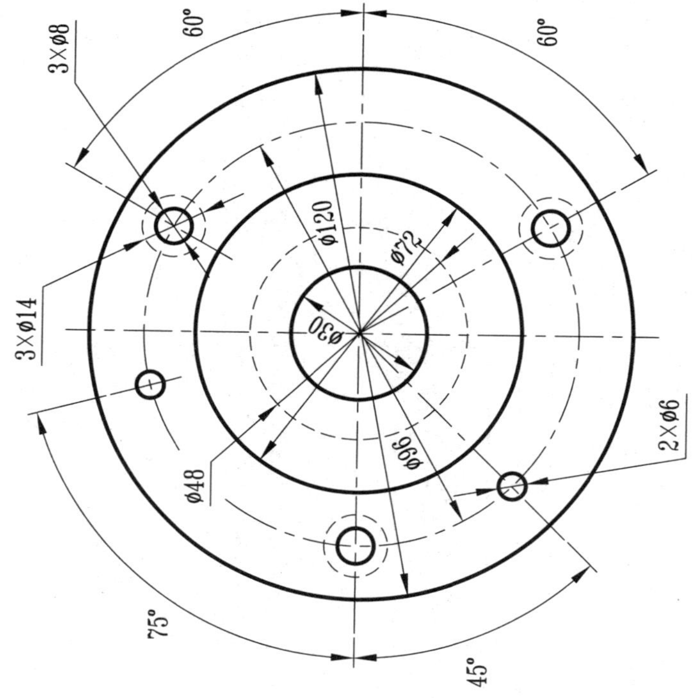

班级 姓名 学号

6. 将所给图形抄画在A3图纸上（选择合适的比例），并标注尺寸。

（1）

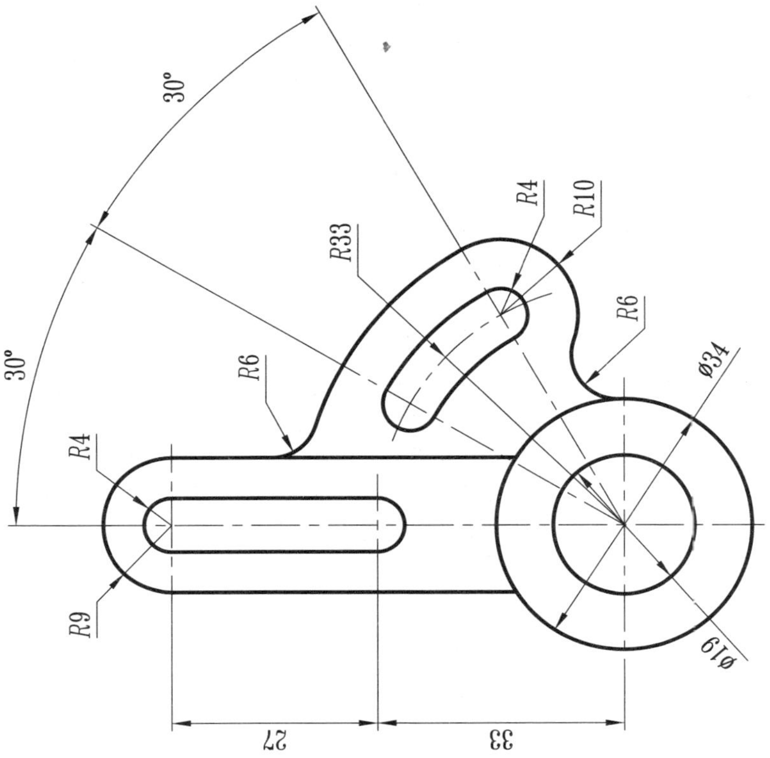

（2）

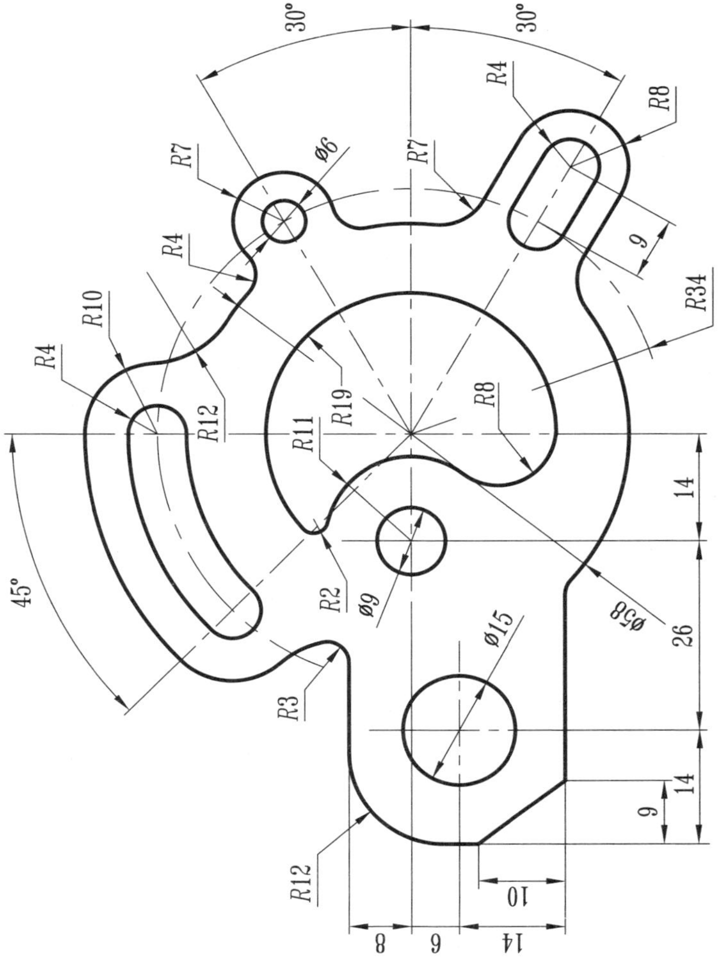

练习2 正投影理论的基础知识及作图

练习2-1 正投影理论的基础知识及作图

1. 已知空间点A，B，C，试绘出它们的三面投影图。

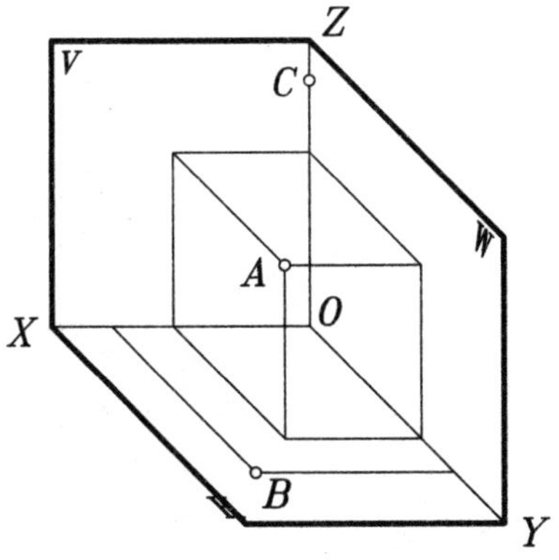

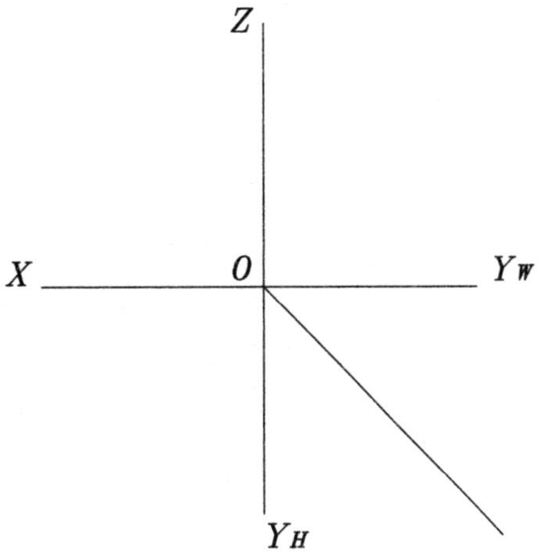

2. 完成下列各点的第三面投影，并比较它们的相对位置。

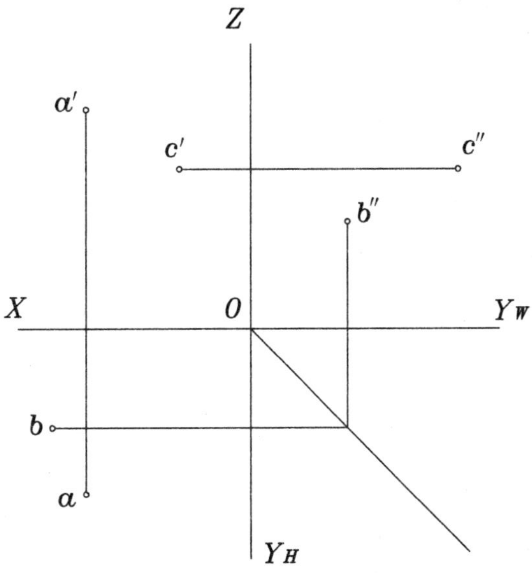

A点在B点（上、 下、 左、 右、 前、 后）方

A点在C点（上、 下、 左、 右、 前、 后）方

C点在B点（上、 下、 左、 右、 前、 后）方

3. 绘出下列各点的三面投影。

A（50，30，30）　B（50，30，40）

C（20，30，20）　D（20，40，20）

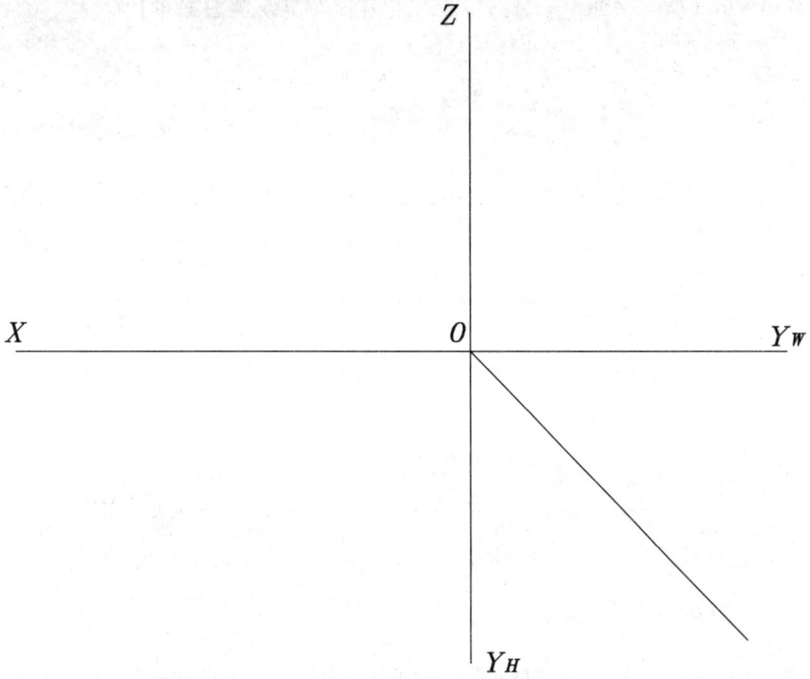

4. 绘出直线AB的第三面投影。

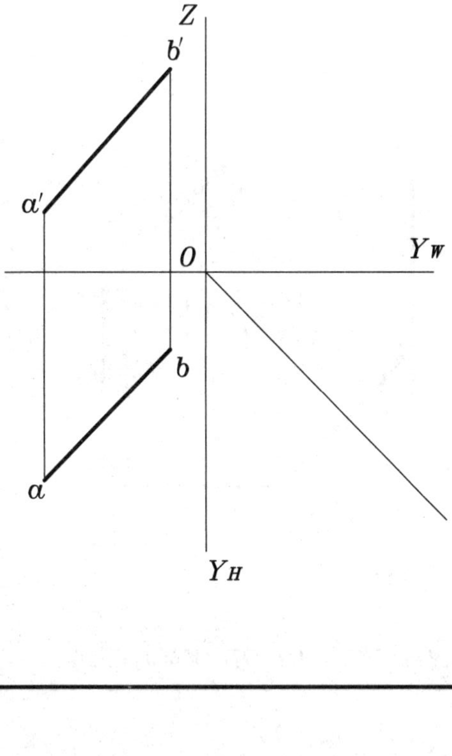

5. 绘出直线CD的第三面投影。

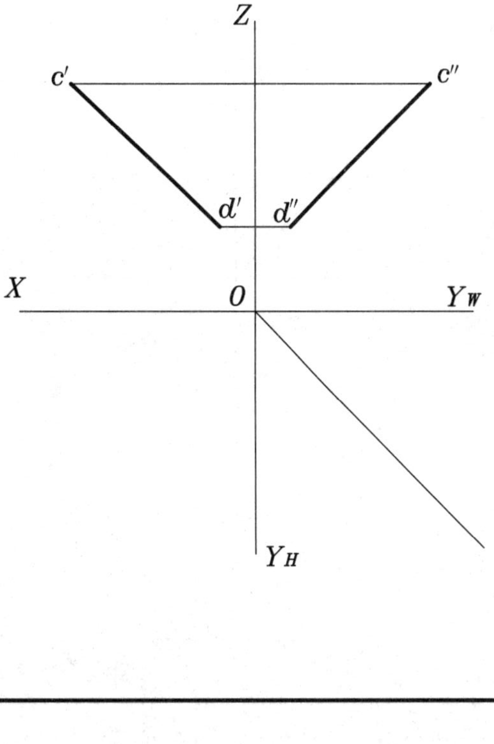

6. 判别下列直线属于6种特殊位置直线中的哪一种。

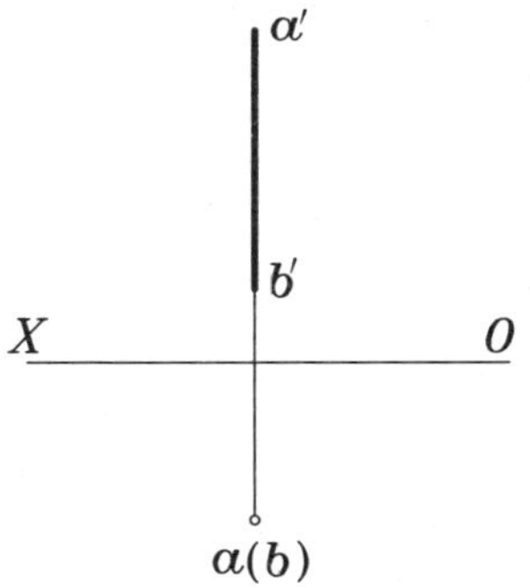

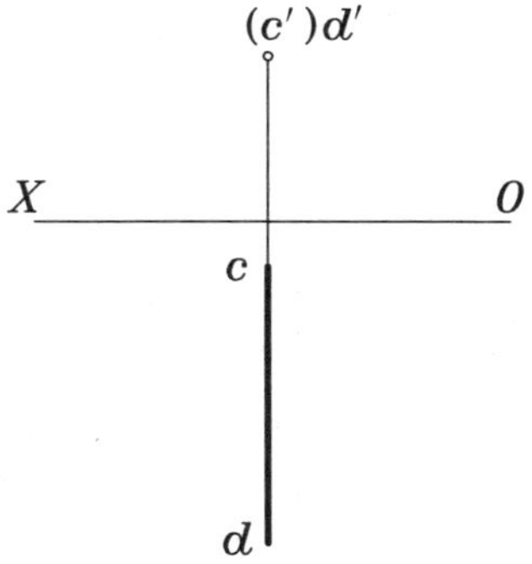

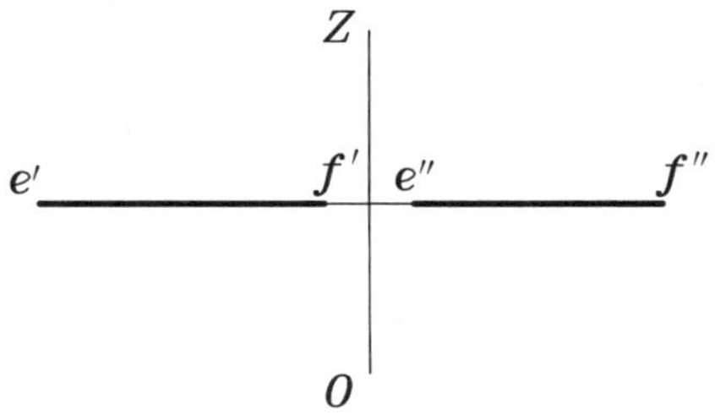

AB是（　　　　　　）线　　CD是（　　　　　　）线　　EF是（　　　　　　）线

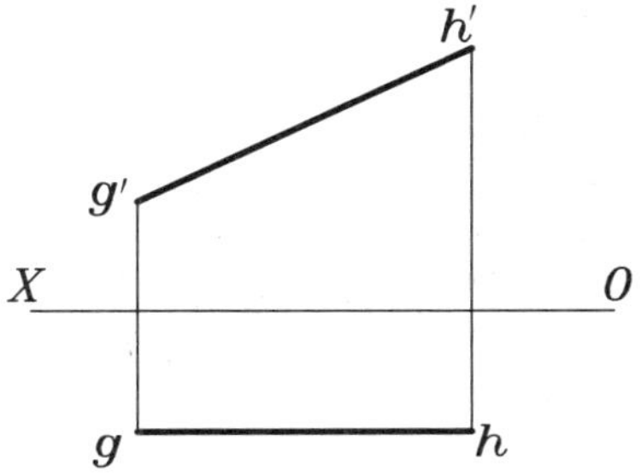

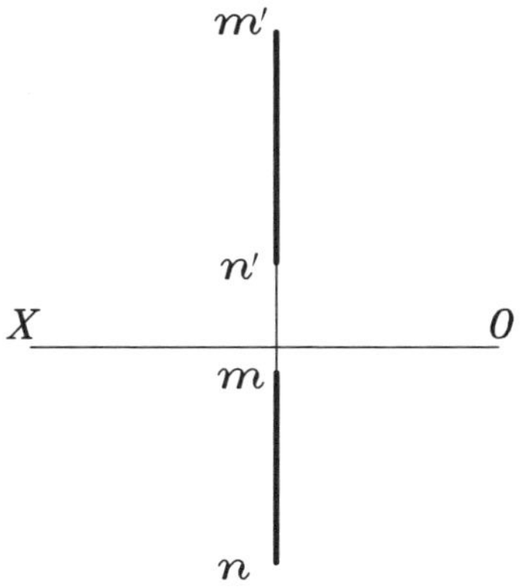

GH是（　　　　　　）线　　ST是（　　　　　　）线　　MN是（　　　　　　）线

7. K点在AB直线上，求K点的水平投影。

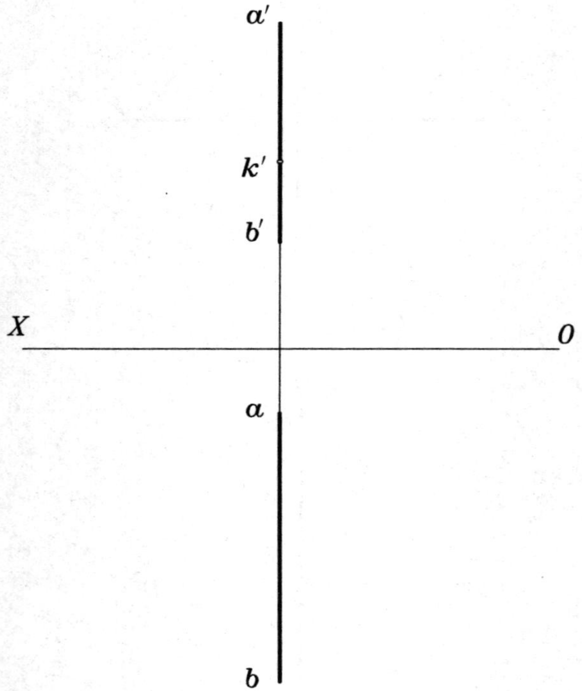

8. 过点D作一正平线AB，使端点A位于H面上，直线AB与H面的倾角为30°，线段实长为50mm，在直线AB上再取一点C，使AC∶CB=2∶1。

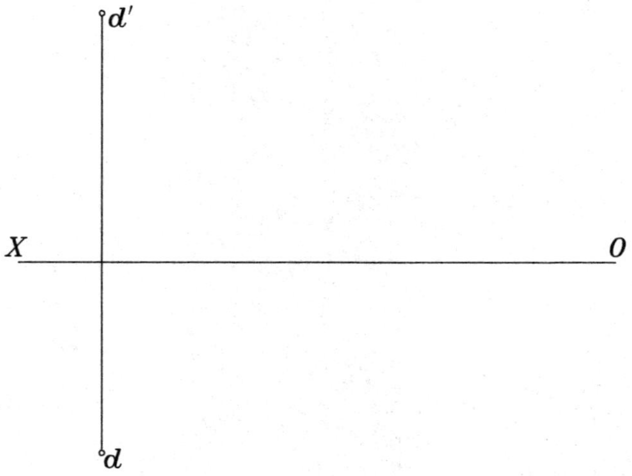

班级　　　　姓名　　　　学号

9. 已知正平线AB在V面前方20mm，求作它的其余两面投影并在该线段上取一点K，使AK=20mm。

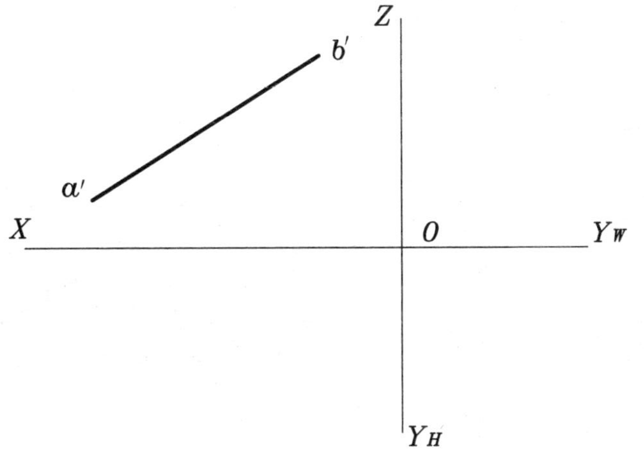

10. 绘出直线AB线段的实长及对投影面的倾角α、β、γ。

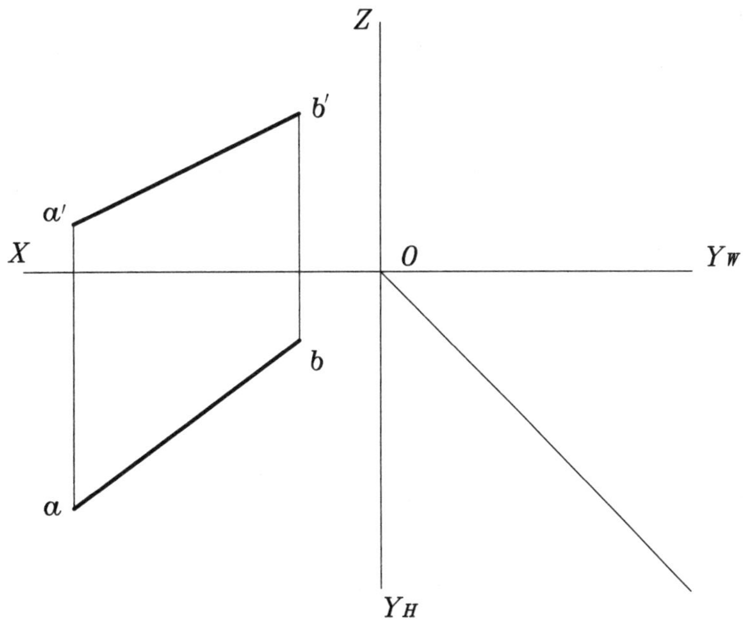

班级　　姓名　　学号

练习2-6　正投影理论的基础知识及作图

11. 已知AB线段的实长为45mm，求$a'b'$（可只求一解）。

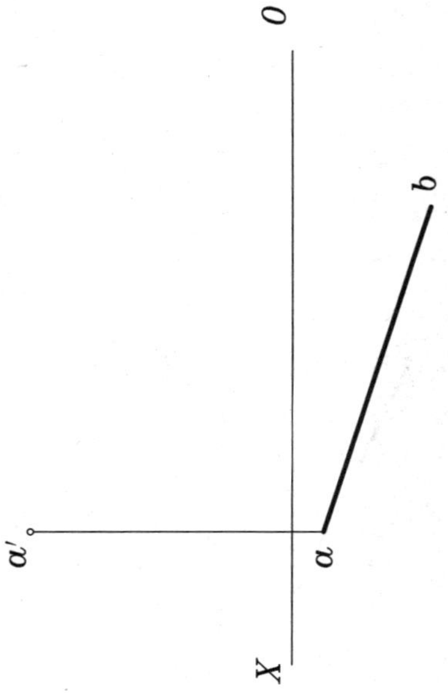

12. 已知AB线段对V面的倾角为30°，试完成其水平投影。

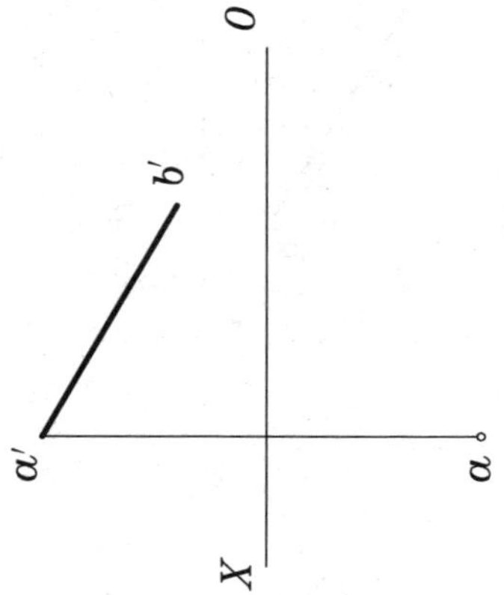

13. 在AB线段上取一点C，使AC=25mm。

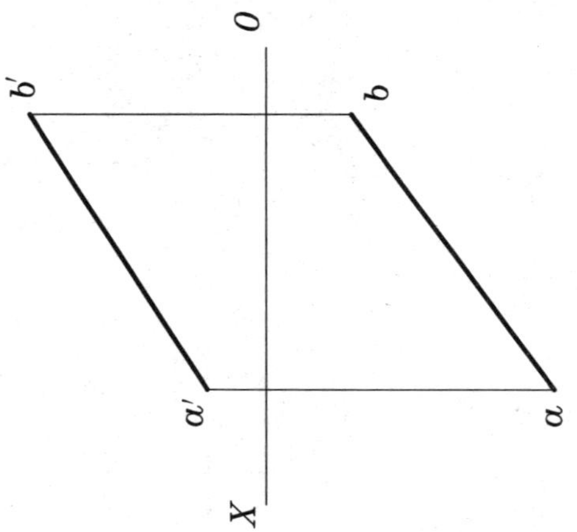

班级　　　　姓名　　　　学号

14. 判别两直线的相对位置。

（1）

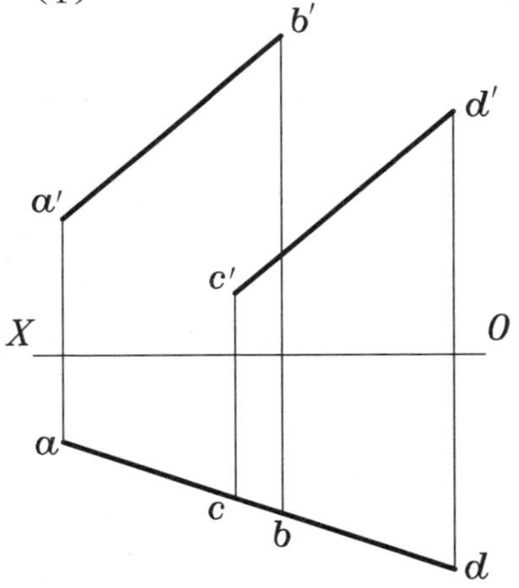

______

（2）

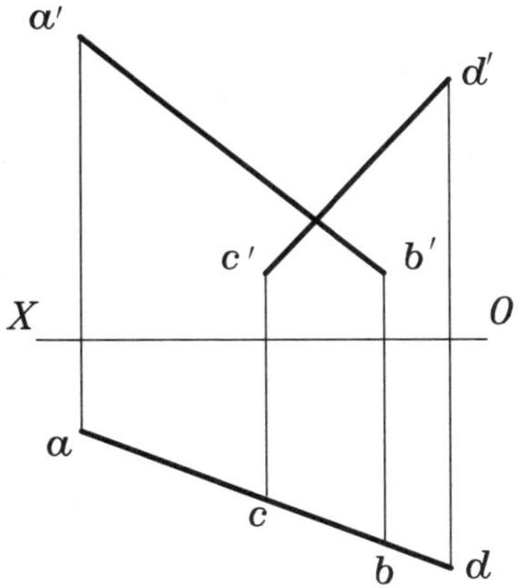

______

（3）

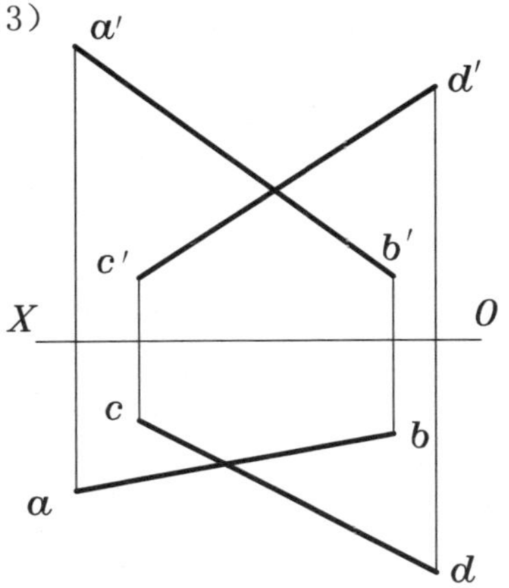

______

（4）

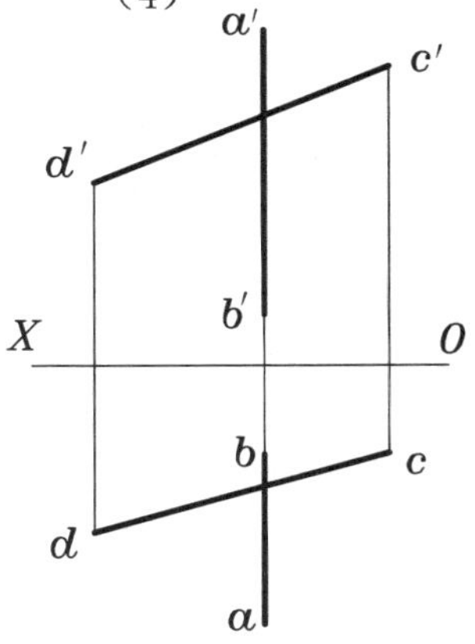

______

班级　　　　姓名　　　　学号

15. 判别两直线的相对位置。

（1）

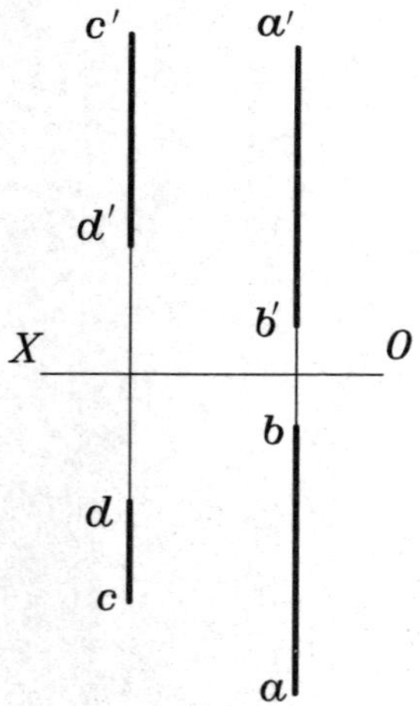

______

（2）

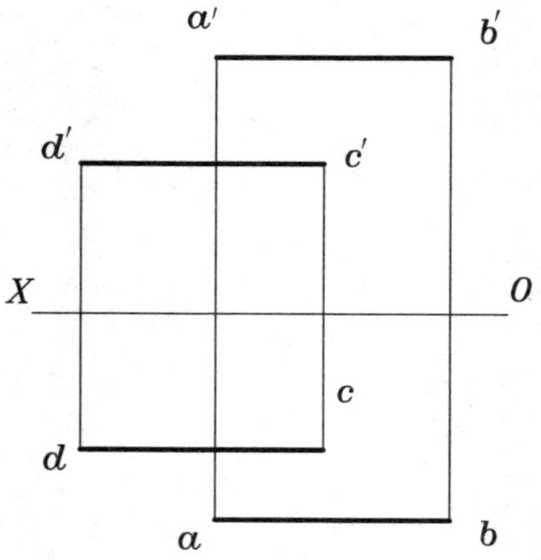

______

（3）

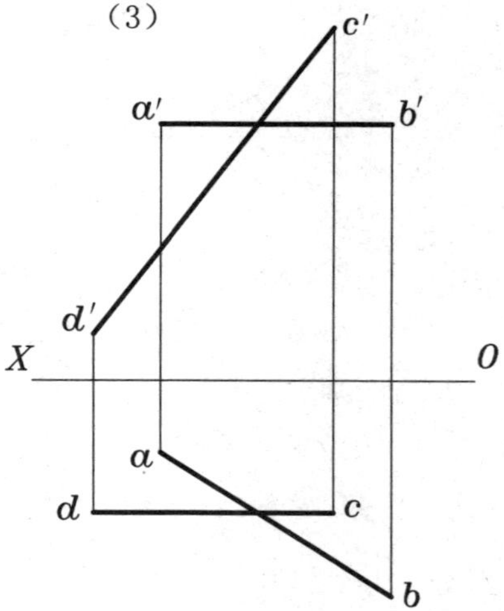

______

（4）

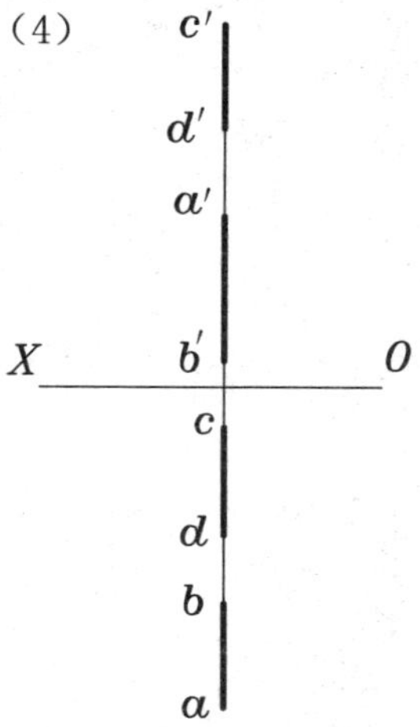

______

　班级　姓名　学号

16. 已知AB和CD相交，试完成各投影图。

（1）

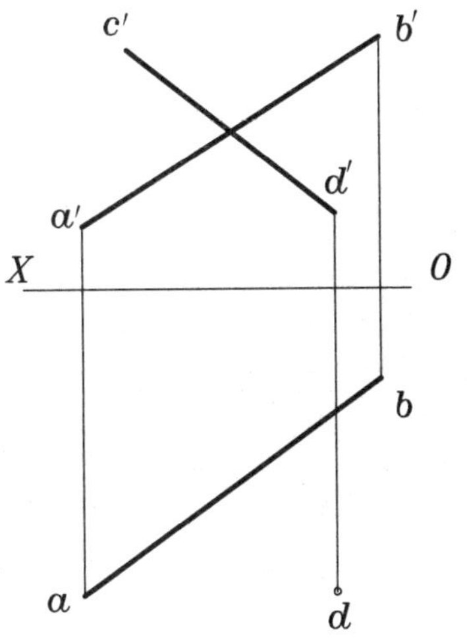

（2）

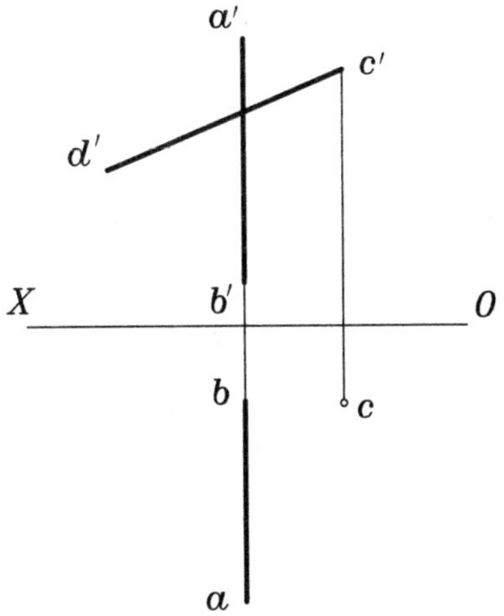

17. 作一直线与AB、CD两直线相交，设所作的直线条件如下：

（1）离H面为20mm；

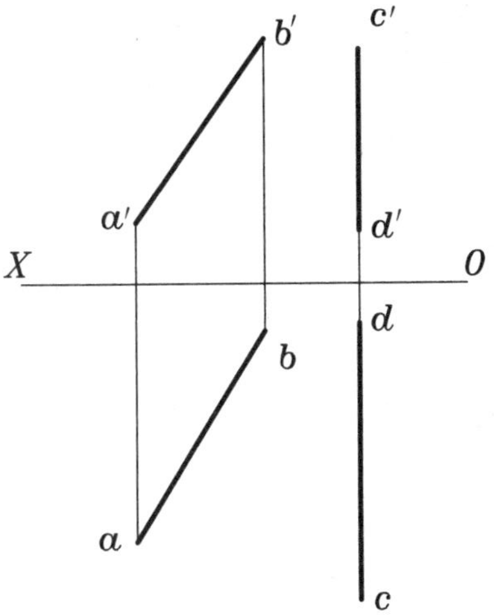

（2）平行于OX轴。

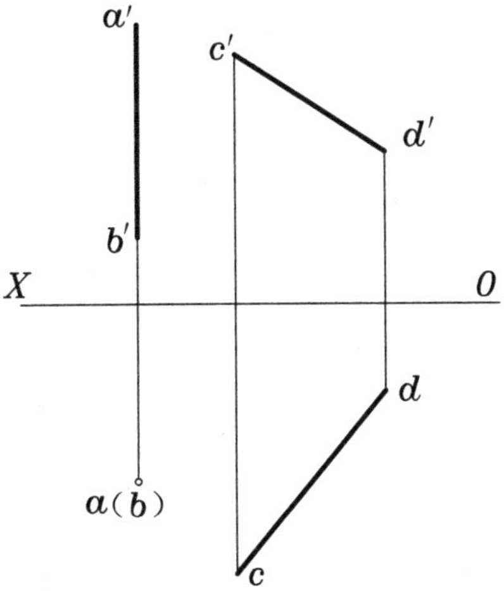

18. 作一直线与CD平行，和AB相交，且交点距V，H面等距。

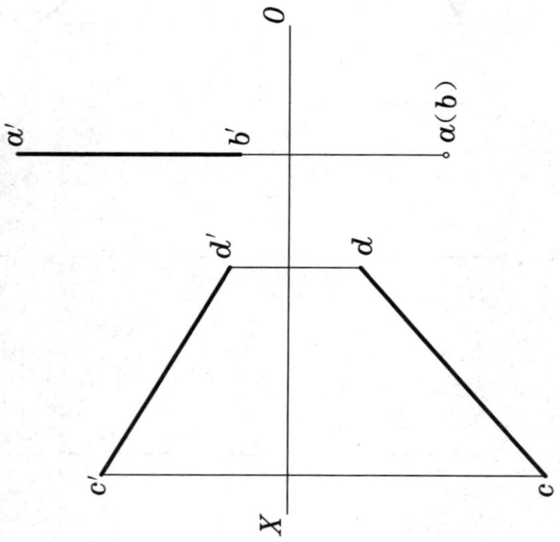

19. 过点C作直线交AB于D点，使AD=20mm。过点A作直线AE，使AE//CD。

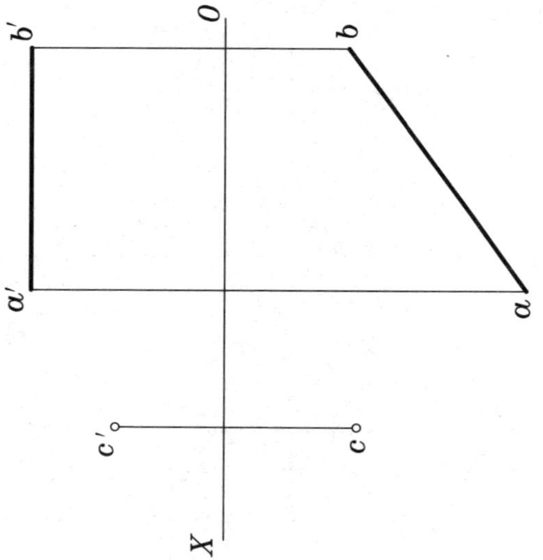

班级　　　　姓名　　　　学号

20. 标出下列图中重影点的投影。

（1）

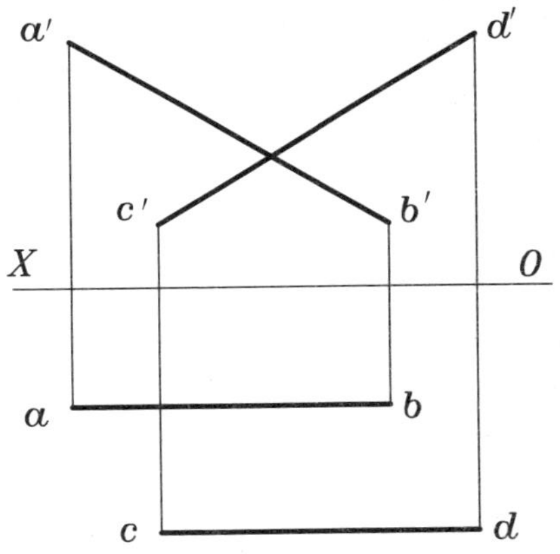

（2）

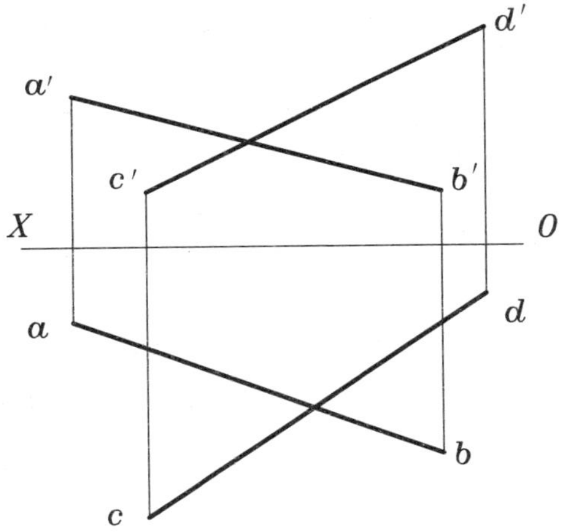

（3）

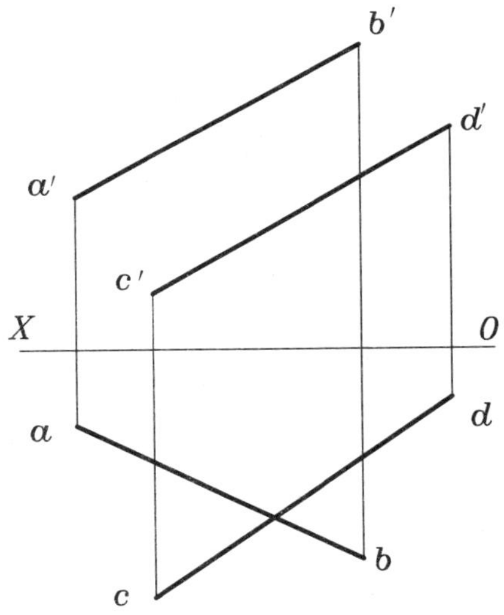

21. 已知AB、CD两直线相交于K点，试完成AB直线及交点K的水平投影。

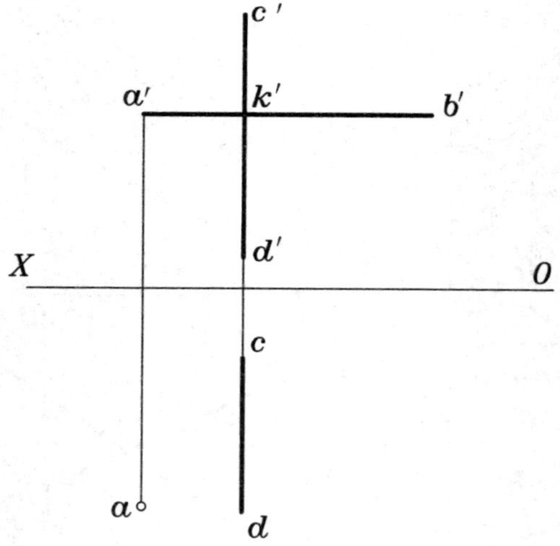

22. 作出AB及CD的公垂线并求其实长。

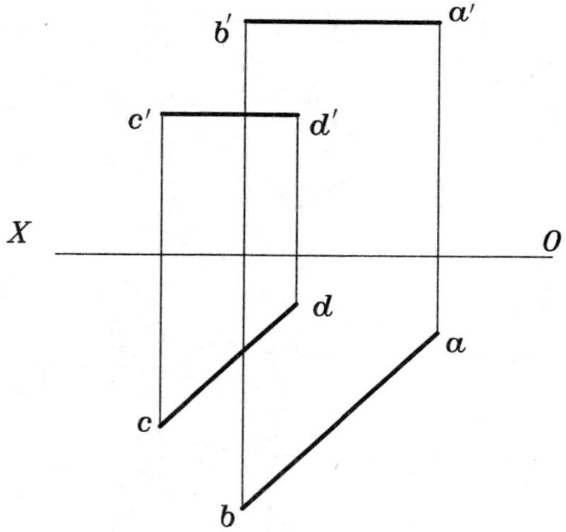

班级　　姓名　　学号

23. 正方形$ABCD$中的AB边在水平线AM上，试完成其两面投影。

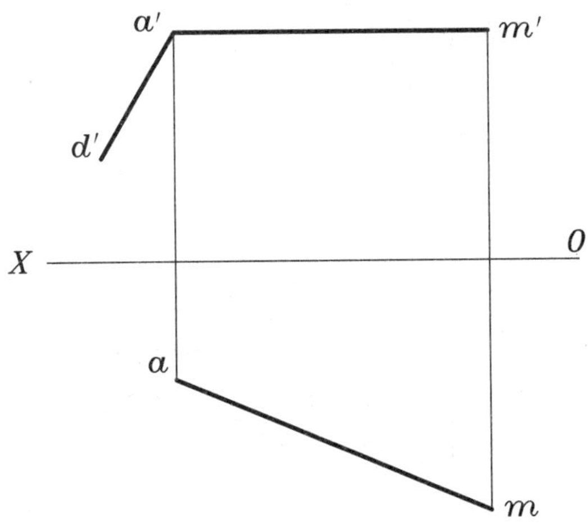

24. 过点C作直线CD，使之与直线AB垂直相交。

（1）

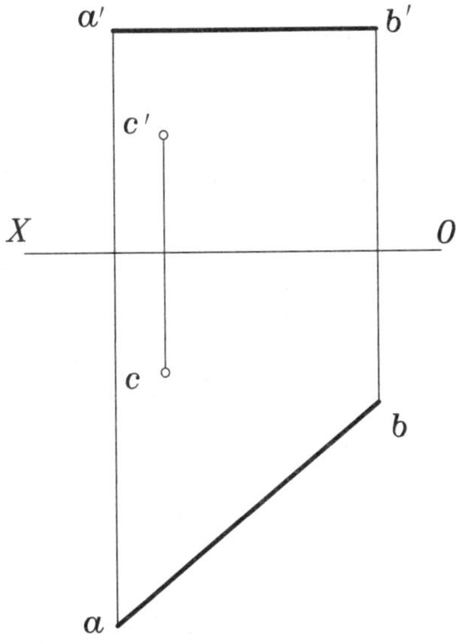

（2）

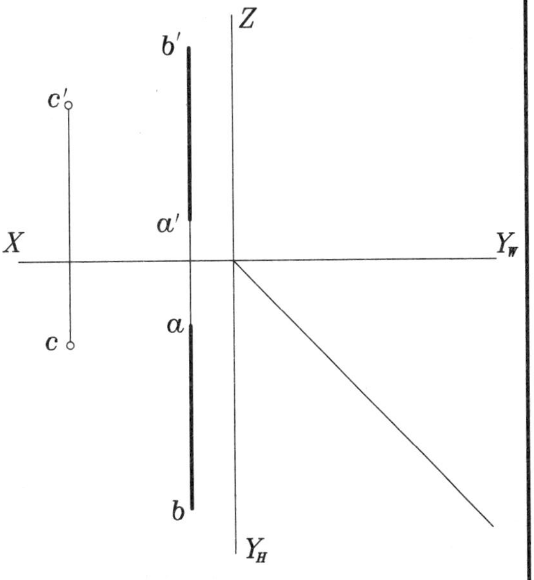

25. 指明A，B，C，D平面为何种位置平面。

（1）

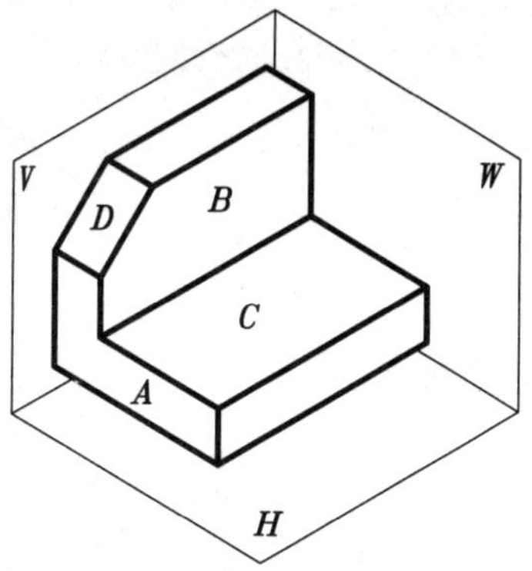

A平面为(　　　　　　)面
B平面为(　　　　　　)面
C平面为(　　　　　　)面
D平面为(　　　　　　)面

（2）

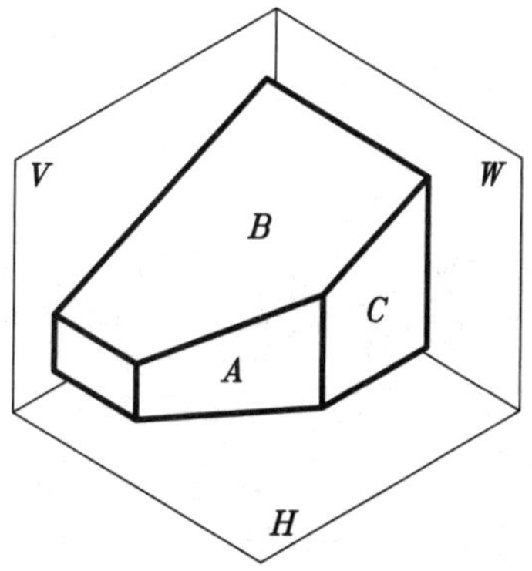

A平面为(　　　　　　)面
B平面为(　　　　　　)面
C平面为(　　　　　　)面

班级　　　姓名　　　学号

26. 作出下列各平面的第三面投影，并判别它们相对于投影面为何种位置平面。

（1）

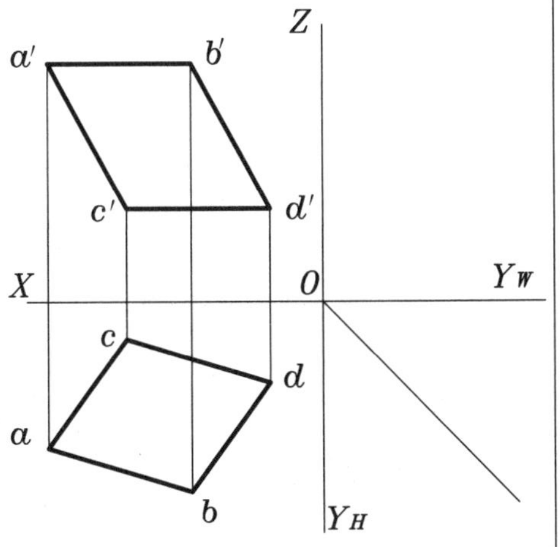

平面*ABCD*为（　　　　　）面

（2）

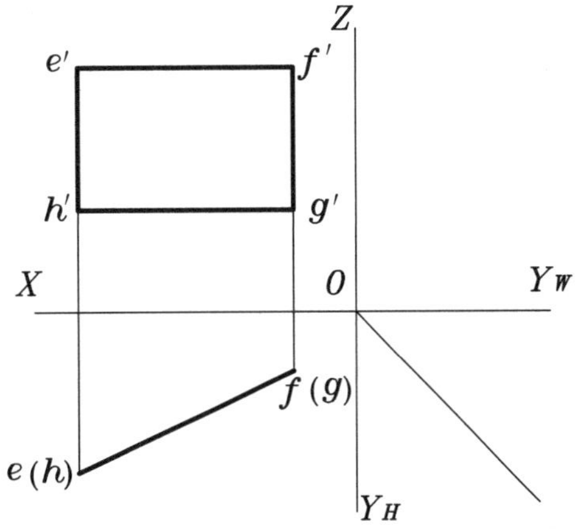

平面*EFGH*为（　　　　　）面

（3）

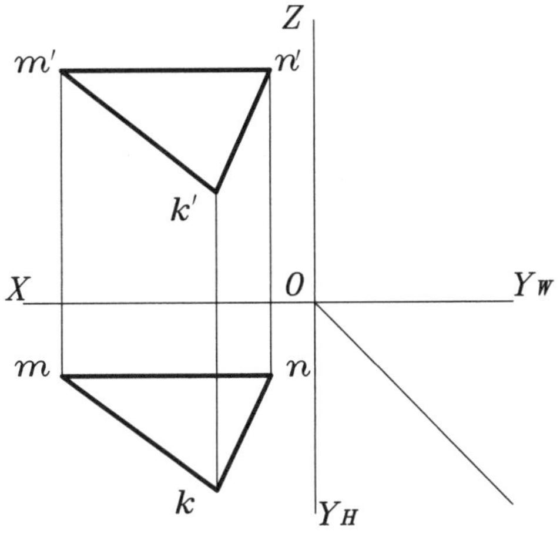

平面*KMN*为（　　　　　）面

（4）

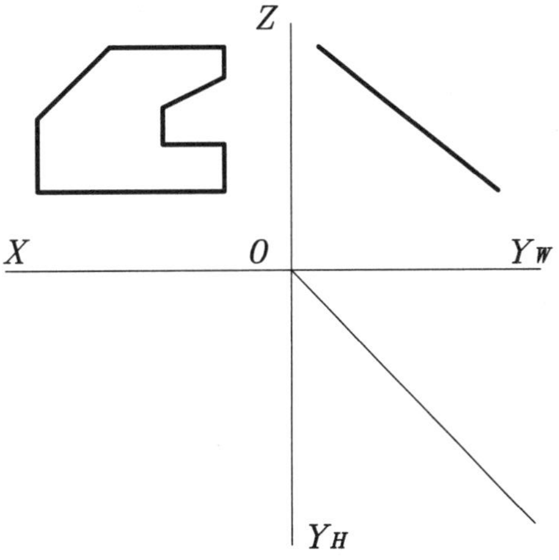

多边形平面为（　　　　　）面

班级　　姓名　　学号

27. 完成下列各平面图形的两面投影。

（1）等边三角形ABC为正平面；

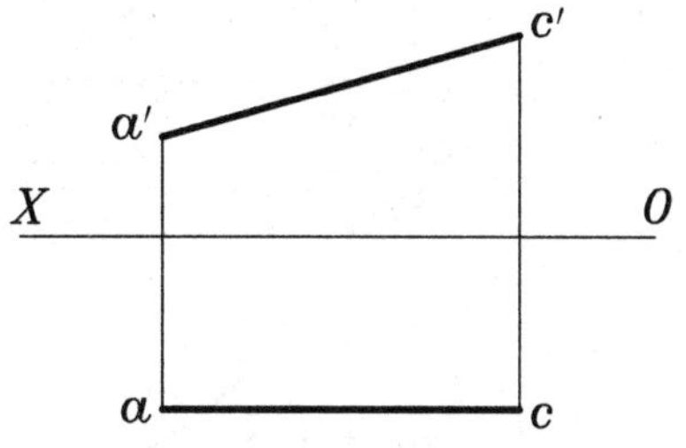

（2）正方形$ABCD$为正垂面，AC为对角线；

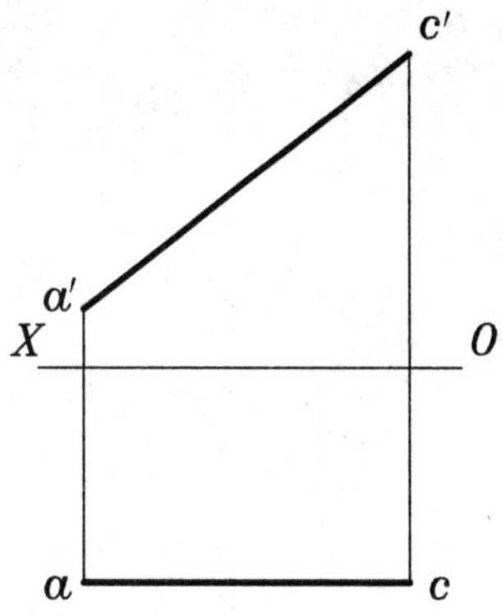

（3）正方形$ABCD$为铅垂面；

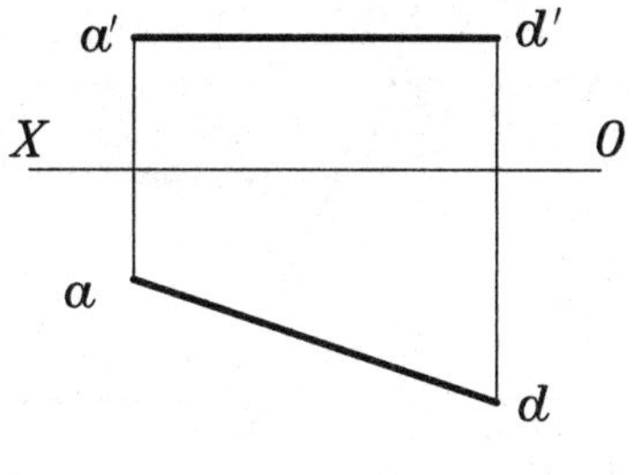

（4）圆心为O，半径为15mm的水平圆。

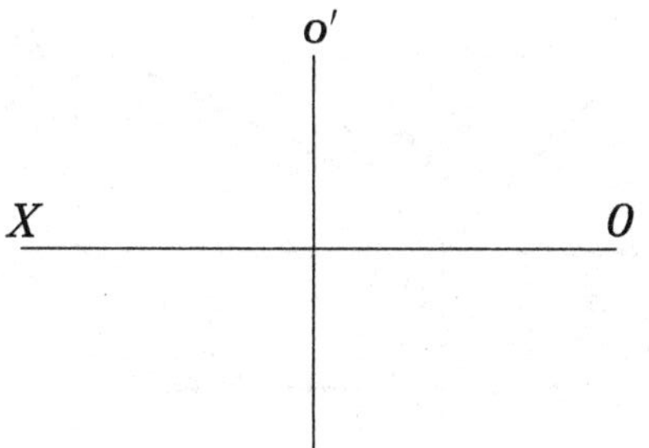

28. 完成平面五边形的水平投影。

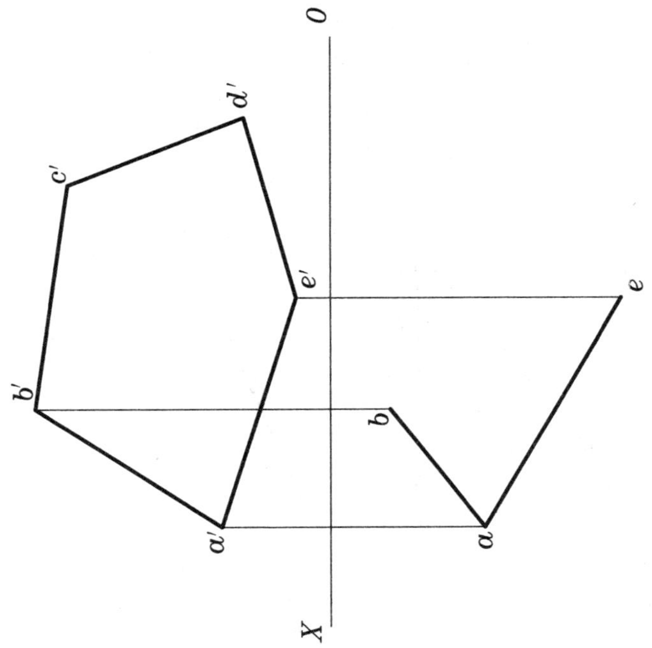

29. 在△ABC平面内作一条水平线，使其距H面30mm；作一条正平线，使其距V面20mm；同时求出平面上K点的投影，使K点距H面30mm、距V面20mm。

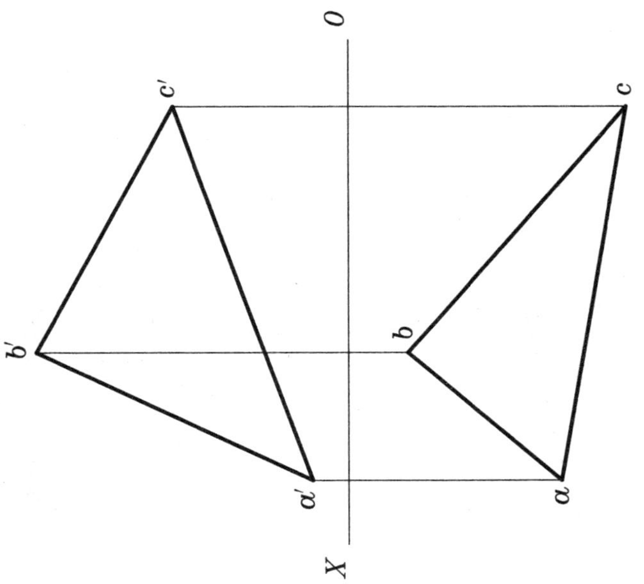

30. 求△ABC平面对V面的倾角β。

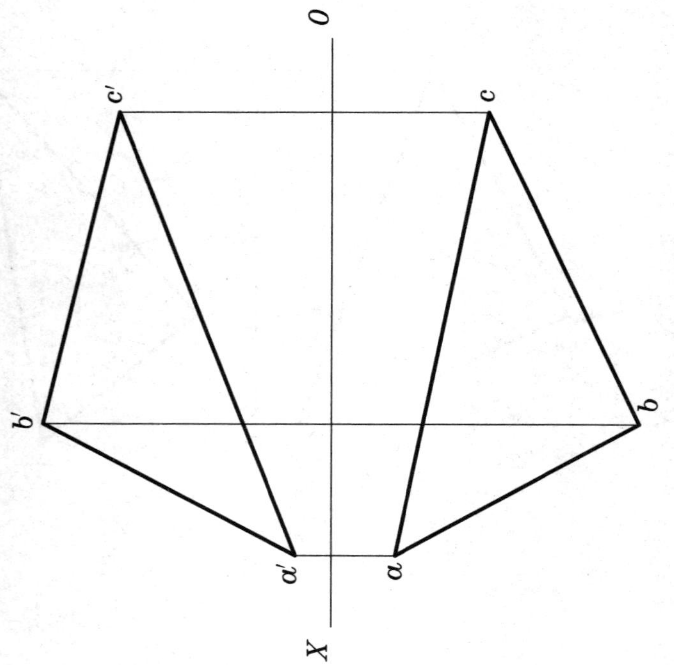

31. 已知△ABC平面对H面的倾角α=30°，作出该平面的水平投影（$a'c'$ // X）。

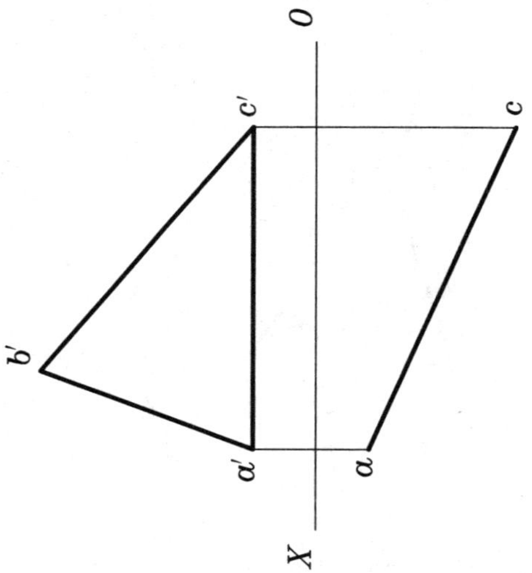

练习2-19 正投影理论的基础知识及作图

32. 过E点作正平线平行已知平面$ABCD$。

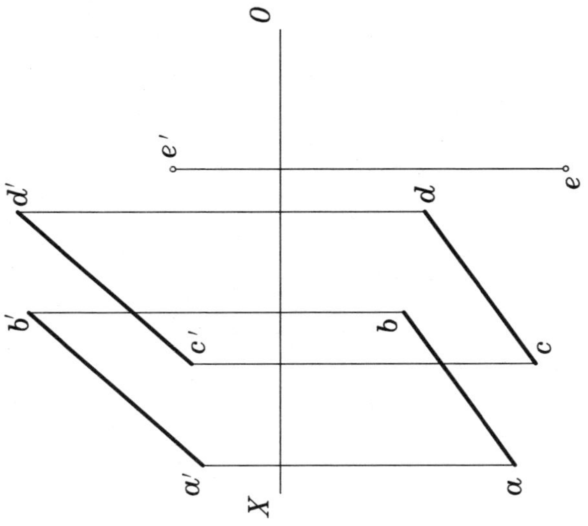

33. 过K点作水平线平行已知平面ABC。

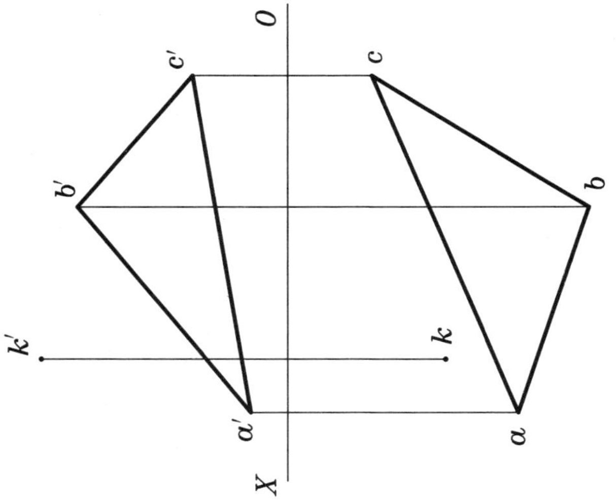

34. 已知直线DE平行于平面ABC，作出$d'e'$。

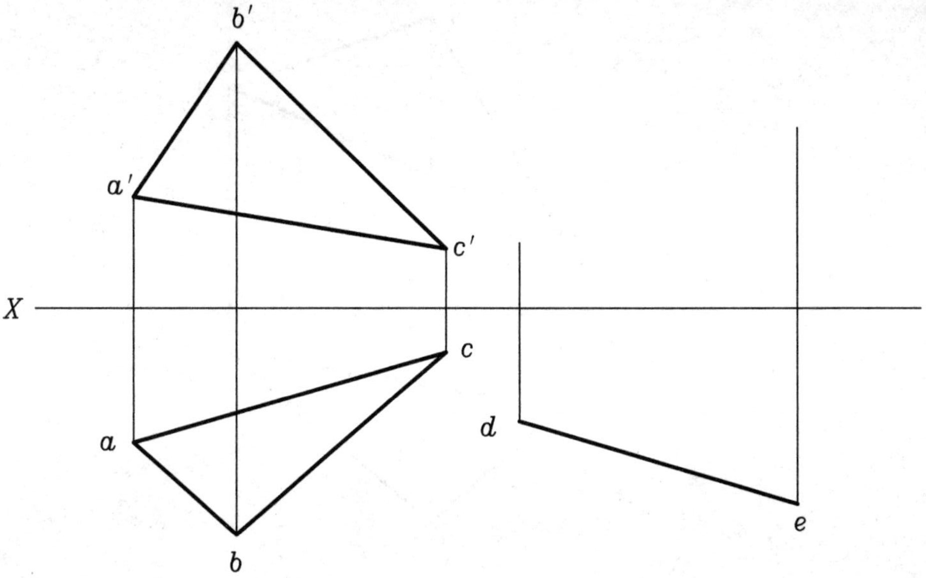

35. 过点E作直线EF平行于平面$ABCD$，并与GH相交。

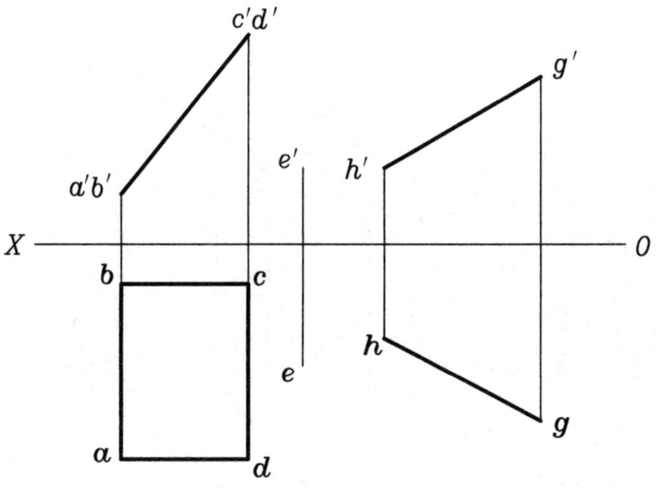

　班级　姓名　学号

36. 过点D作平面平行已知$\triangle ABC$。

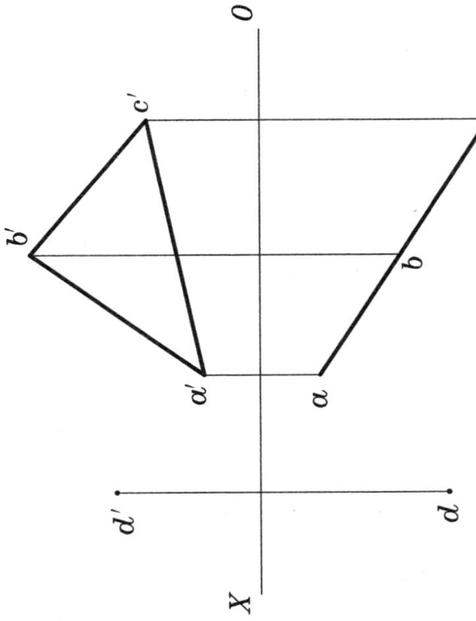

37. 过直线AB作平面平行已知直线CD。再过点E作一正垂面平行直线CD。

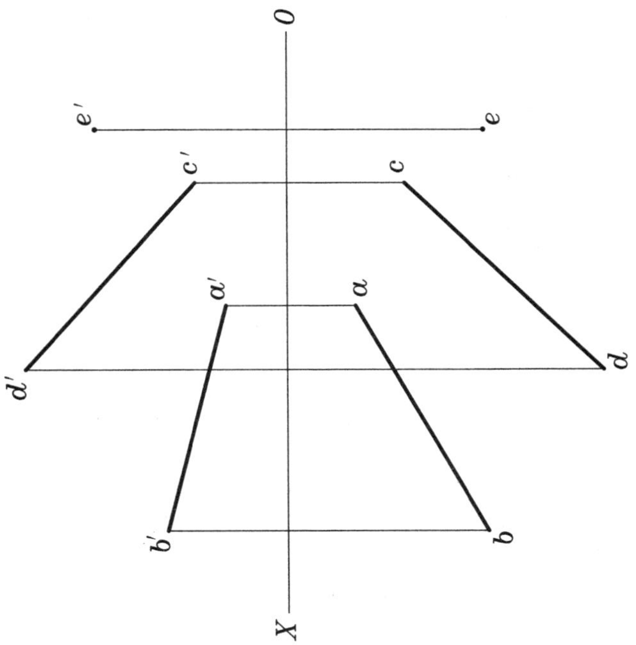

38. 判别两平面是否平行？（　　）

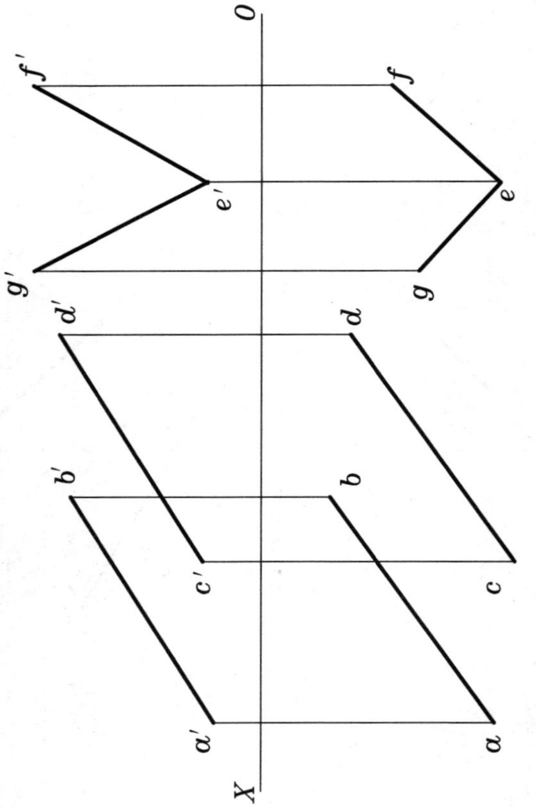

39. 已知两平面平行，试补全平面GEF的正面投影。

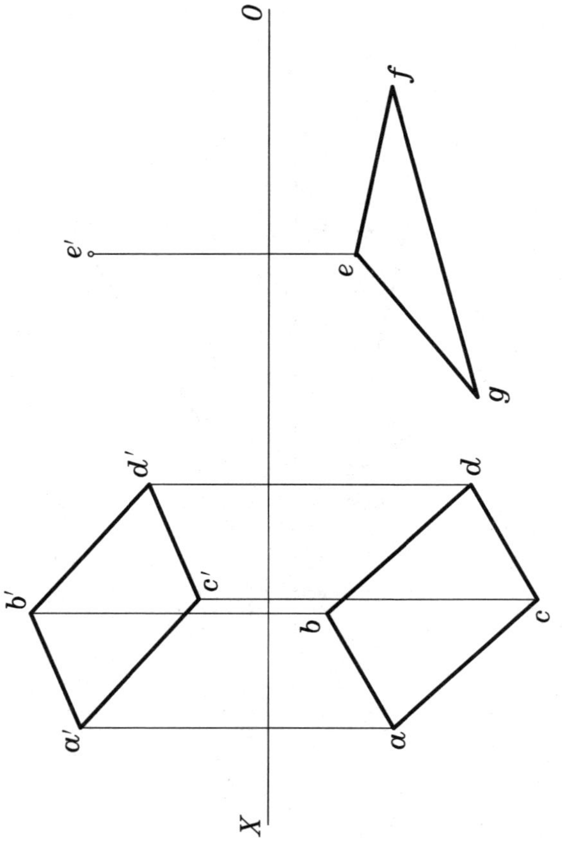

班级　　　　　　　　姓名　　　　　　　　学号

40. 求直线和平面的交点，并判别其可见性。

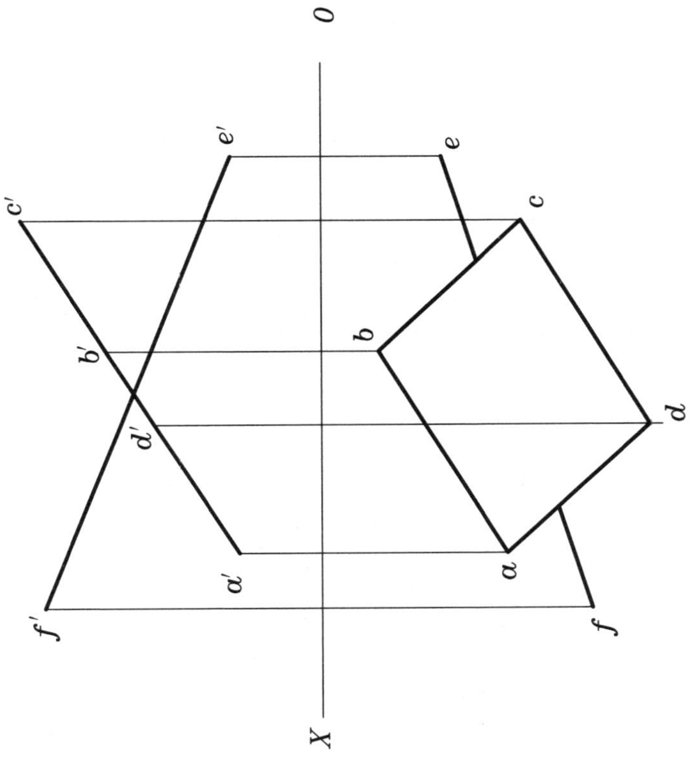

41. 求直线和平面的交点，并判别其可见性。

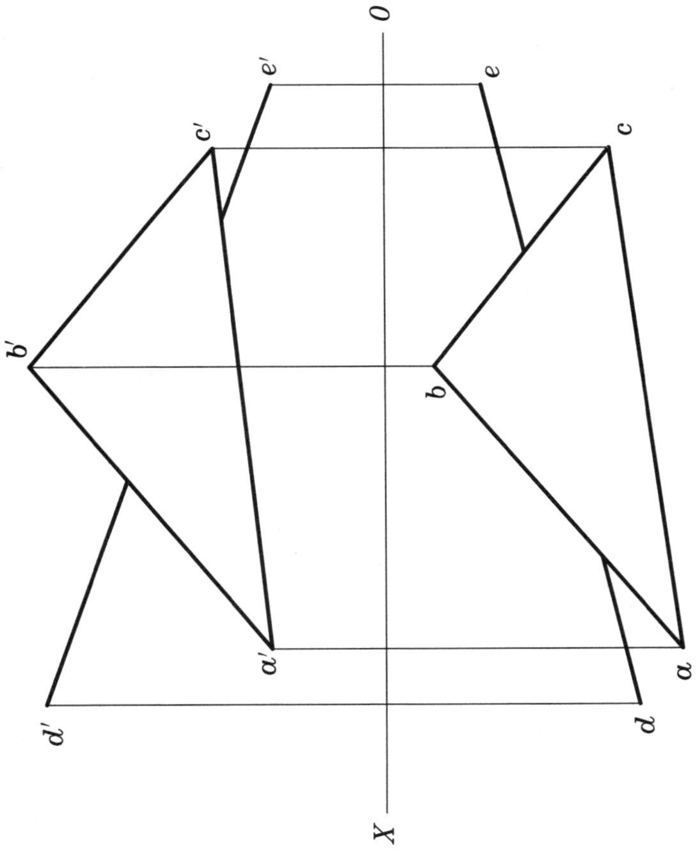

42. 求直线和平面的交点，并判别其可见性。

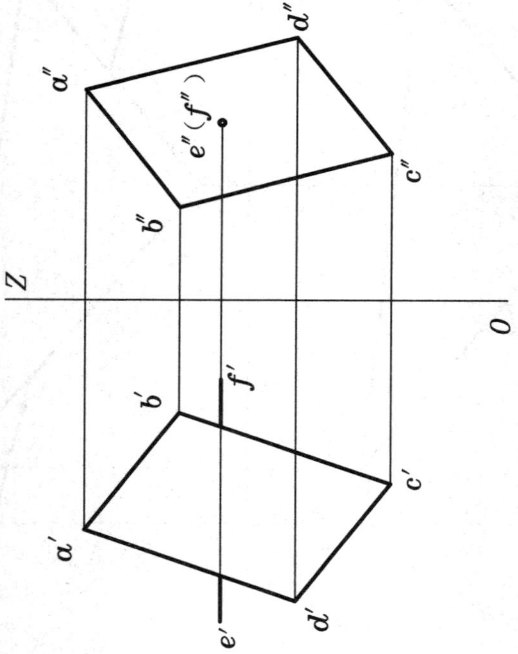

43. 求点到平面的距离。

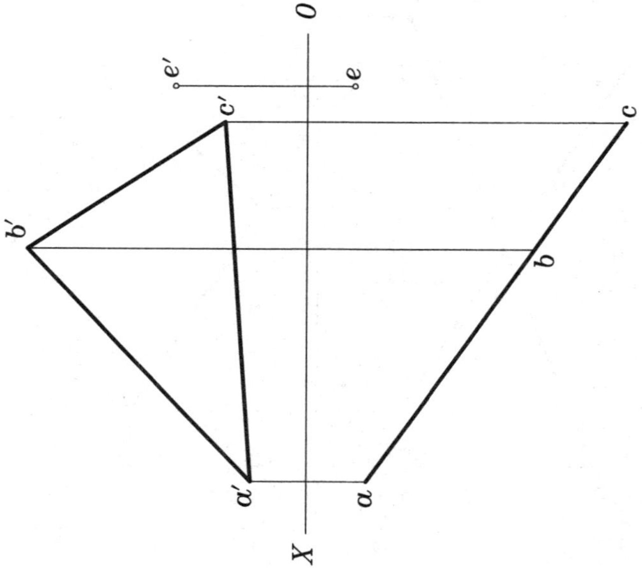

班级　　姓名　　学号

44. 求两平面的交线，并判断其可见性。

（1）

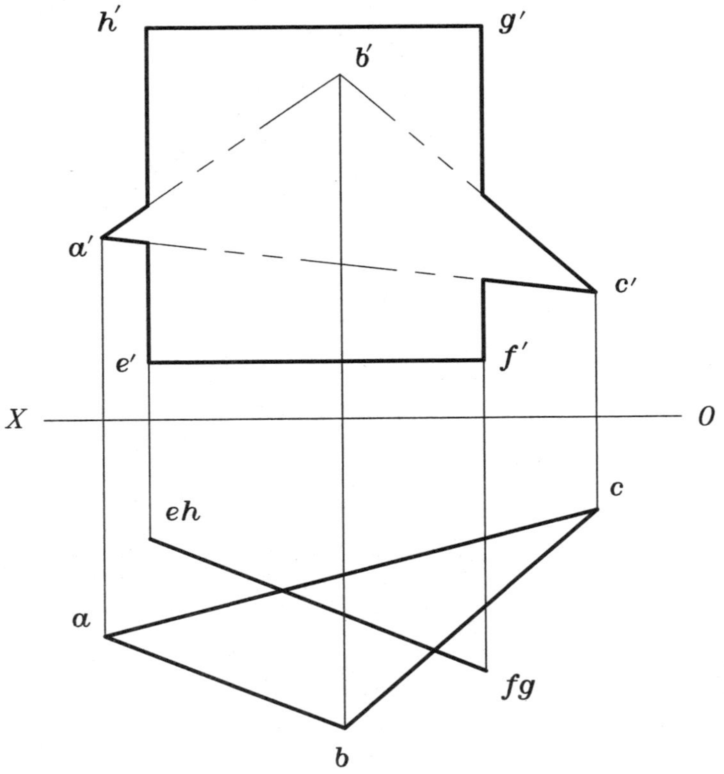

（2）

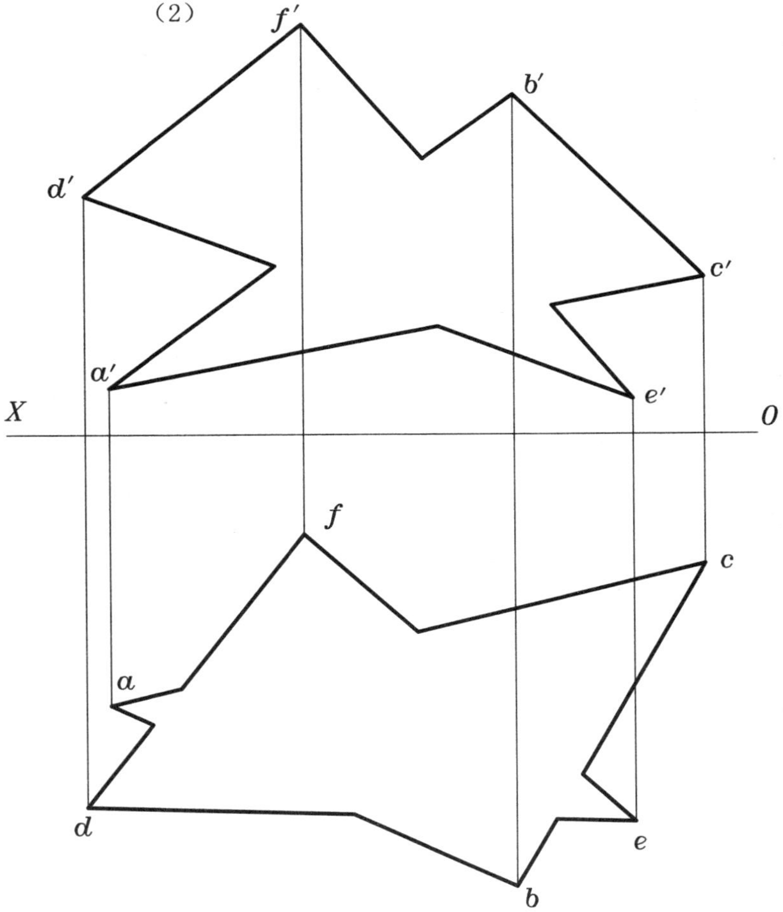

班级　　　　姓名　　　　学号

45. 过点A作一平面和直线BC垂直。

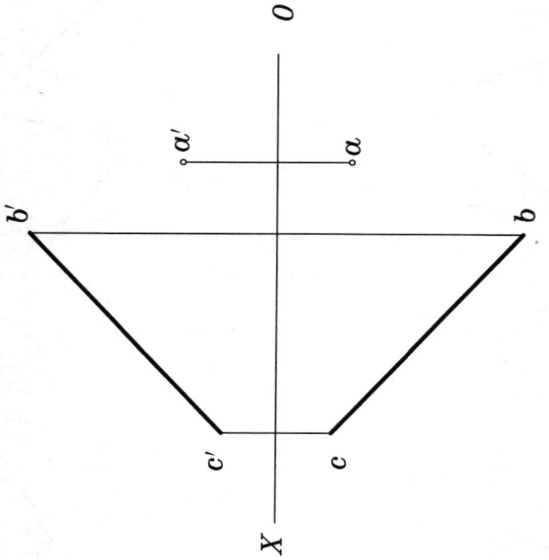

46. 包含直线DF作一平面垂直于$\triangle ABC$。

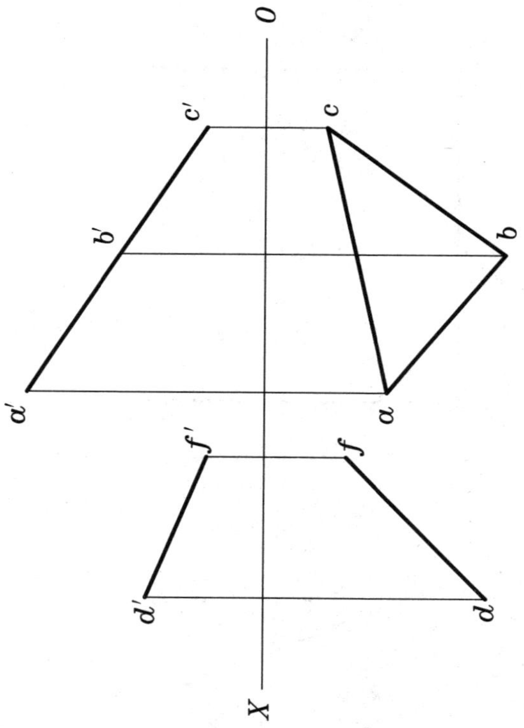

47. 用换面法求直线AB对H，V面的倾角α，β及实长。

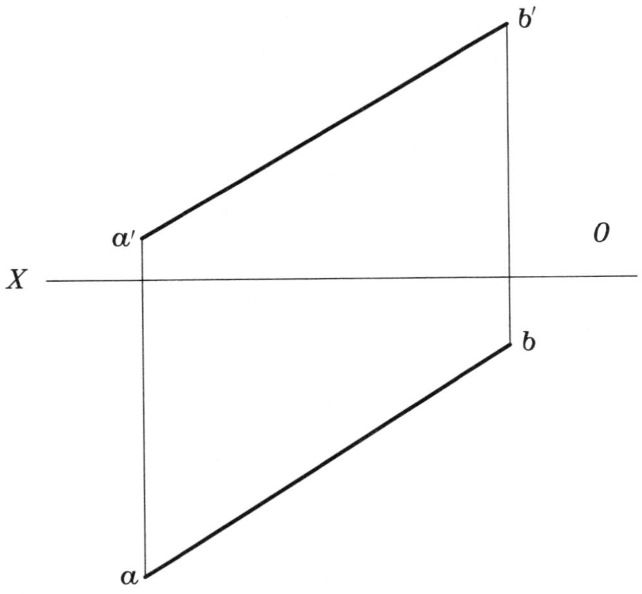

48. 已知直线AB的实长为40mm，用换面法作出$a'b'$。

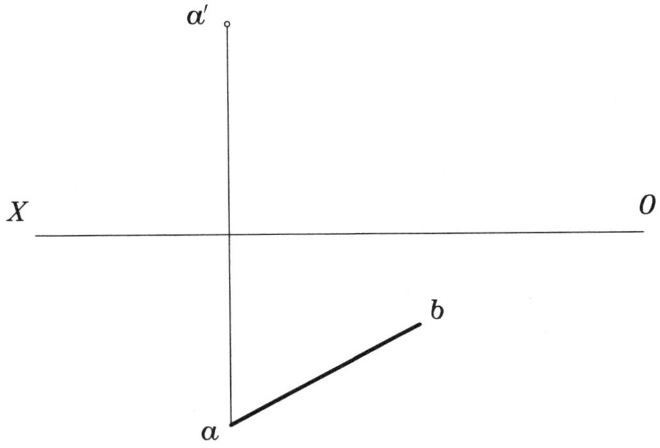

班级　　　　姓名　　　　学号

49. 求点C到直线AB的距离及其投影。

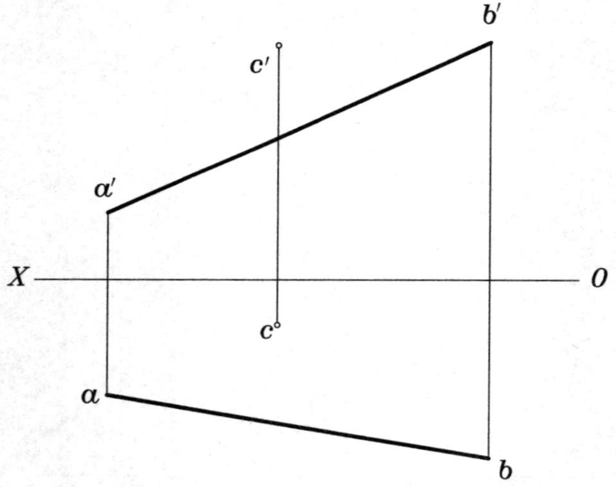

50. 求平行两直线AB和CD的距离。

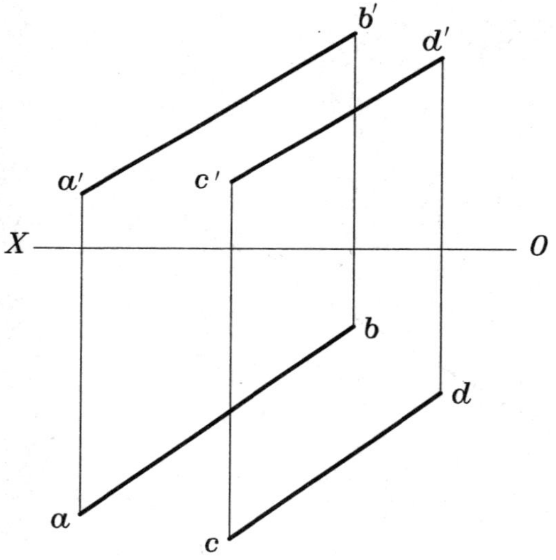

　班级　姓名　学号

51. 用换面法求两直线AB和CD的距离。

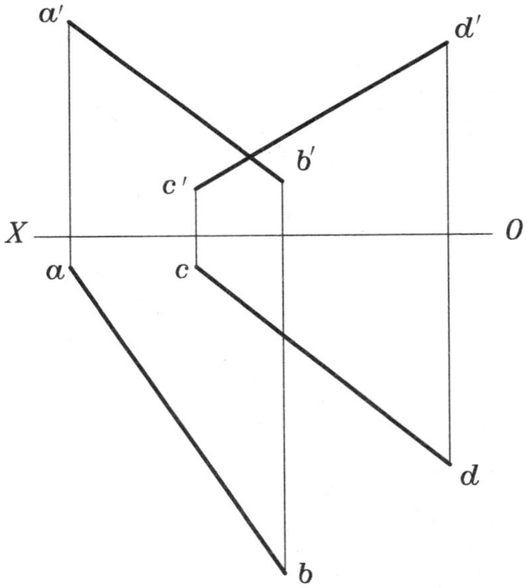

52. 求两平面之间的夹角θ。

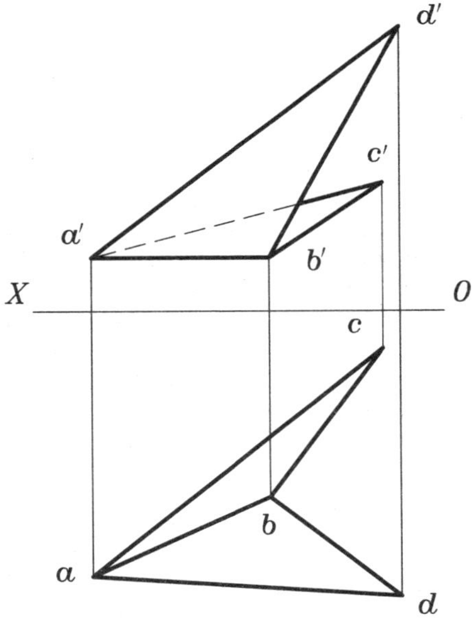

53. 用换面法求点到平面的距离和垂足的投影。

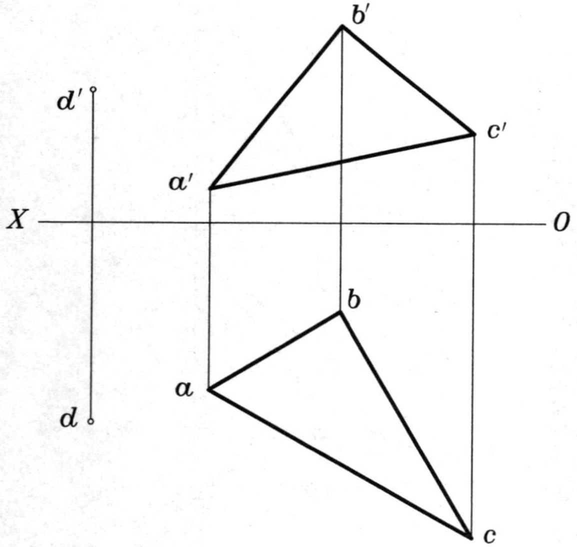

54. 用换面法求△ABC内切圆的圆心O。

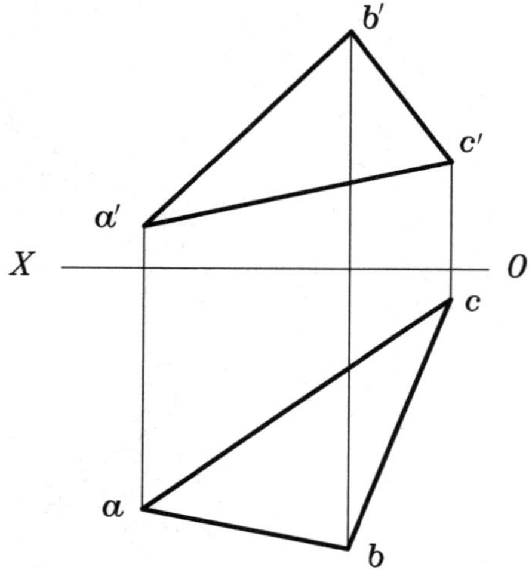

班级 姓名 学号

练习3-1　基本立体及其切割

1. 已知立体的两个投影，求作第三投影，并根据点在立体表面上的已知投影，求其他投影面上的投影。

(1)

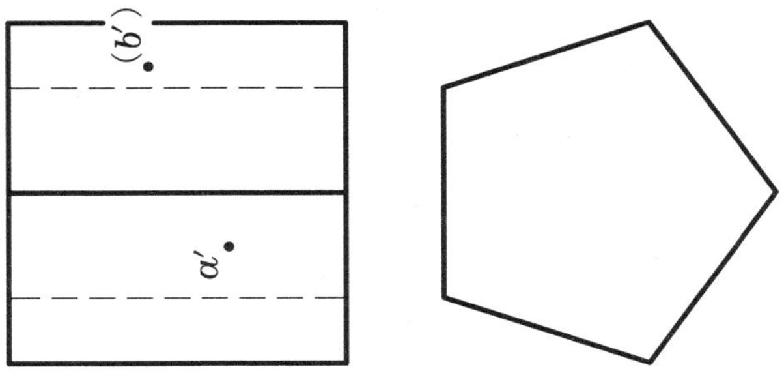

(2)

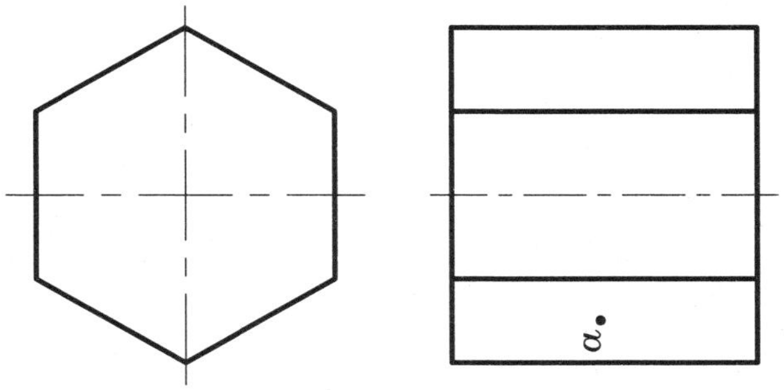

2. 已知立体的两个投影，求作第三投影，并根据点在立体表面上的已知投影，求其他投影面上的投影。

（1）

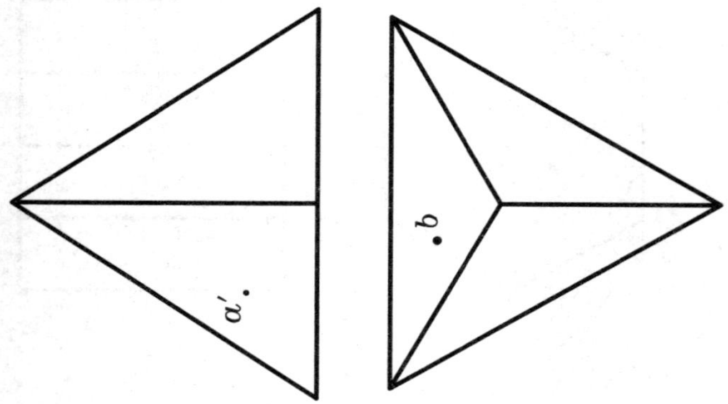

（2）

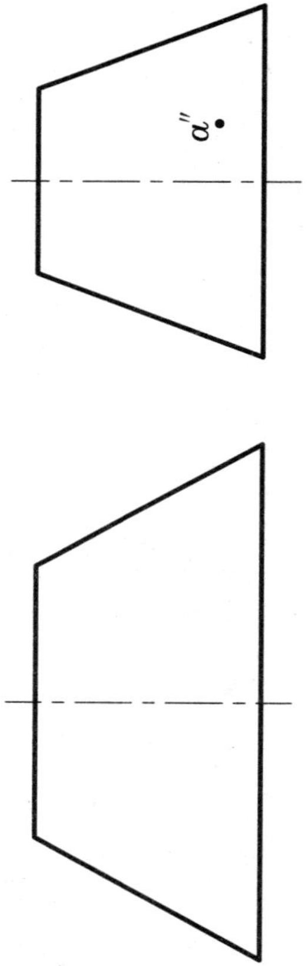

3. 分别求出圆柱体上轮廓转向线A，B，C，D在其他两投影面上的投影。

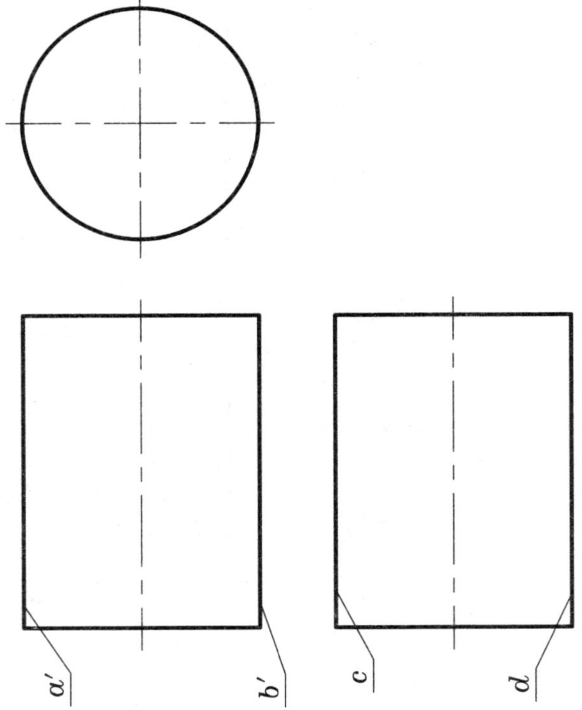

4. 求圆柱体表面点A，B及线段M在其他两投影上的投影。

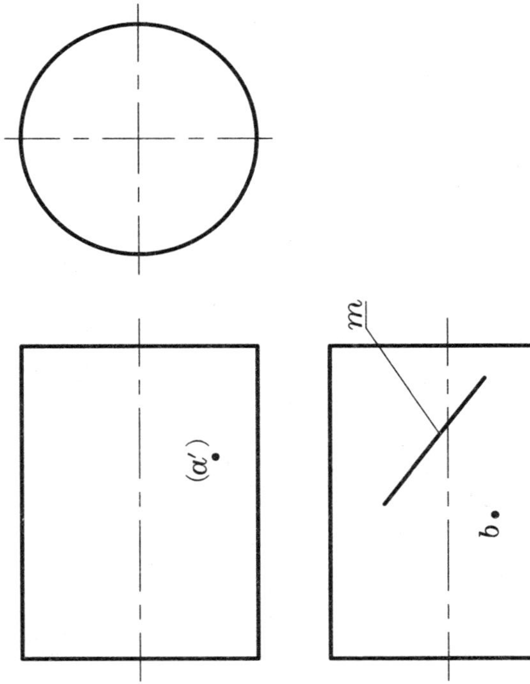

5．分别求出圆锥体上轮廓转向线A，B，C，D在其他投影面上的投影。

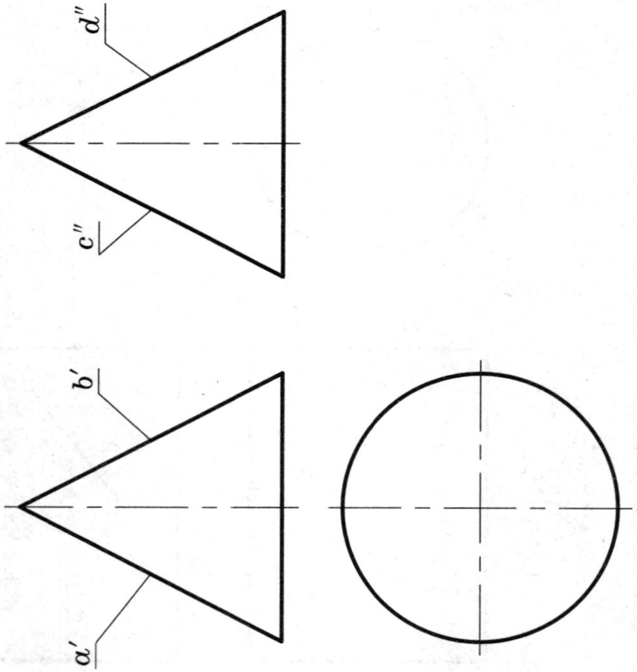

6．求圆锥体表面上的点A，B，C及线段M在其他两投影面上的投影。

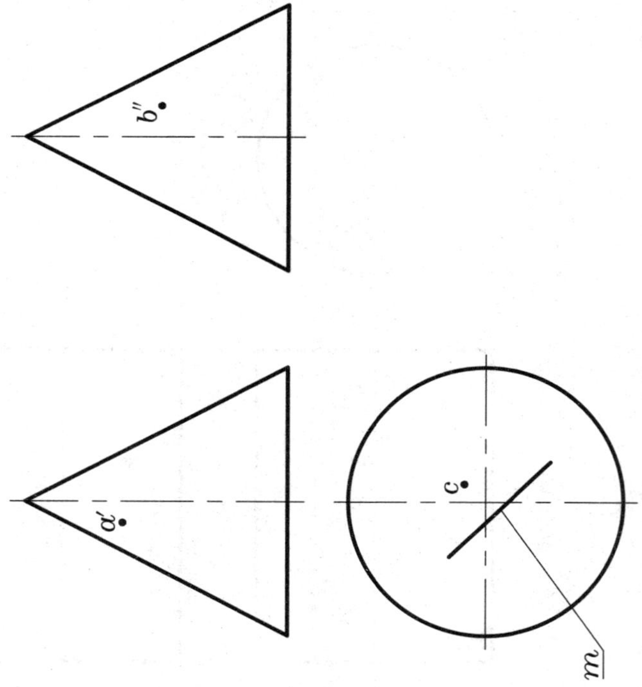

　班级　姓名　学号

7. 已知球体的三面投影，求转向轮廓线*M*，*N*，*P*的其他两面投影。

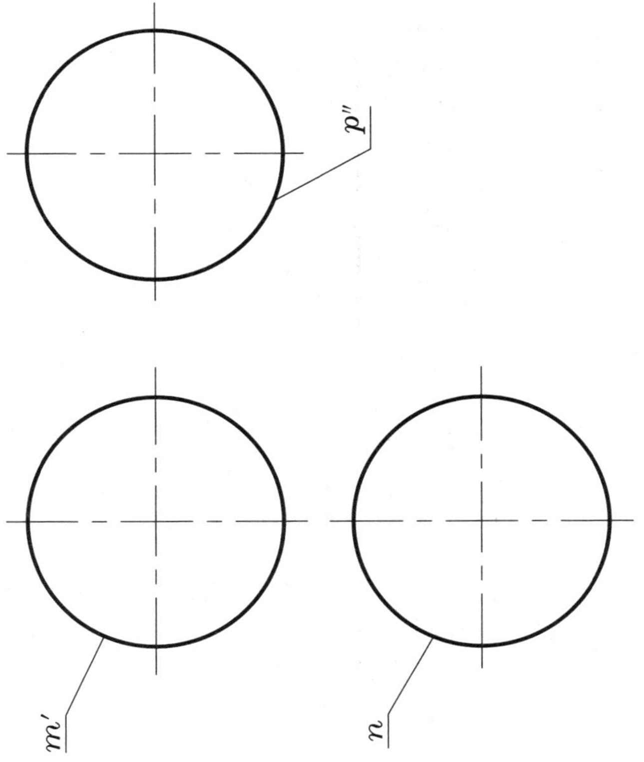

8. 求球体表面点*A*，*B*，*C*在其他两投影面上的投影。

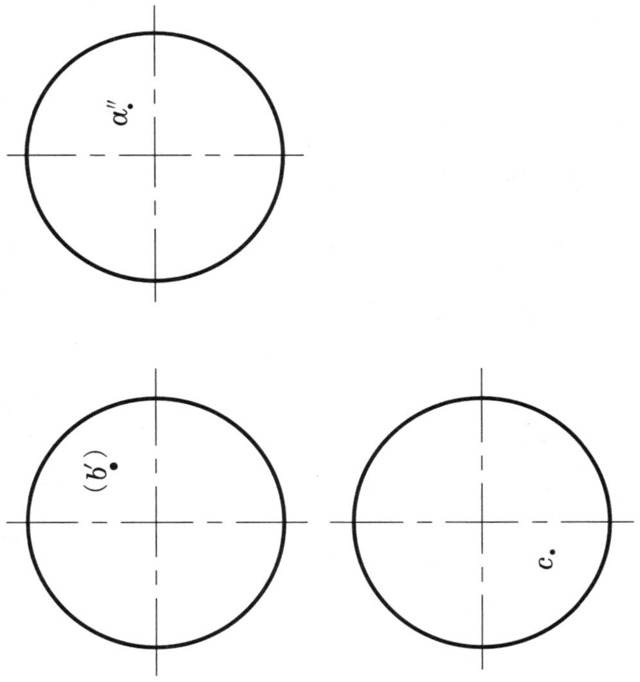

9. 已知立体的两面投影，求作第三面投影。

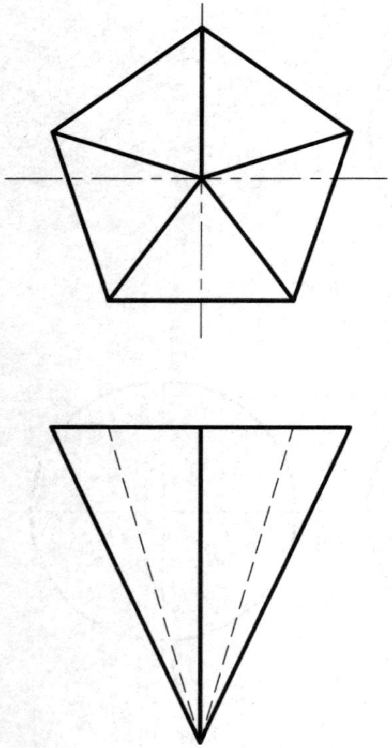

10. 分析回转体的形成过程，求表面上点A，B，C的另外两面投影。

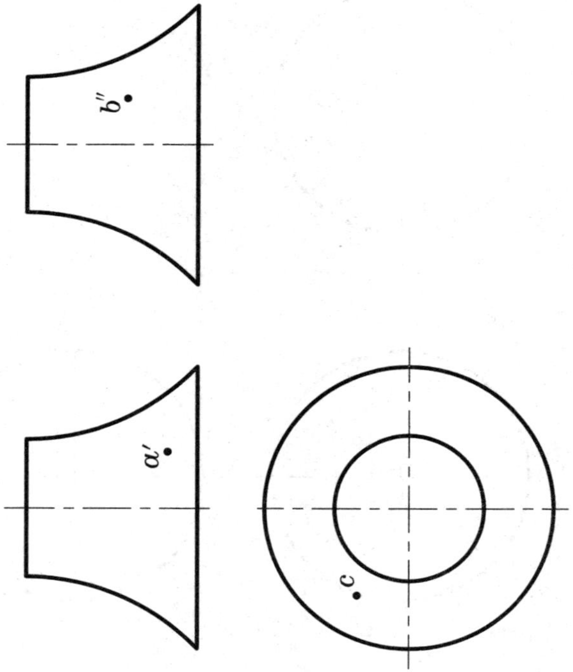

11. 画出被切五棱柱体的第三面投影。

（1）

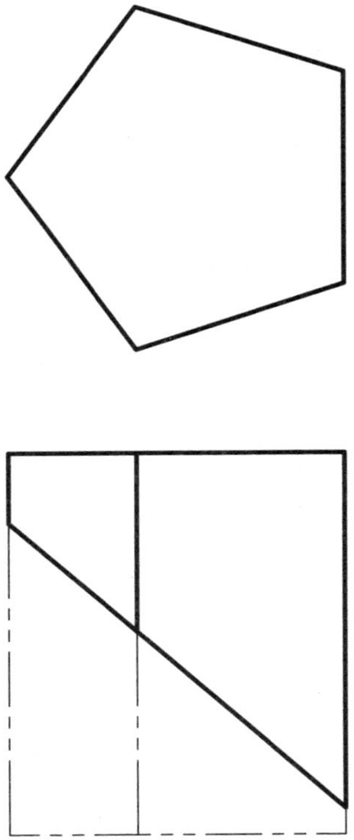

（2）

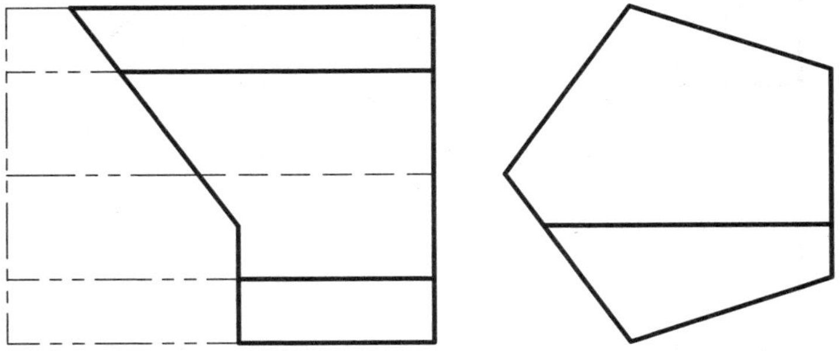

12. 分析物体，完成平面立体被切后的水平投影和侧面投影。

（1）

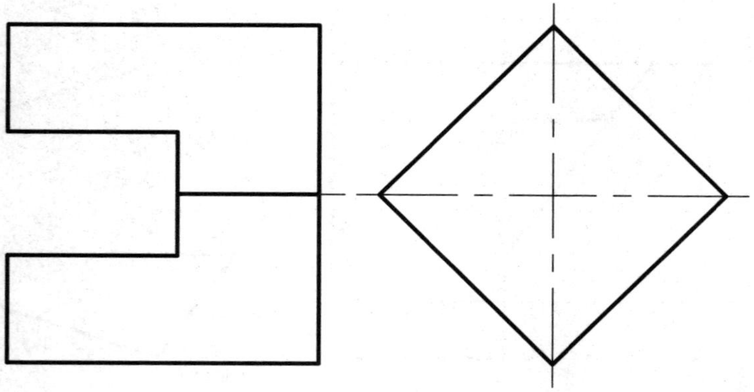

（2）

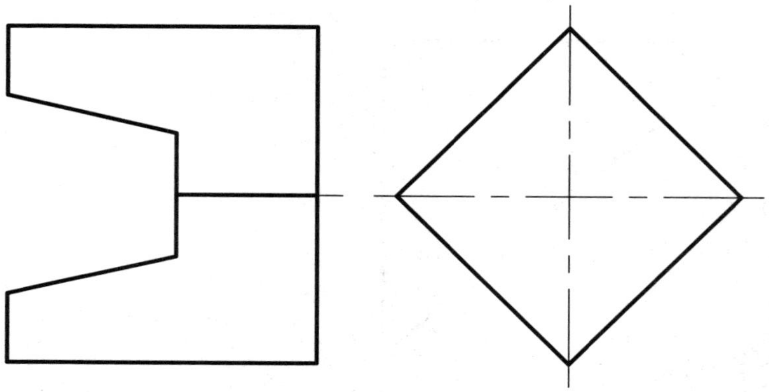

班级　　　　姓名　　　　学号

13. 画出棱锥被切后的水平投影和侧面投影。

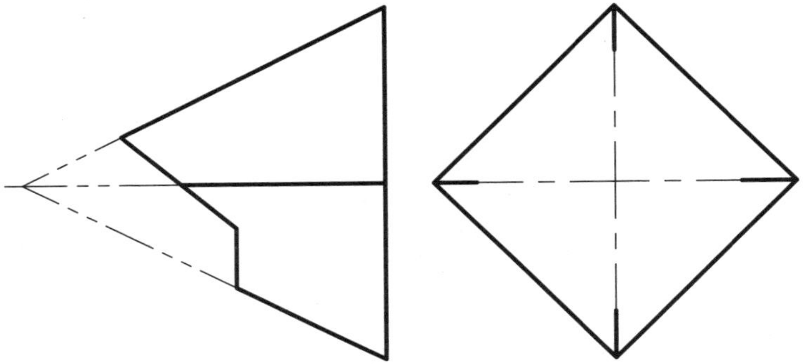

14. 画出棱锥被切后的水平投影和侧面投影。

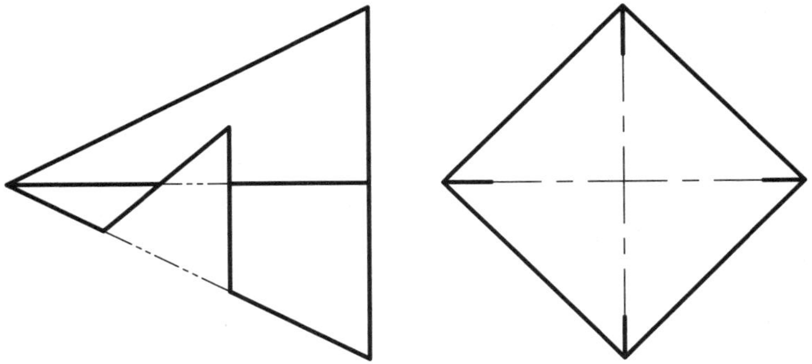

班级　　　　姓名　　　　学号

练习3-10　基本立体及其切割

15. 画出圆柱体被切后的侧面投影。

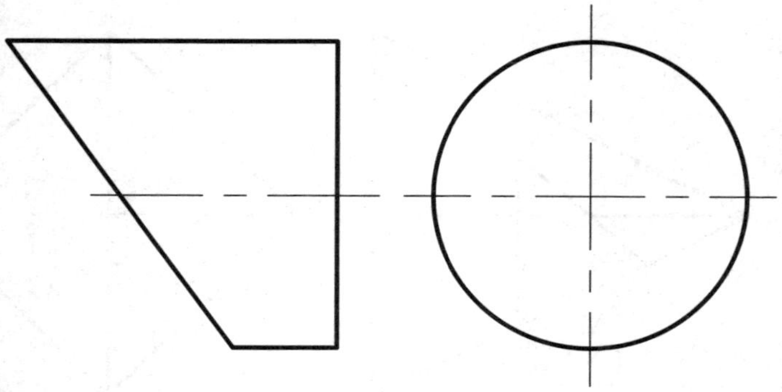

16. 想像圆柱体被切后的形状，画出它的水平投影。

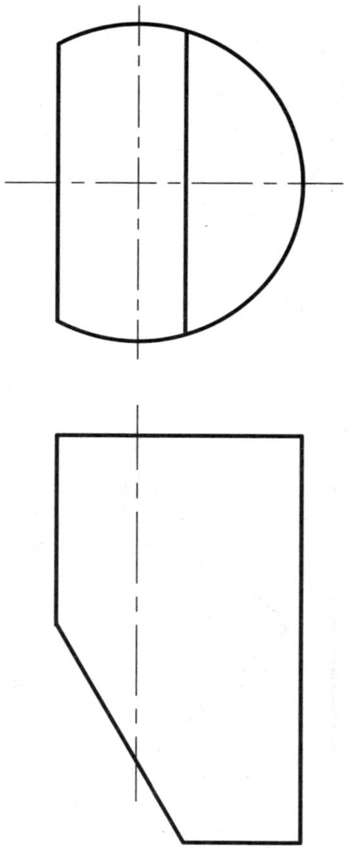

班级　　　　姓名　　　　学号

练习3-11　基本立体及其切割

17. 画出空心圆柱被切后的第三面投影。

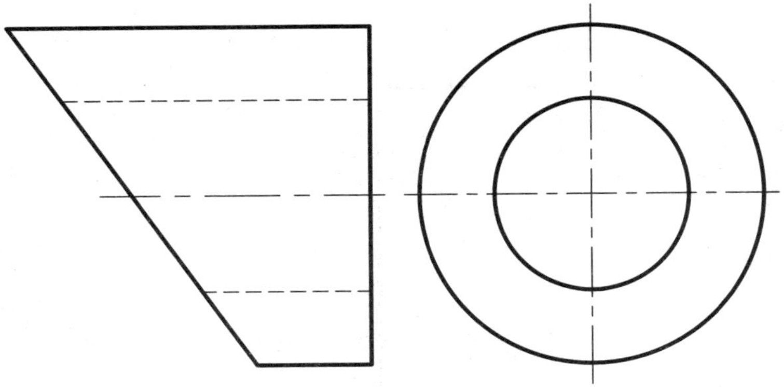

18. 完成圆柱被切后的侧面投影。

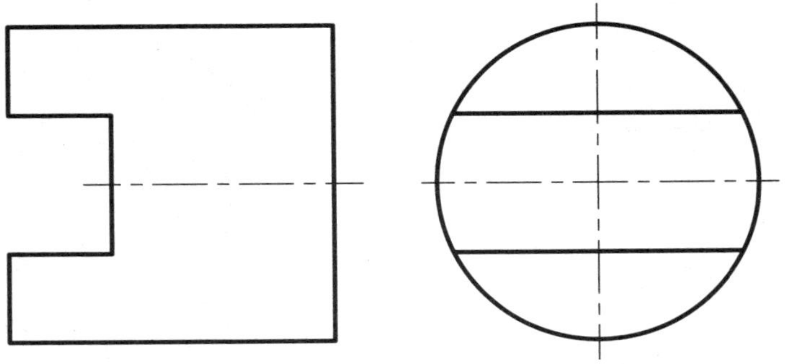

班级　　　　姓名　　　　学号

练习3-12　基本立体及其切割

19. 完成空心圆柱被切后的侧面投影。

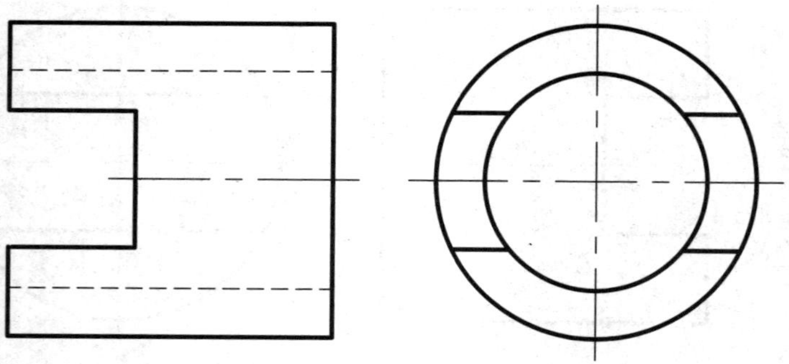

20. 完成空心圆柱被切后的侧面投影。

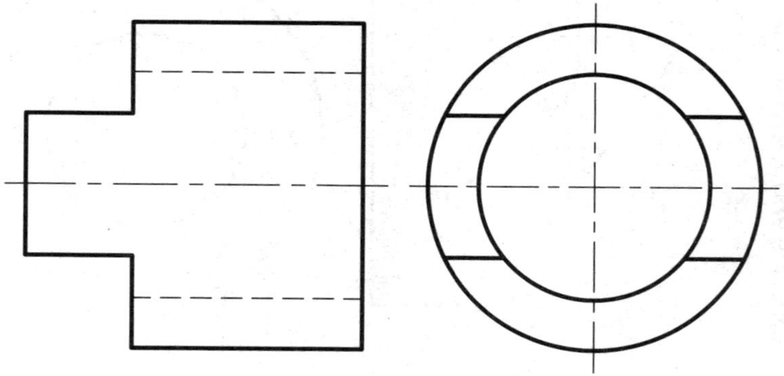

班级　　　　姓名　　　　学号

21. 完成圆锥体被切后的侧面投影。

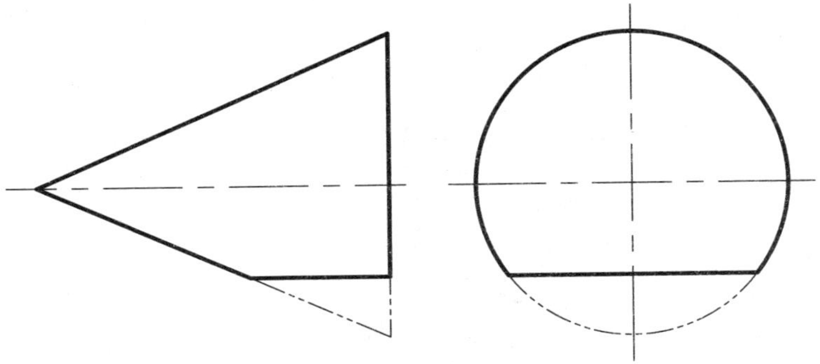

22. 完成圆锥体被切后的水平投影和侧面投影。

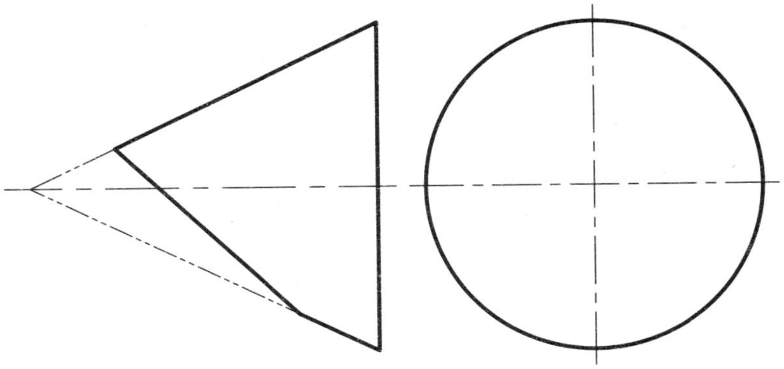

练习3-14　基本立体及其切割

23. 完成圆锥体被切后的水平投影和侧面投影。

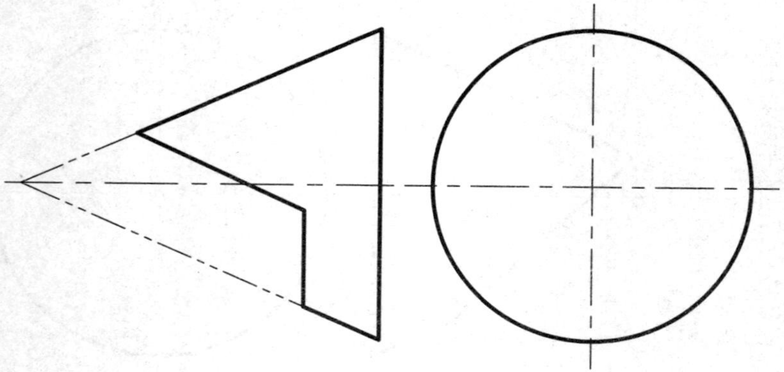

24. 补全球体被切后的三面投影。

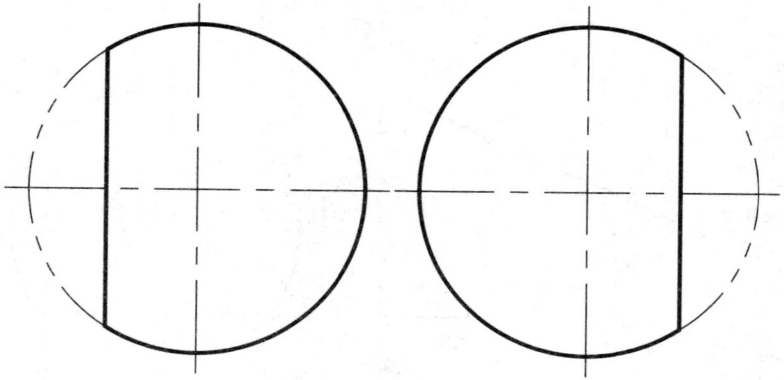

班级　　　　姓名　　　　学号

25. 完成球体被切后的水平投影和侧面投影。

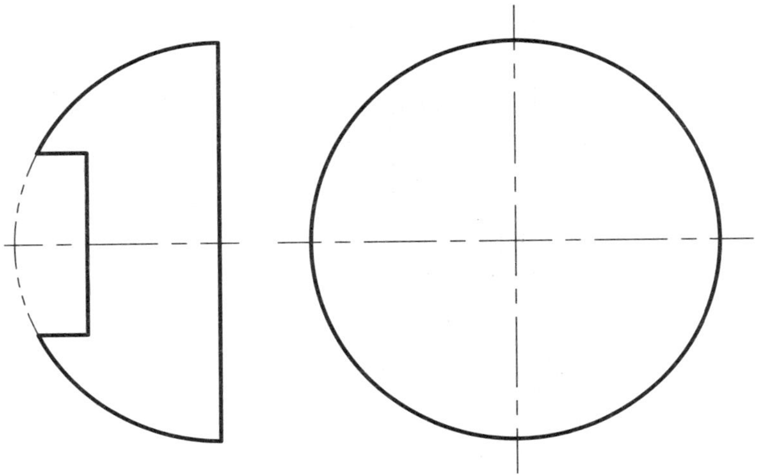

26. 完成球体被切后的水平投影和侧面投影。

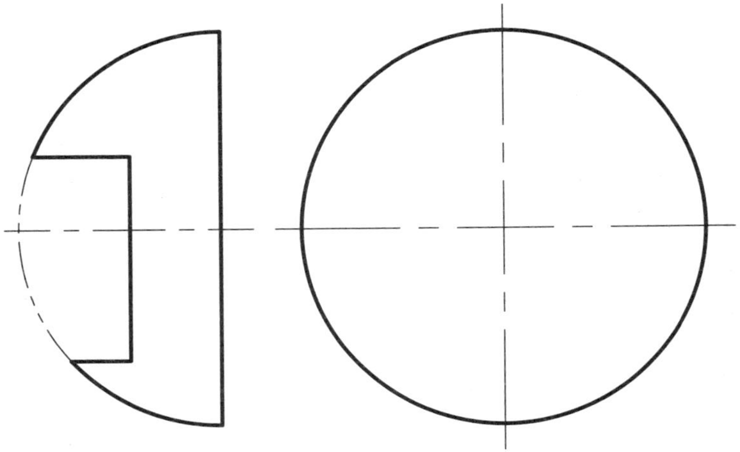

27. 根据投影图想像物体，完成它被切后的水平投影。

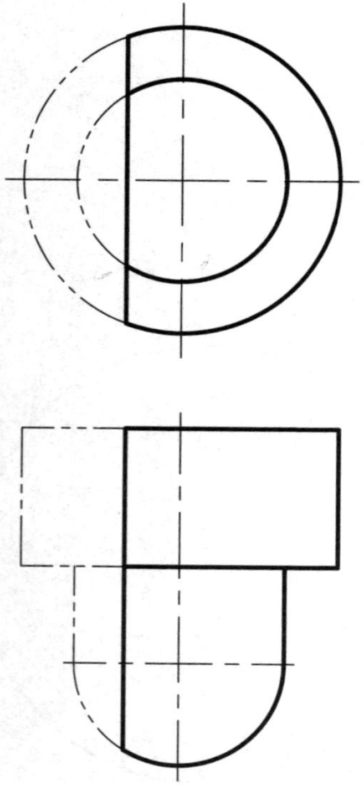

28. 完成立体被切后的水平投影。

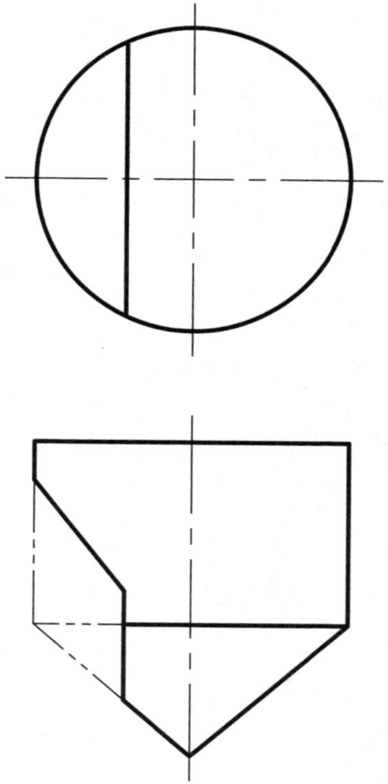

班级　　　　　姓名　　　　　学号

练习4-1　组合体的投影

1. 求下列形体相贯线的投影。

（1）

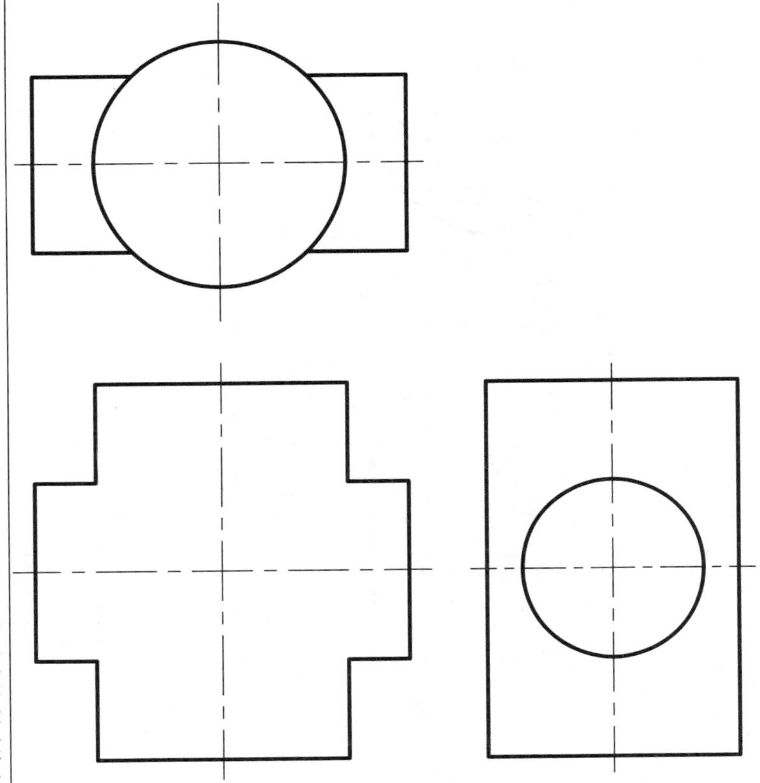

（2）

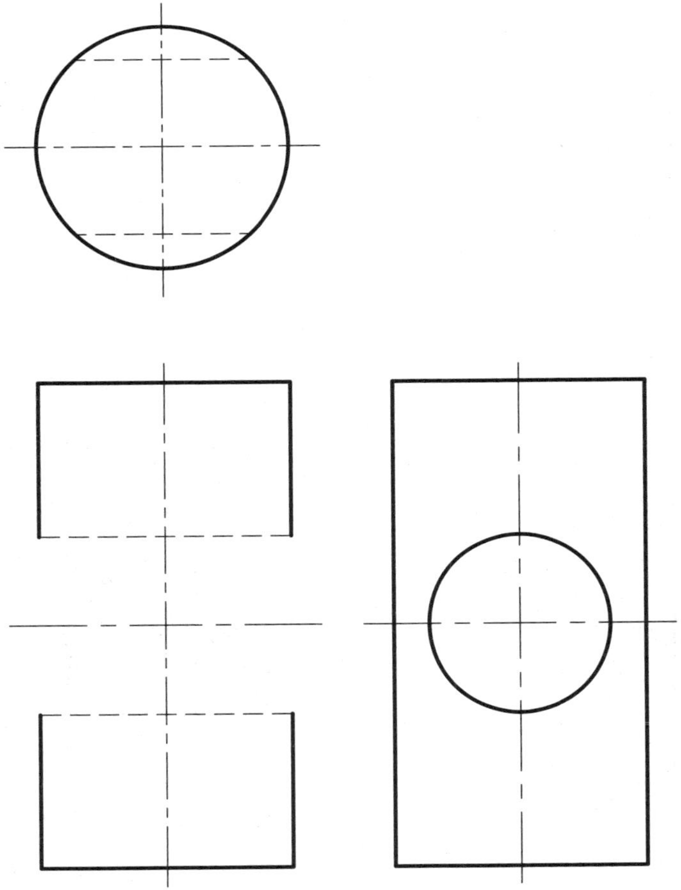

班级　　　　　　　　姓名　　　　　　　　学号

练习4-2　组合体的投影

2. 根据投影图分析物体，求下列物体上交线的投影。

(1)

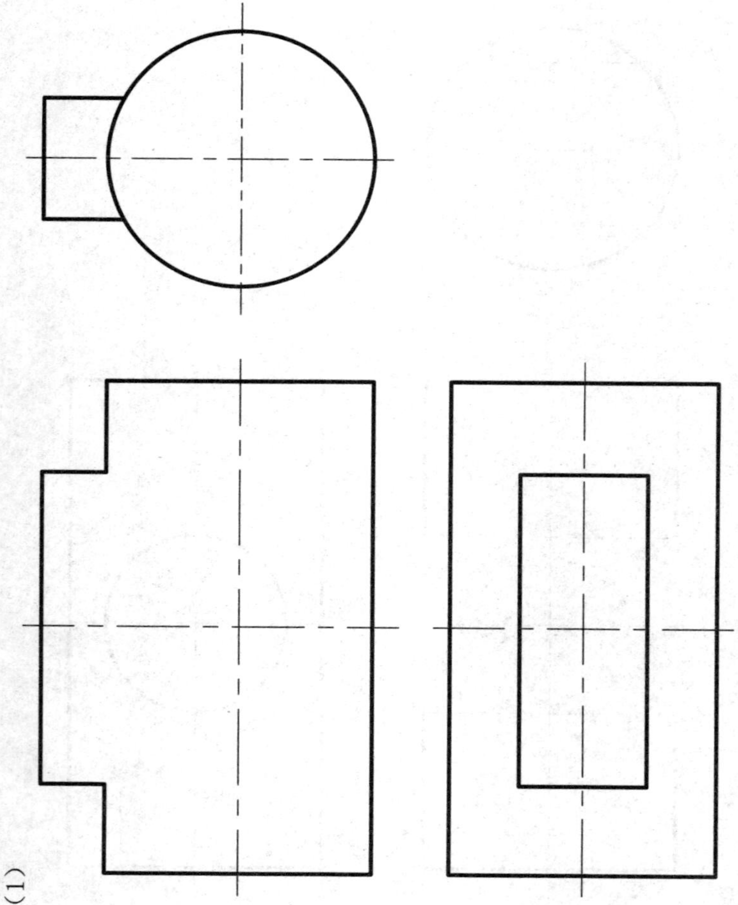

(2)

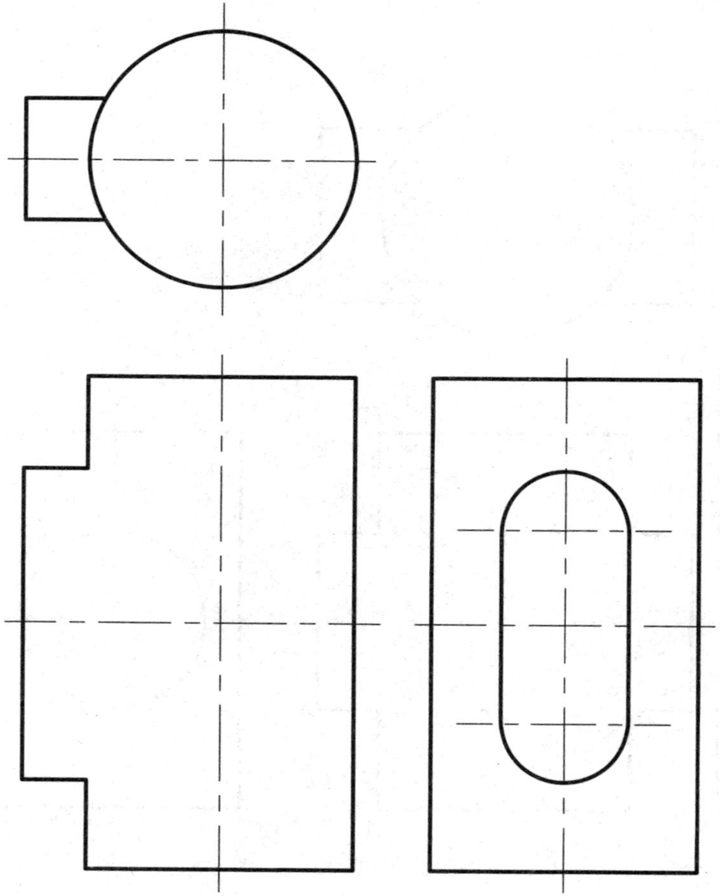

班级　　　　姓名　　　　学号

3. 完成下列形体及相贯线的投影。

（1）

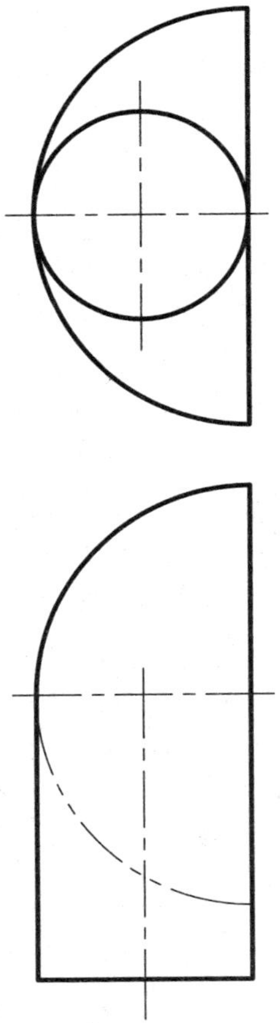

（2）

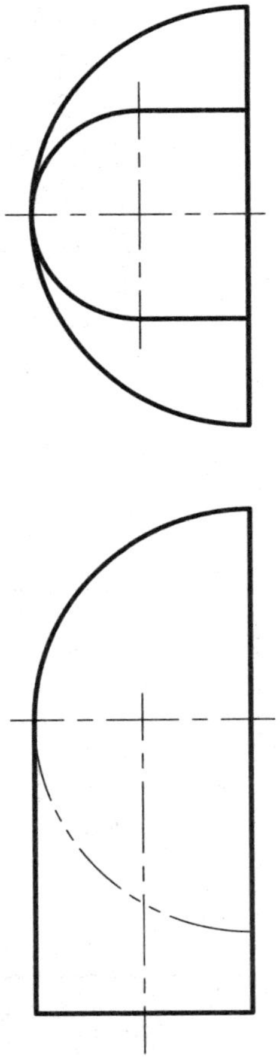

练习4-4　组合体的投影

4. 完成下列形体相贯线的投影。

（1）

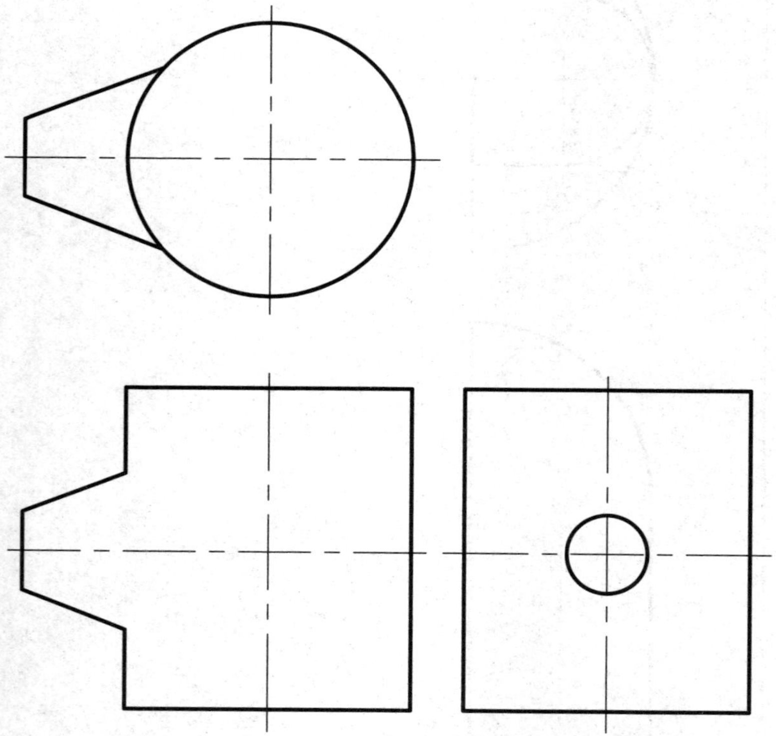

（2）

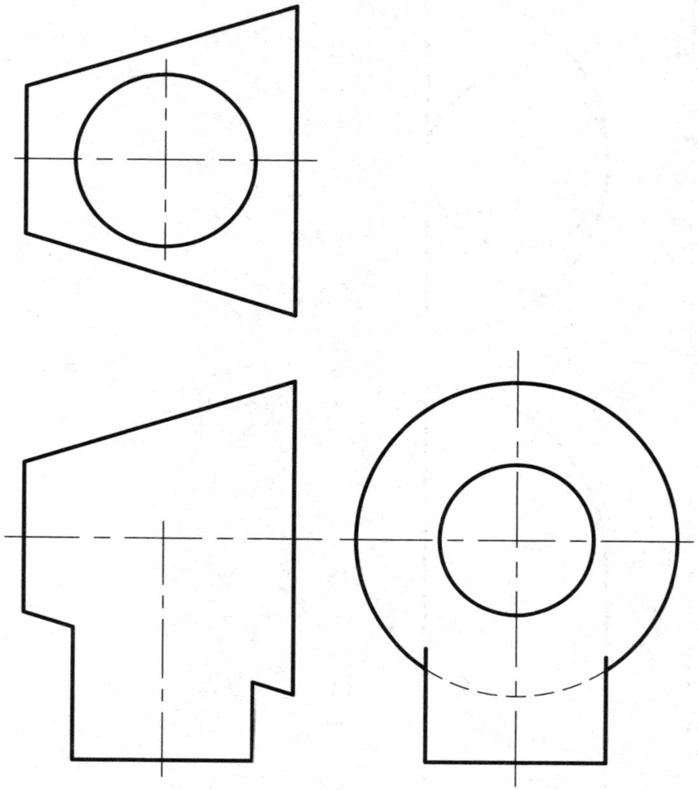

班级　　　　姓名　　　　学号

5. 完成下列形体相贯线的两面投影。

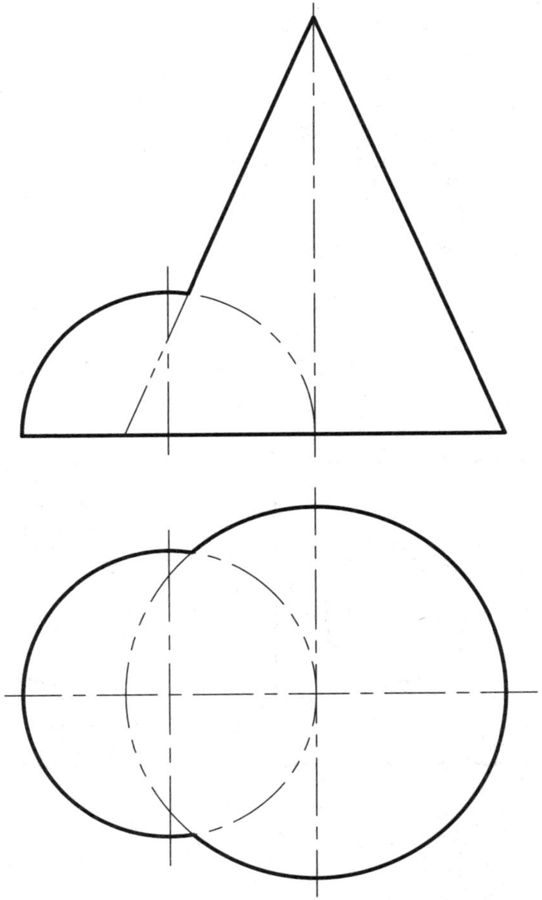

6. 分析物体上的相贯线，并求出它们的投影。

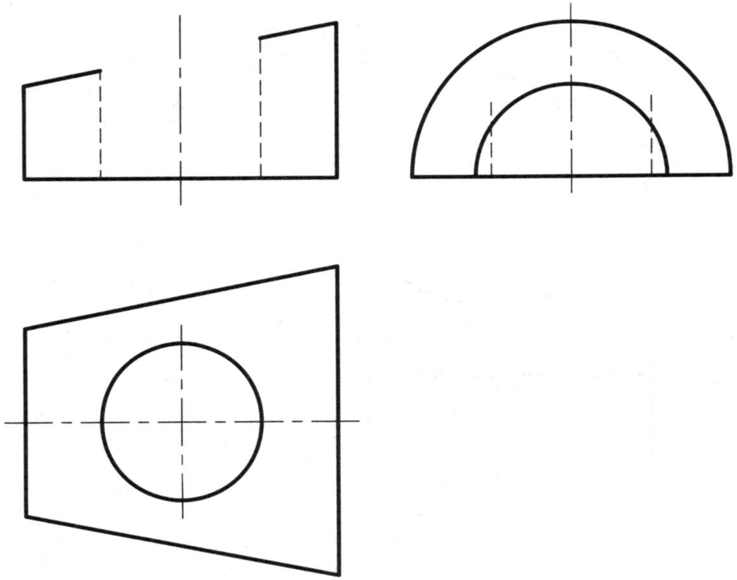

7. 分析、想像物体，画出它的水平投影。

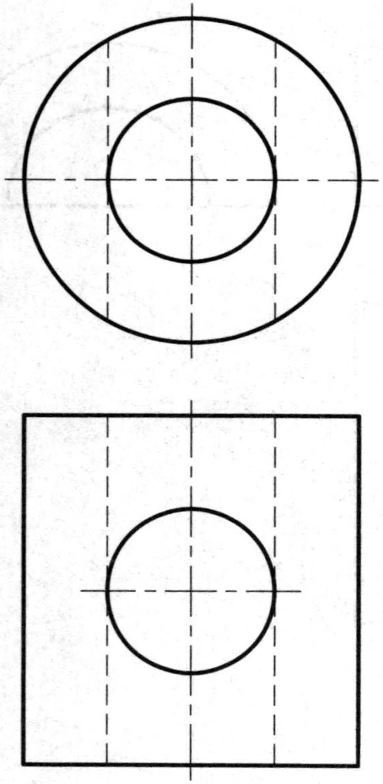

8. 分析、想像物体，画出它的侧面投影。

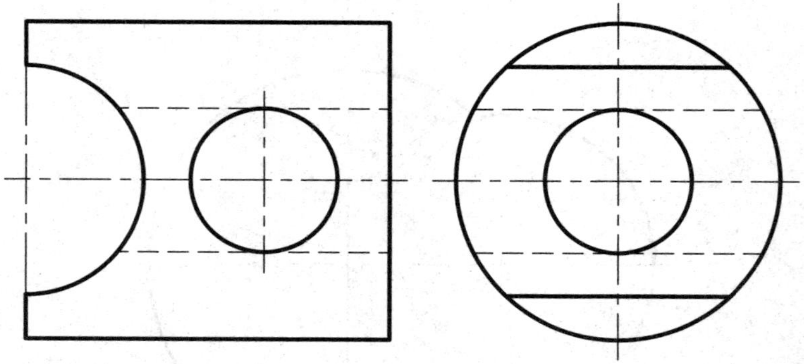

班级　　　　　　姓名　　　　　　学号

9. 分析、想像物体，并补画出各投影中的漏线。

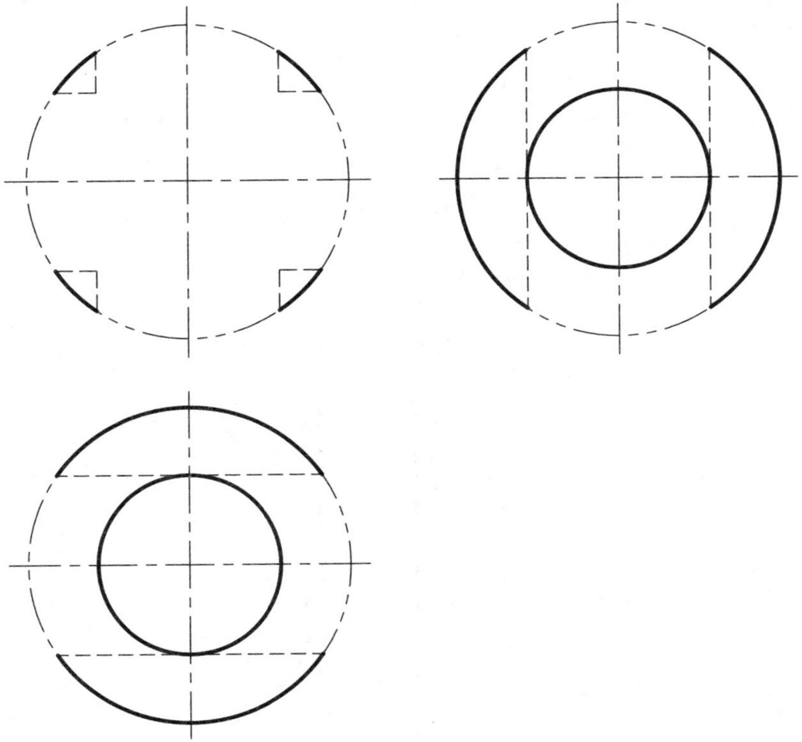

10. 分析、想像物体，并补画出各投影中的漏线。

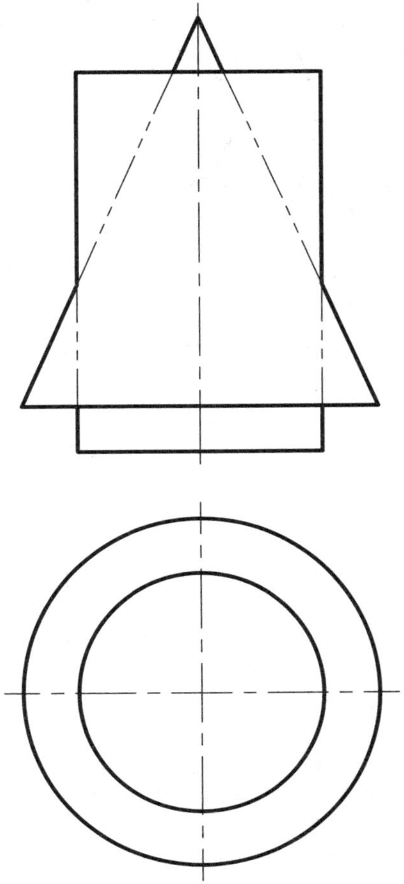

11. 分析物体上的相贯线，并求出它们的投影。

(1)

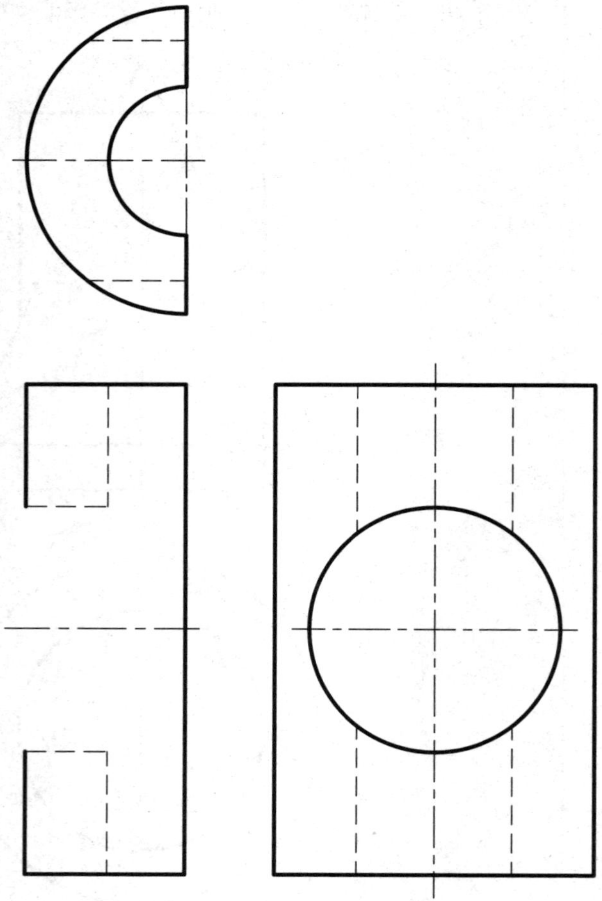

(2)

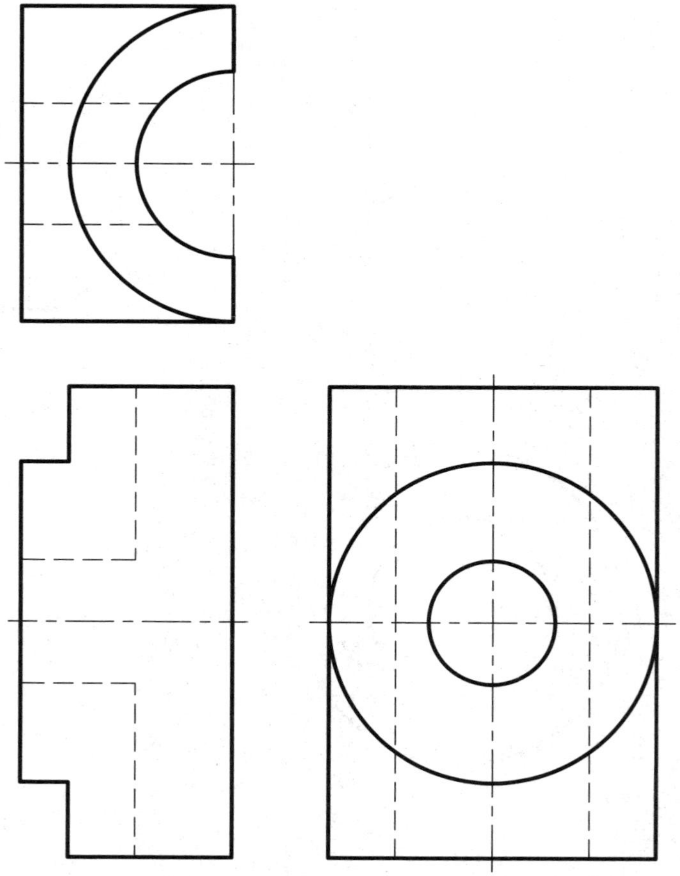

班级　　姓名　　学号

练习4-9　组合体的投影

12. 分析、想像物体，并画出它的正面投影。

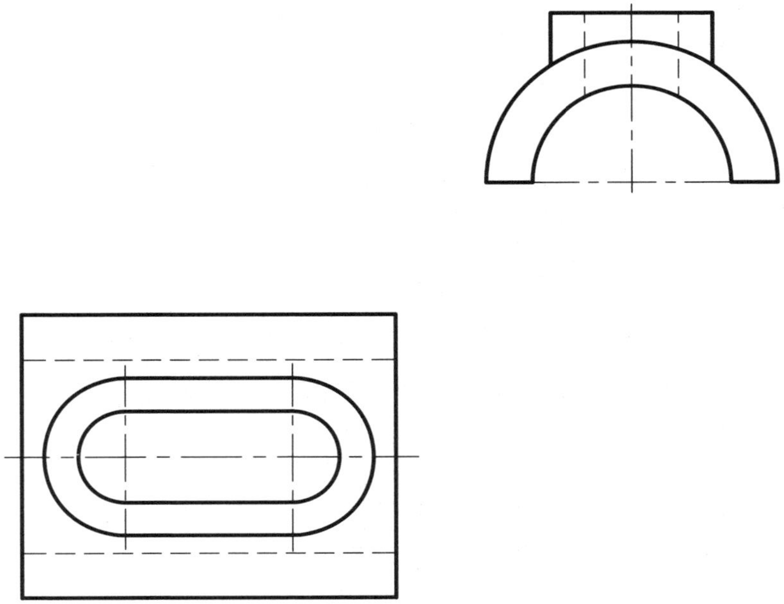

13. 分析物体上的相贯线，并求出它们的投影。

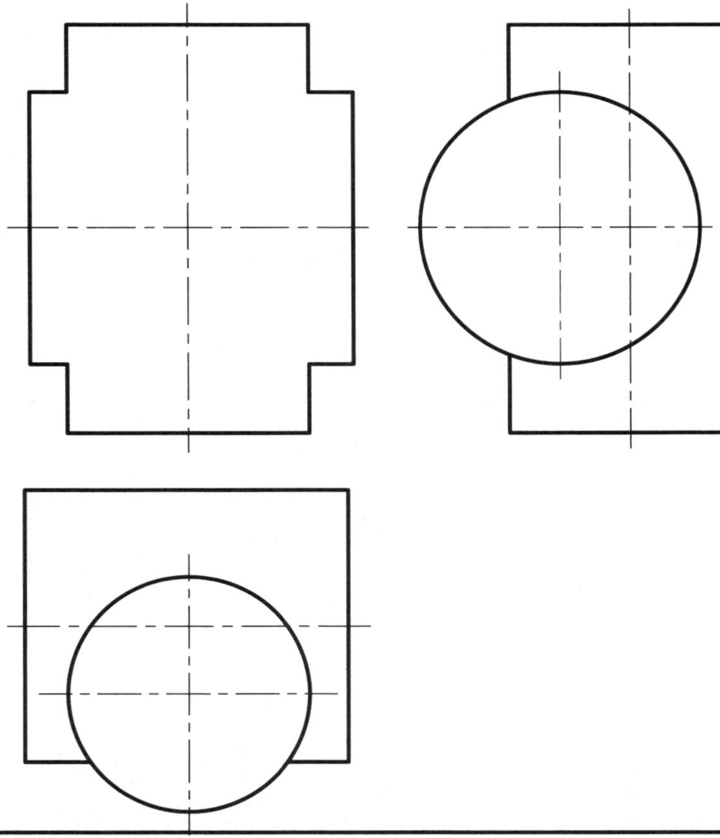

练习4-10　组合体的投影

14. 根据已给投影想像物体，并补画出正面投影和侧面投影中的缺线。

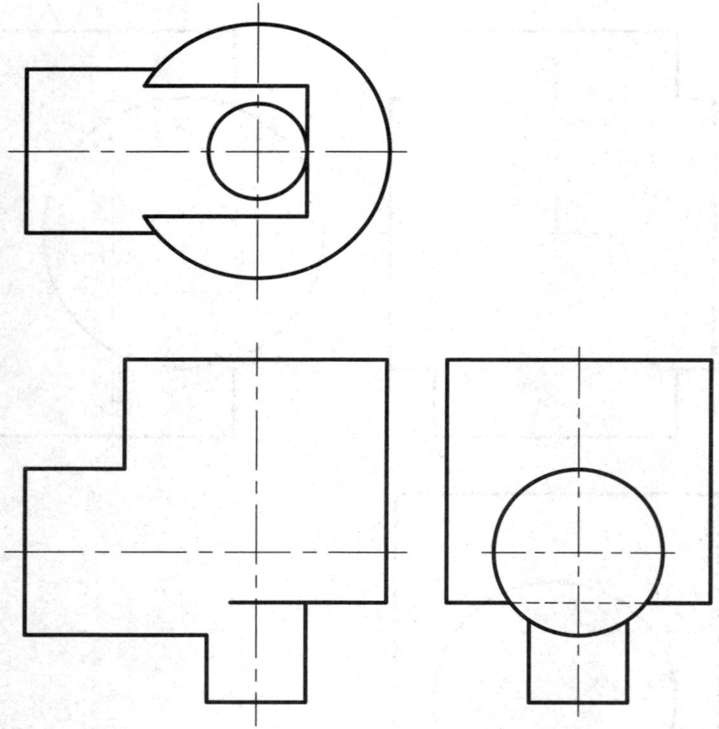

15. 根据已给投影想像物体，并补画水平投影、侧面投影中所缺的图线。

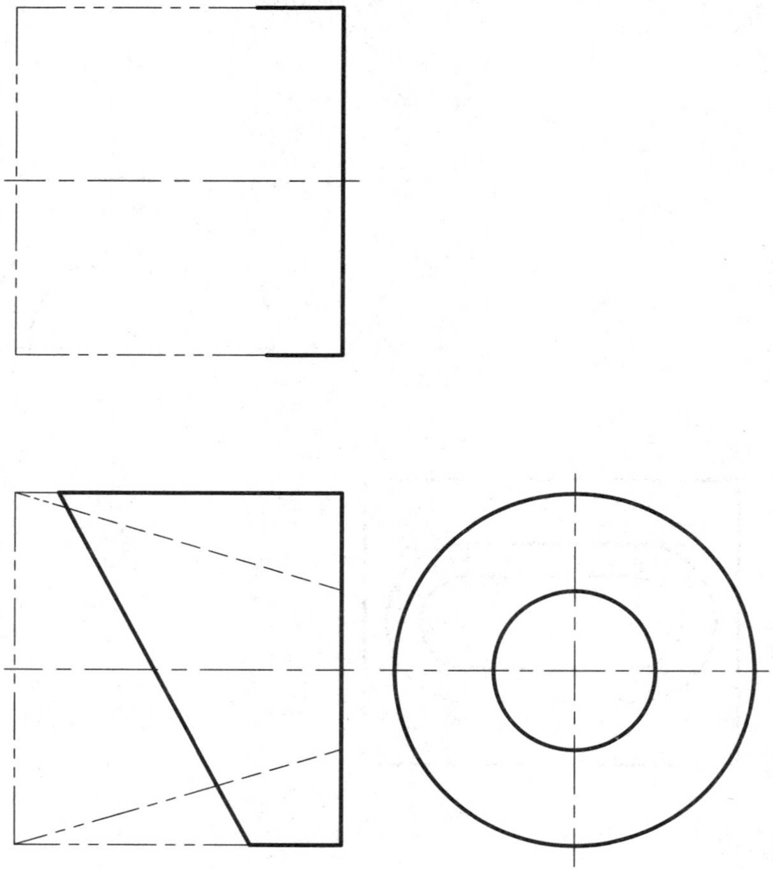

班级　　　　姓名　　　　学号

练习4-11　组合体的投影

16. 根据轴测图补全下列三面投影中所缺的图线（图中的槽、孔均为贯穿）。

（1）

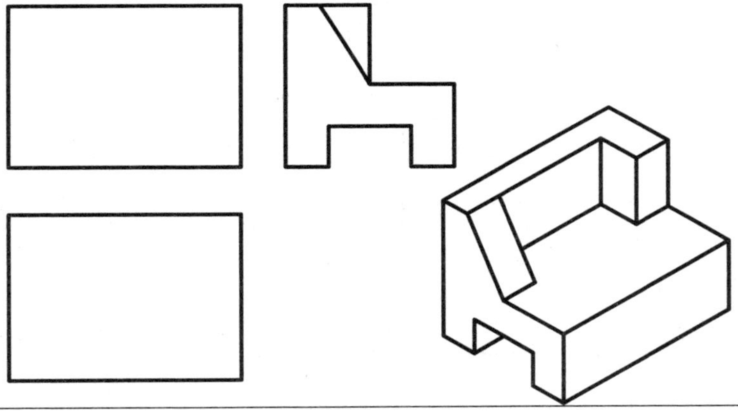

（2）

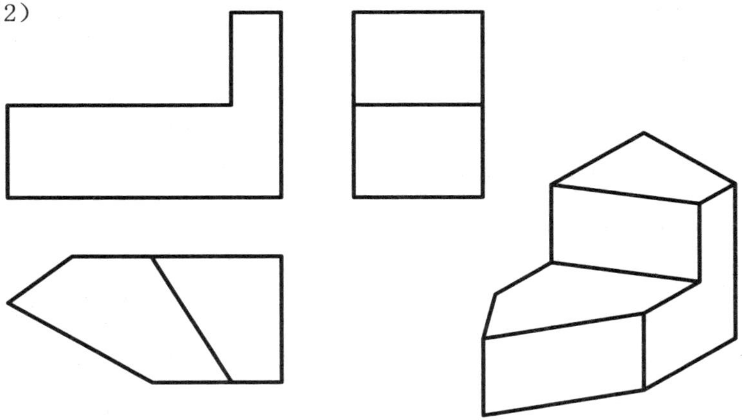

（3）

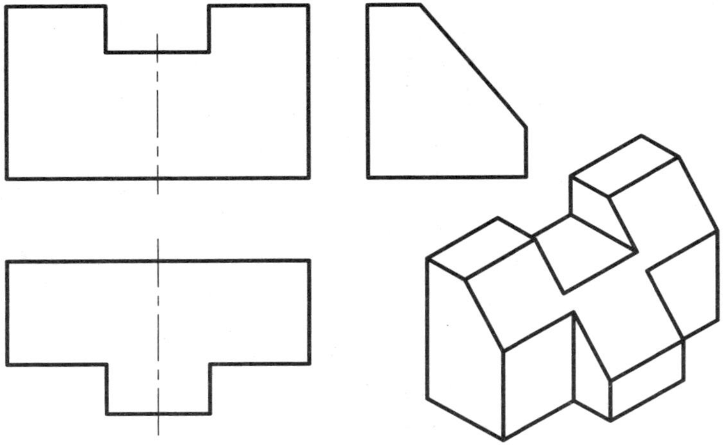

（4）

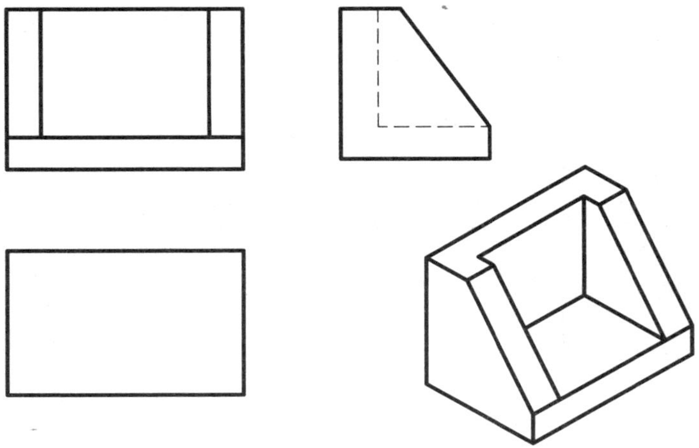

17. 根据轴测图补全下列三面投影中所缺的图线（图中的槽、孔均为贯穿）。

（1）

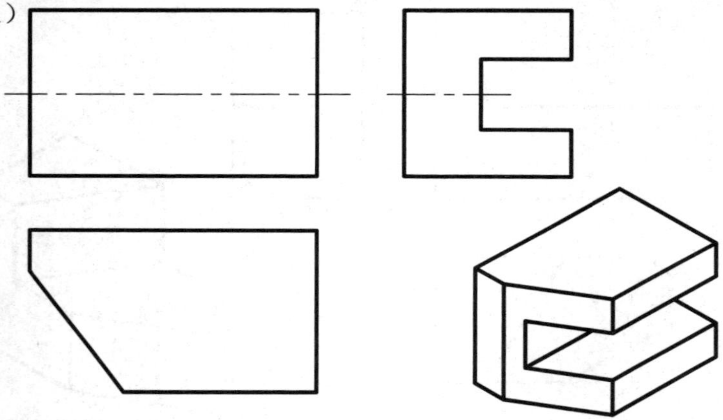

（2）

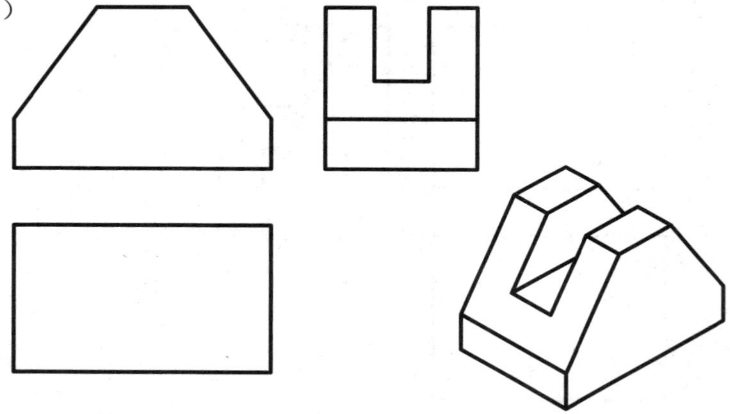

（3）

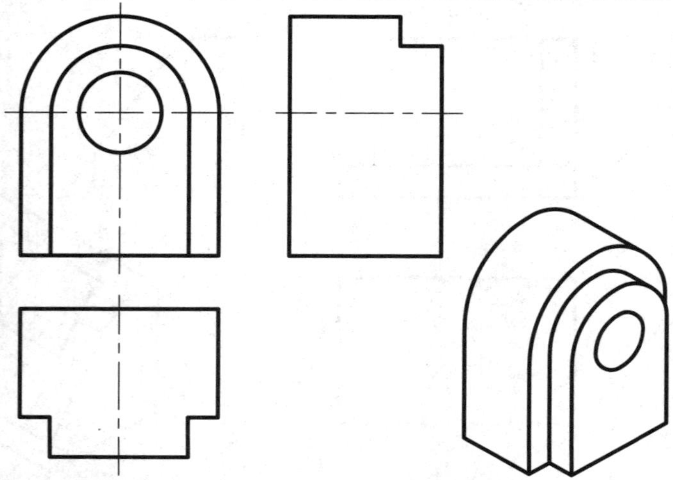

（4）

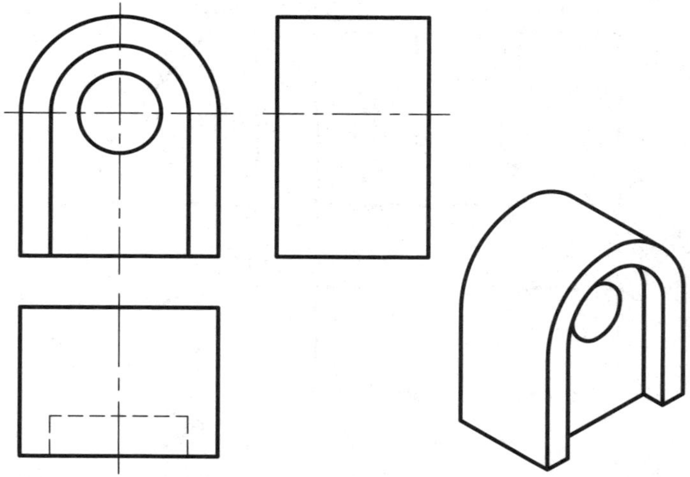

班级　　　　　　姓名　　　　　　学号

18. 根据正等轴测图画立体的三面投影(徒手画)。

(1)

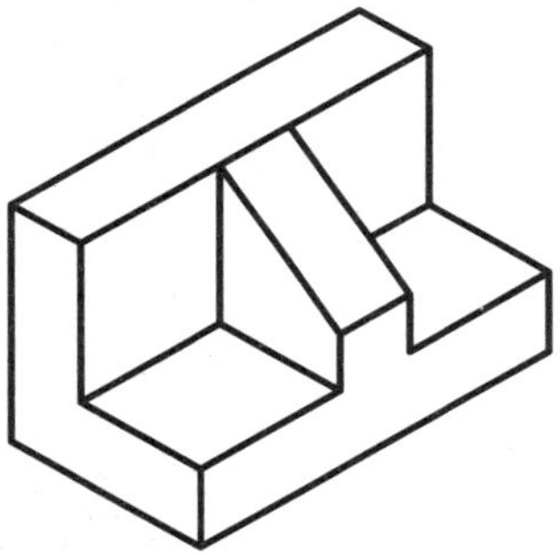

(2)

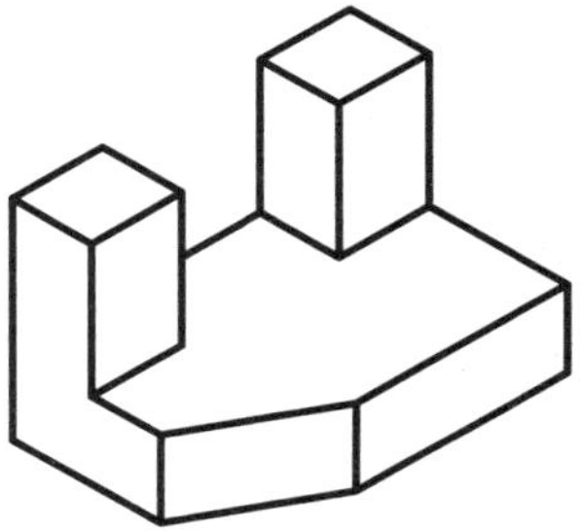

(3)

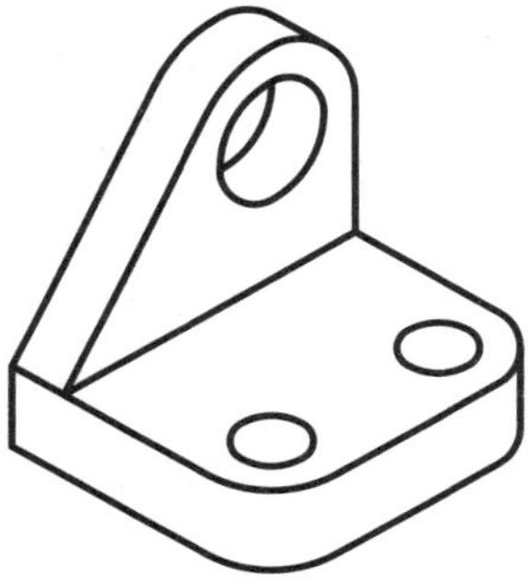

(4)

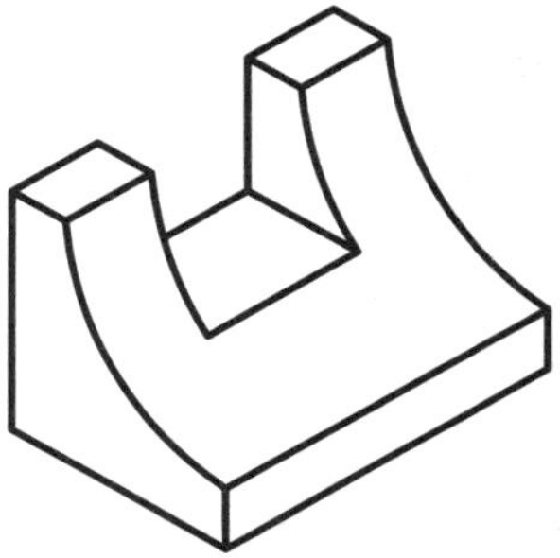

19. 根据正等轴测图画立体的三面投影(徒手画)。

(1)

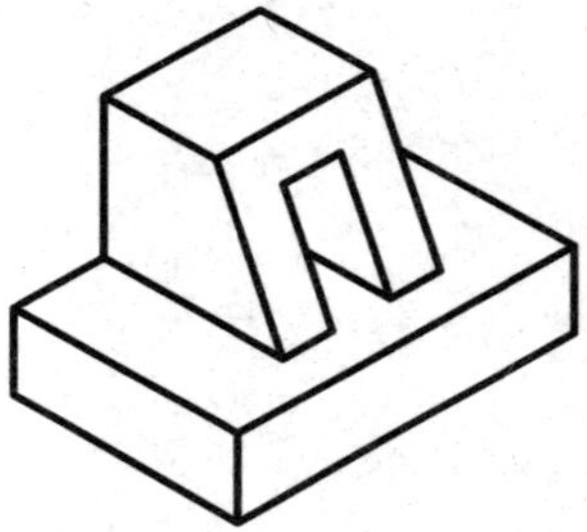

(2)

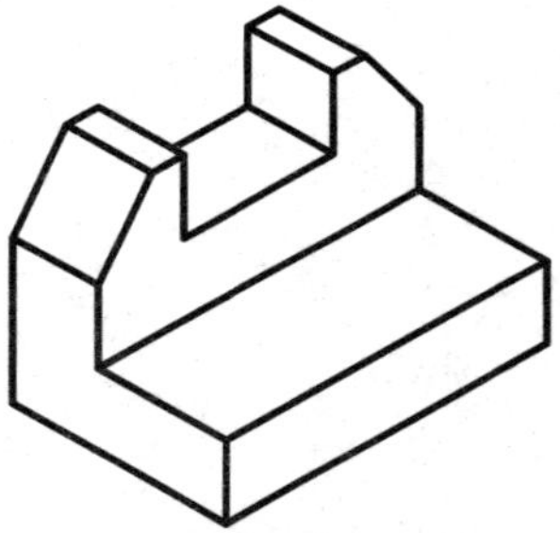

(3)

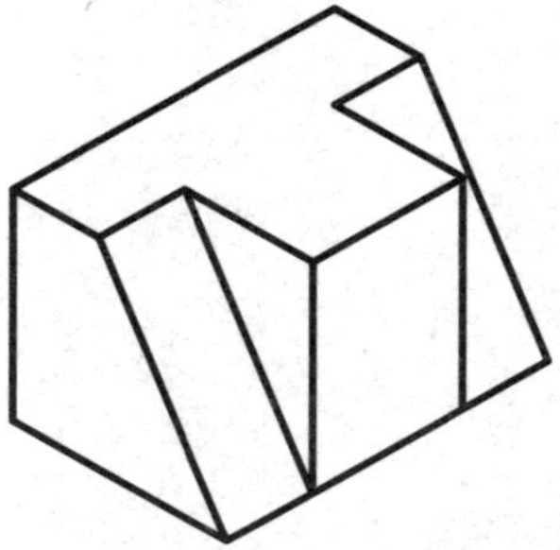

(4)

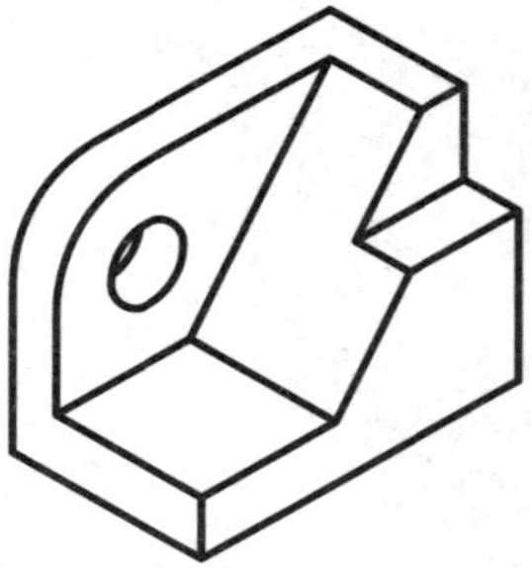

班级　　　　姓名　　　　学号

练习4-15　组合体的投影

20. 根据下列组合体的正面投影和水平投影，选择正确的侧面投影。

（1）

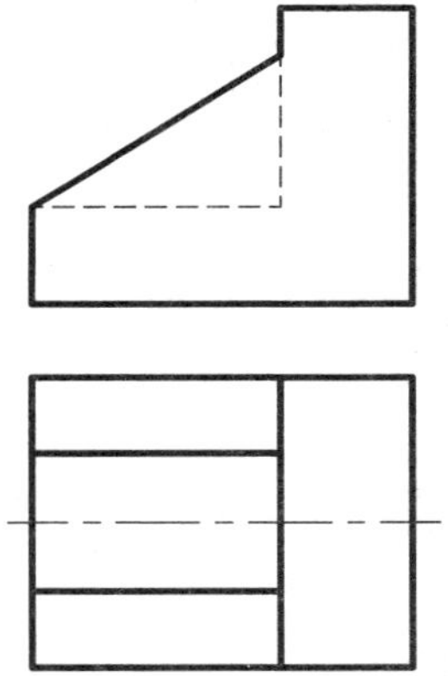

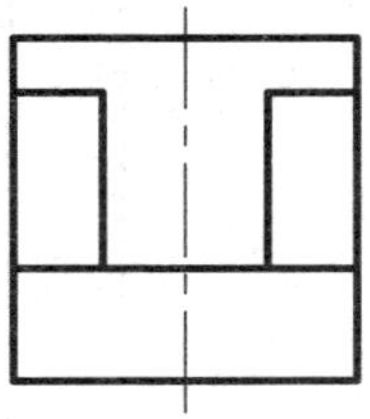

A

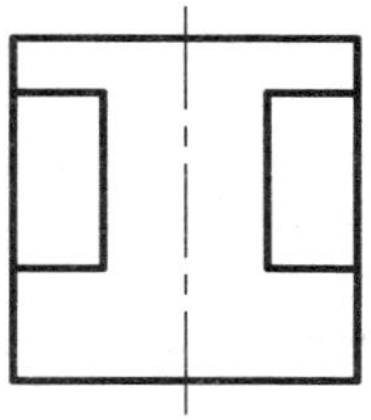

B

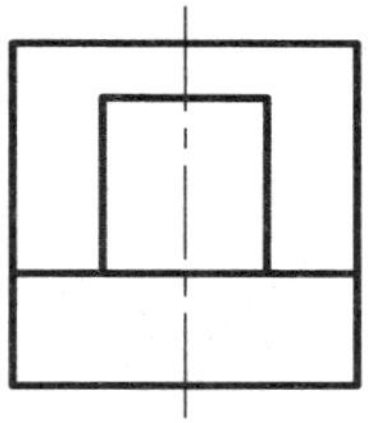

C

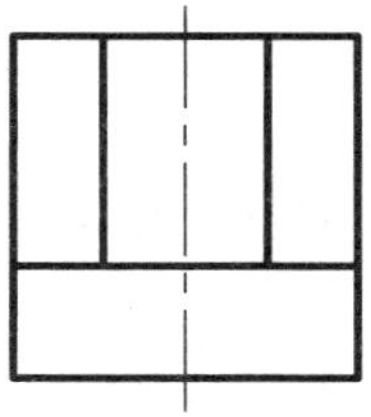

D

（2）

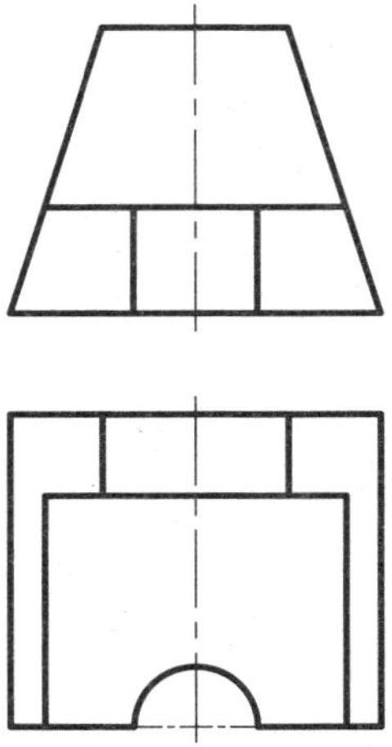

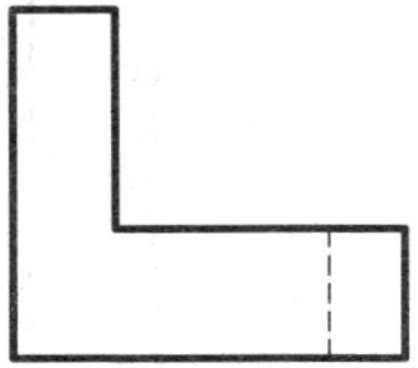

A

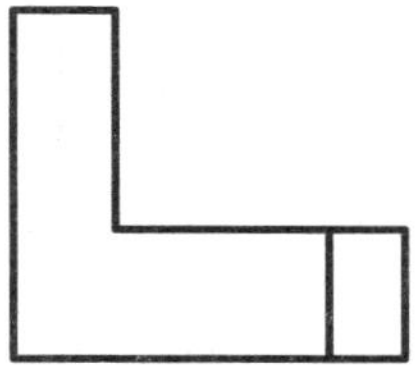

B

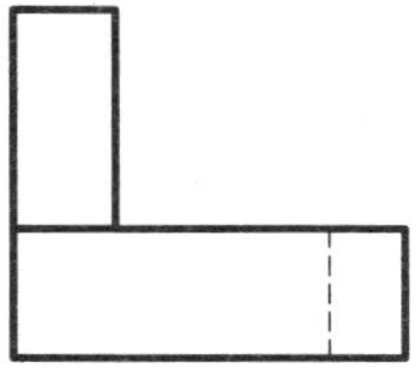

C

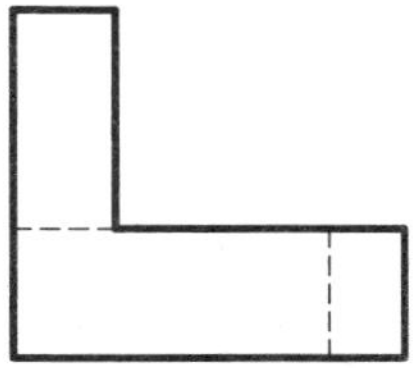

D

21. 根据下列组合体的正面投影和水平投影，选择正确的侧面投影。

（1）

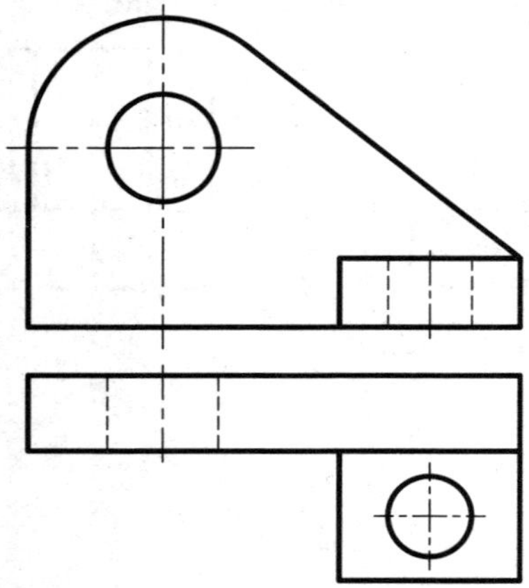

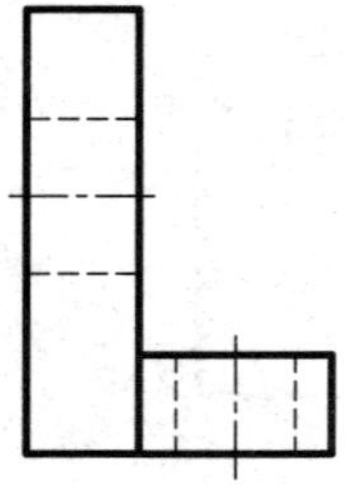

A

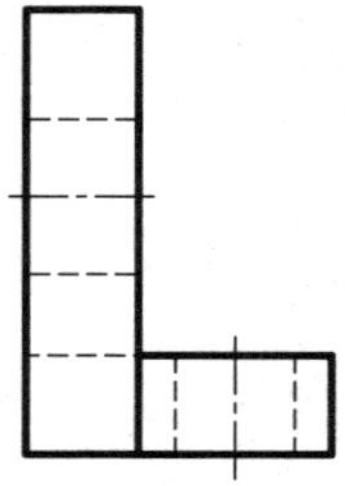

B

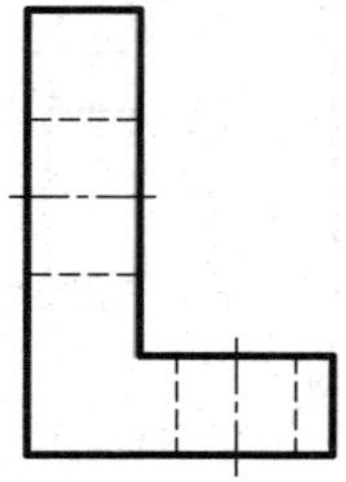

C

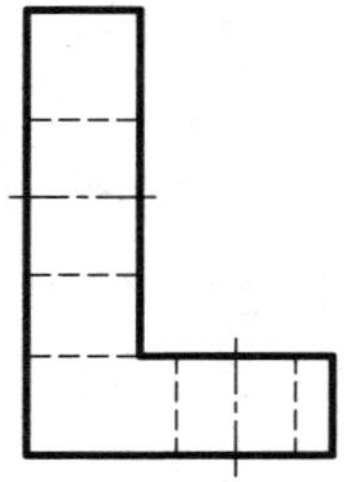

D

（2）

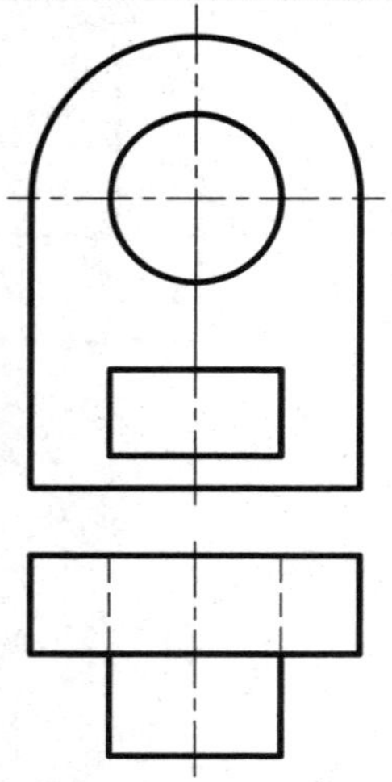

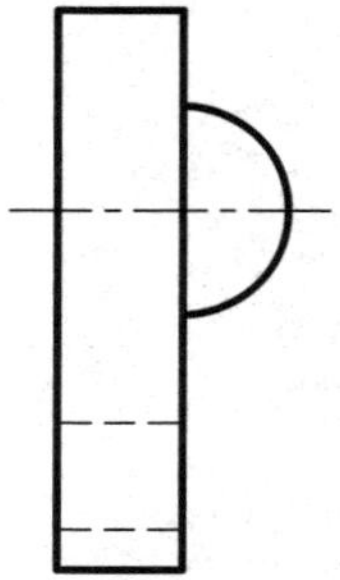

A

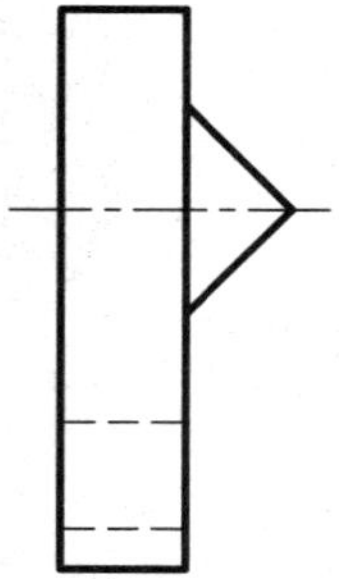

B

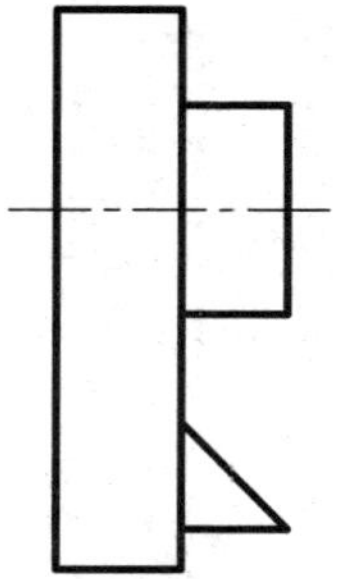

C

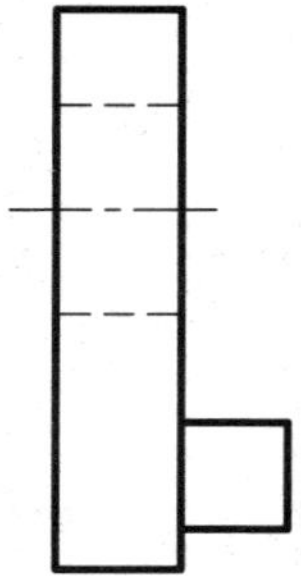

D

班级　　姓名　　学号

练习4-17　组合体的投影

22. 根据下列组合体的水平投影和侧面投影，选择正确的正面投影。

（1）

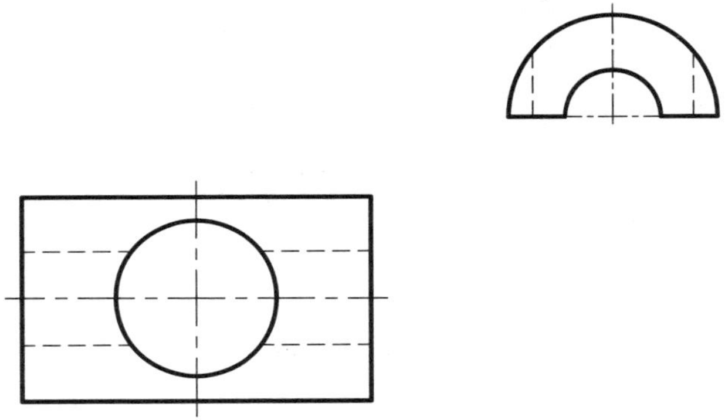

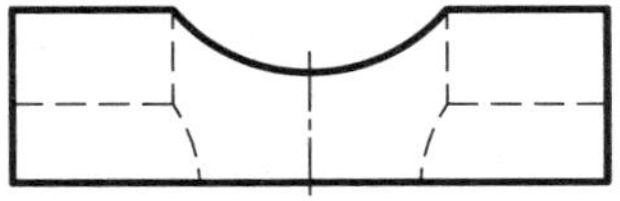

A

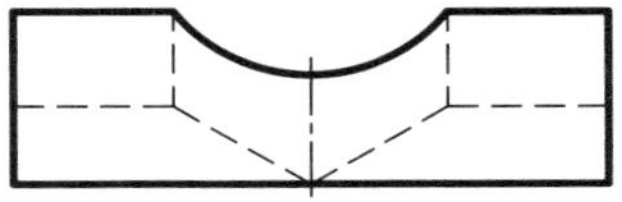

B

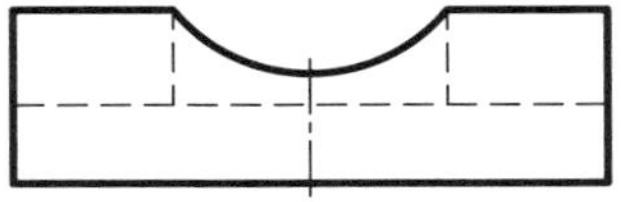

C

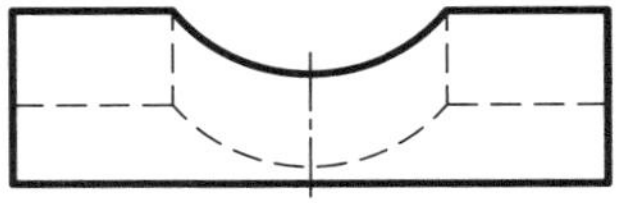

D

（2）

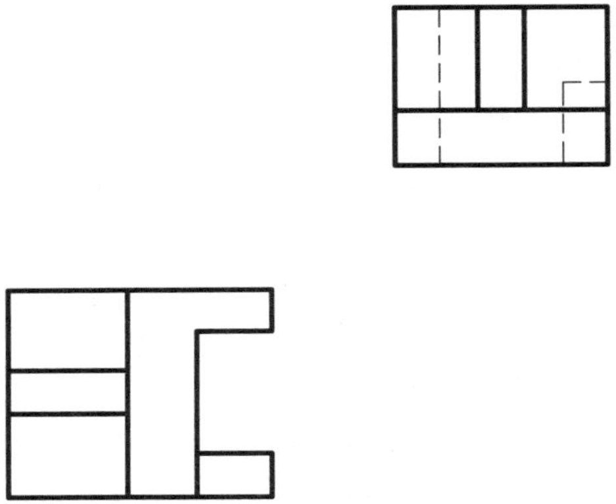

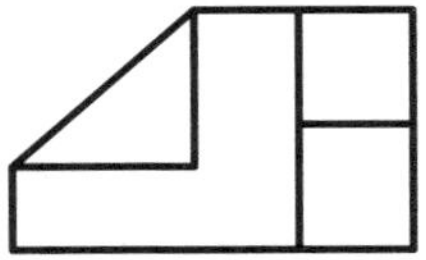

A

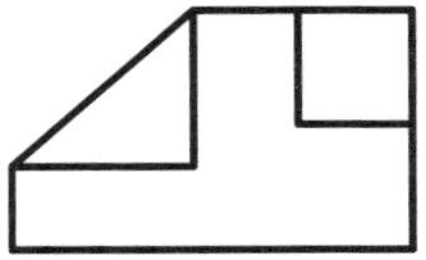

B

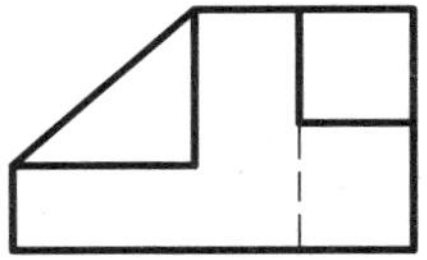

C

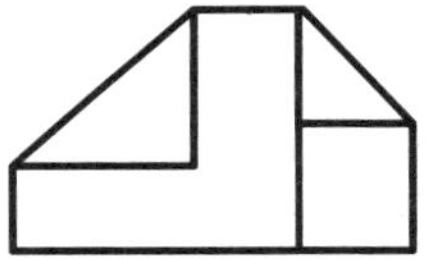

D

23. 根据下列组合体的水平投影和侧面投影，选择正确的正面投影。

（1）

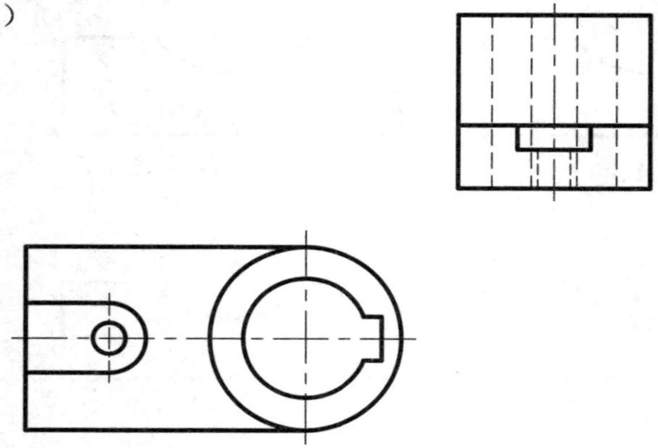

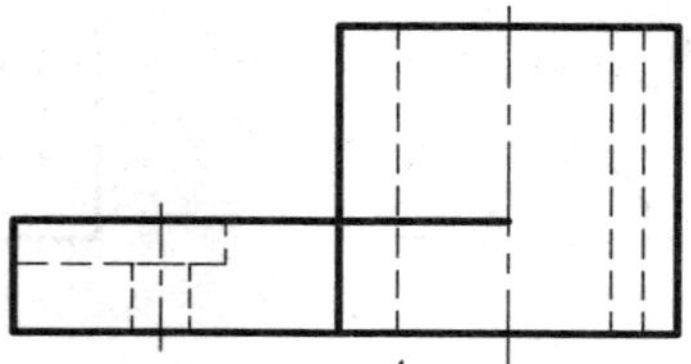

A

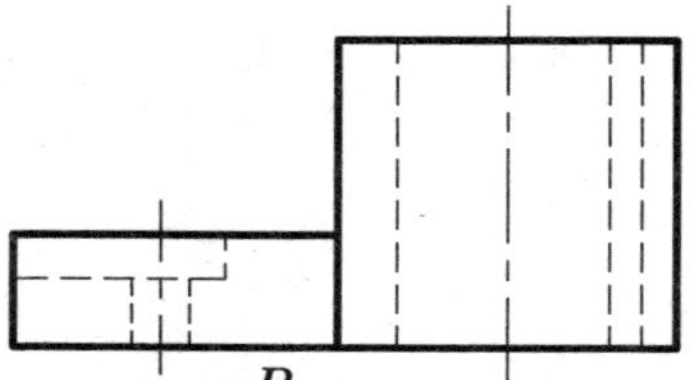

B

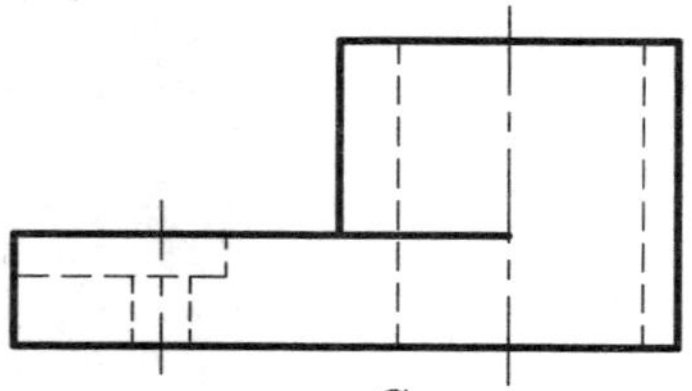

C

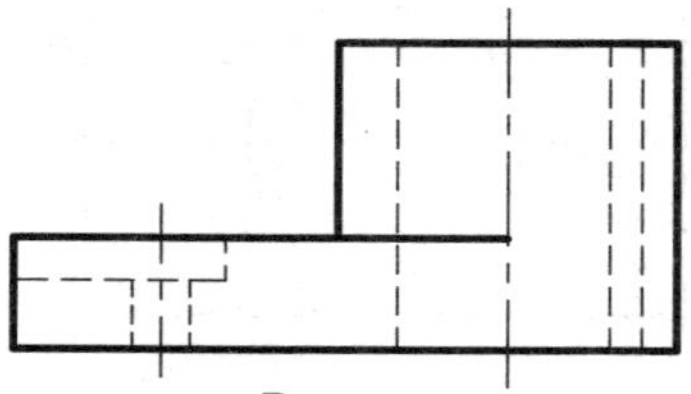

D

（2）

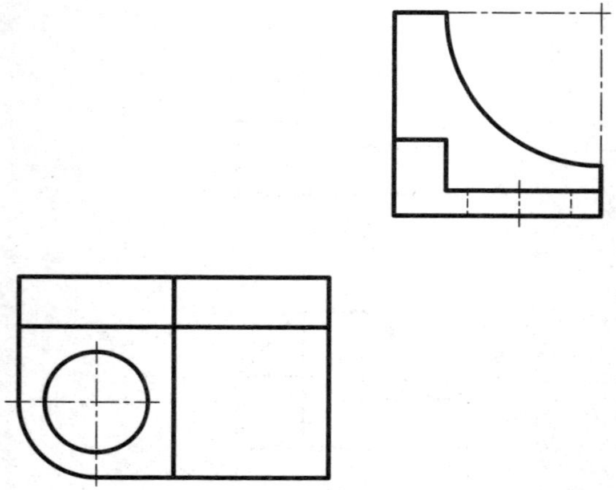

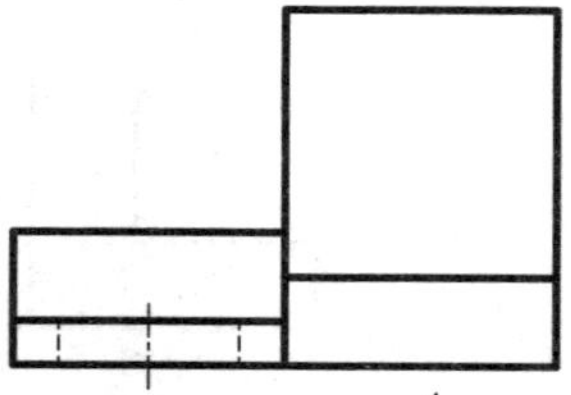

A

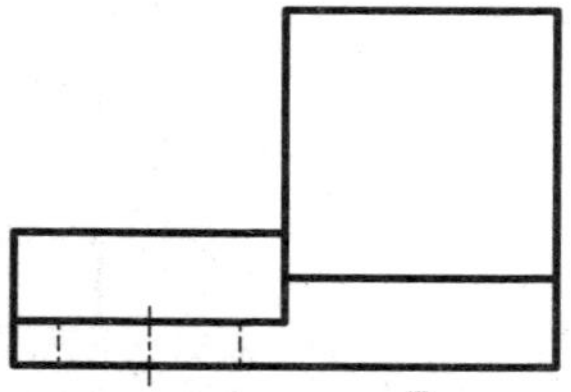

B

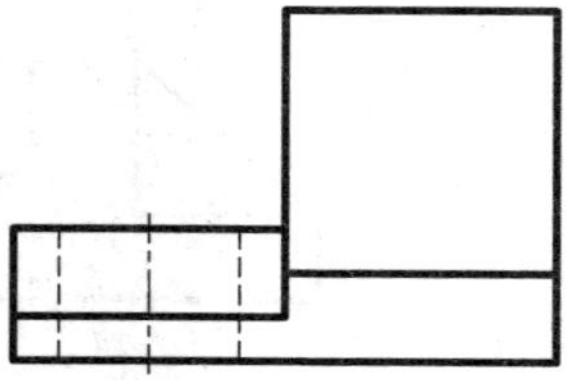

C

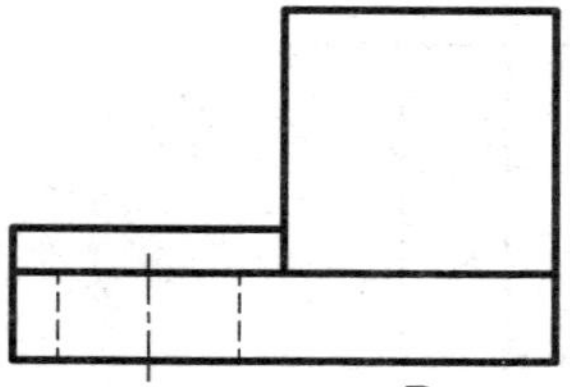

D

班级　　　　姓名　　　　学号

24. 根据下列组合体的正面投影和侧面投影，选择正确的水平投影。

（1）

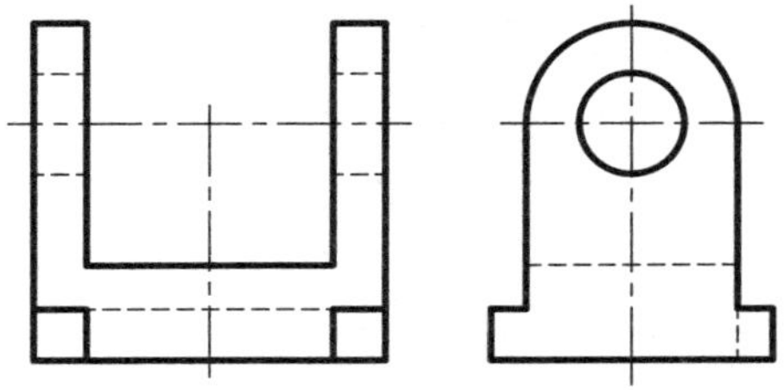

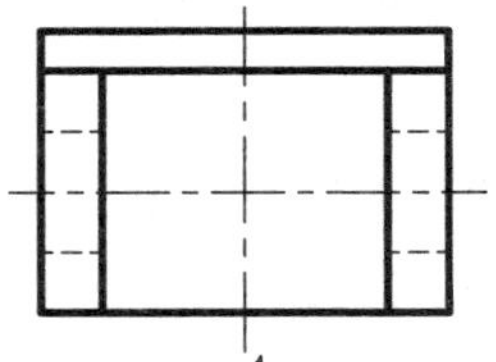

A

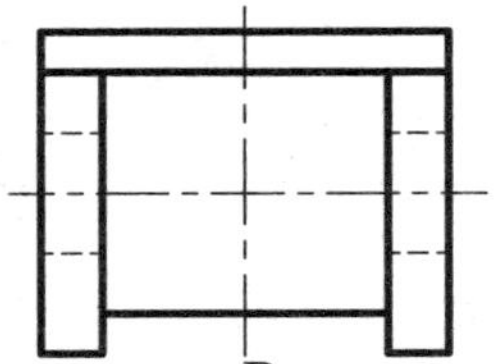

B

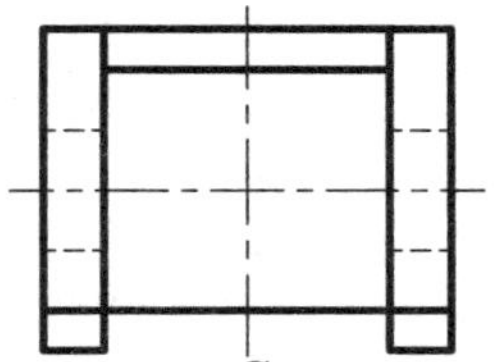

C

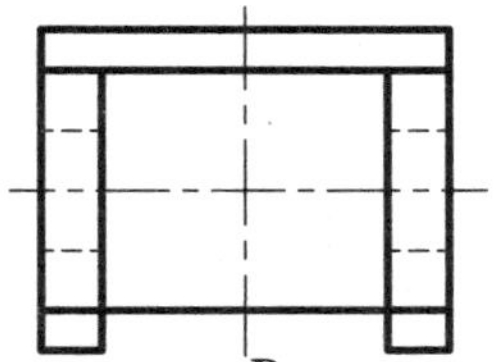

D

（2）

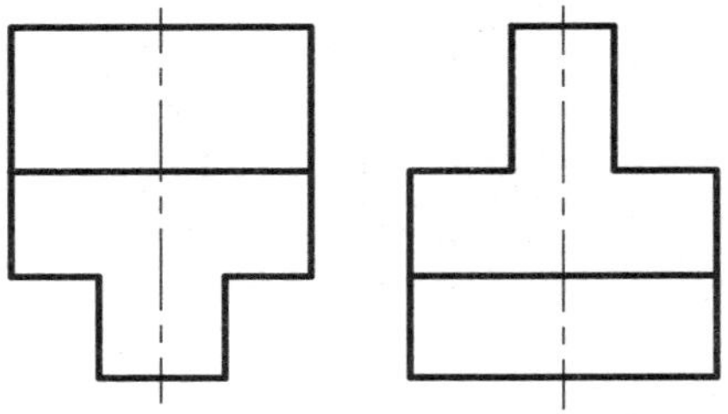

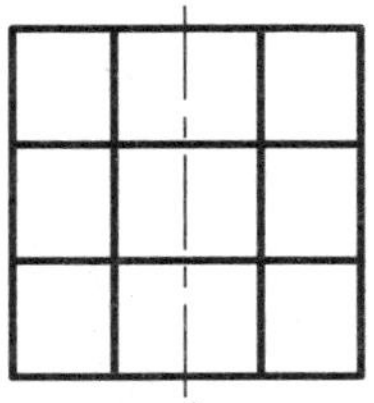

A

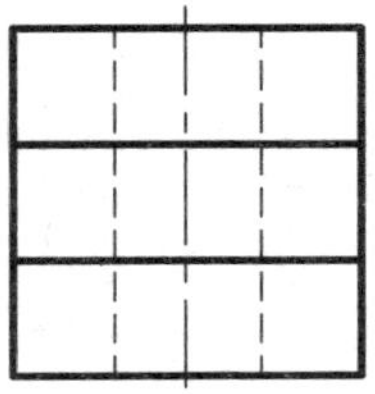

B

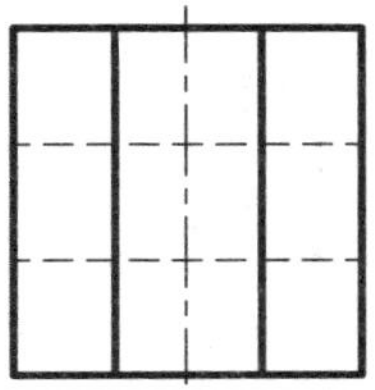

C

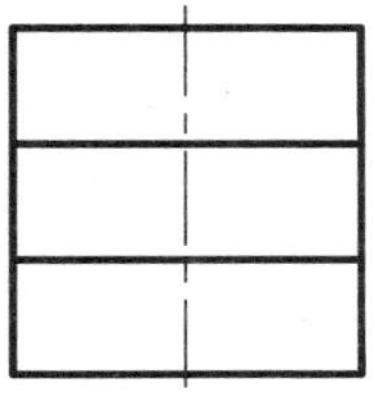

D

25. 根据下列组合体的正面投影和侧面投影，选择正确的水平投影。

（1）

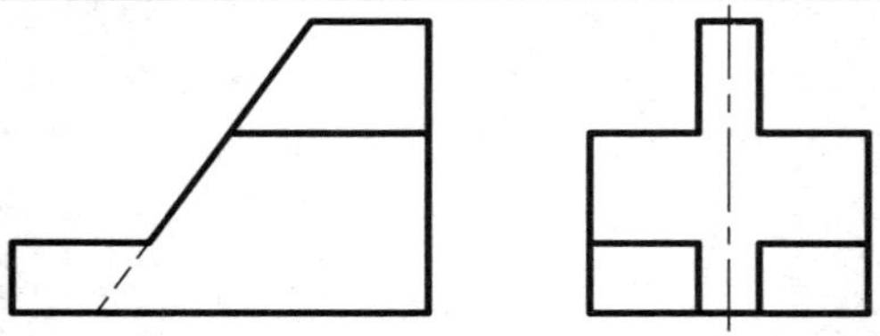

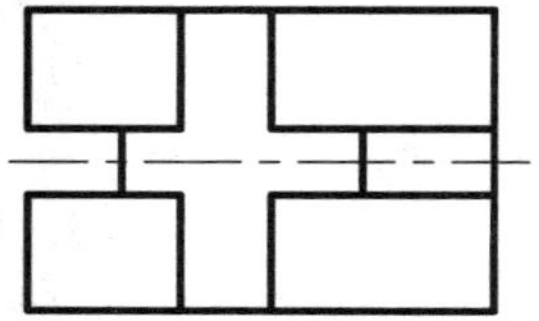

A

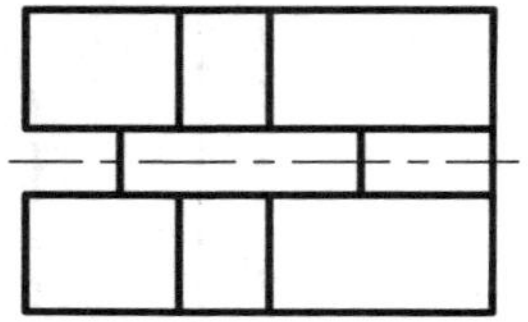

B

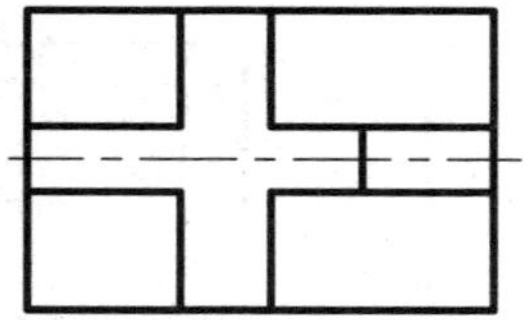

C

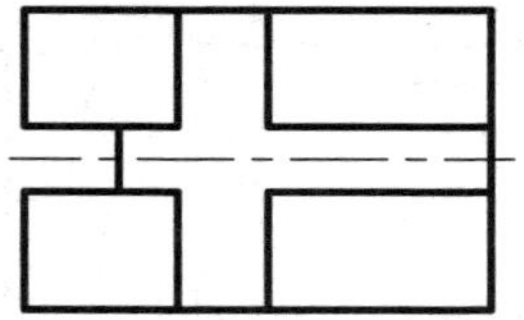

D

（2）

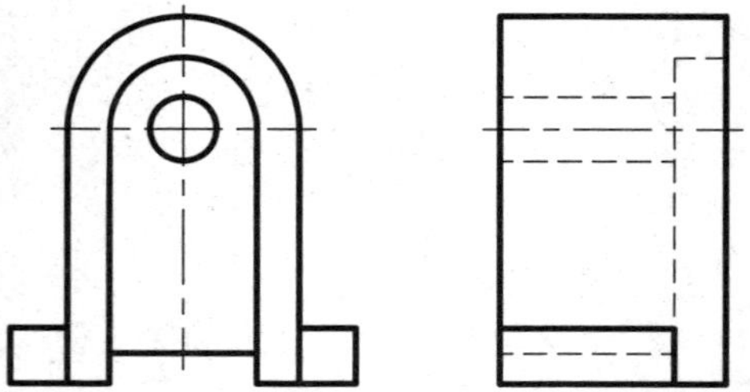

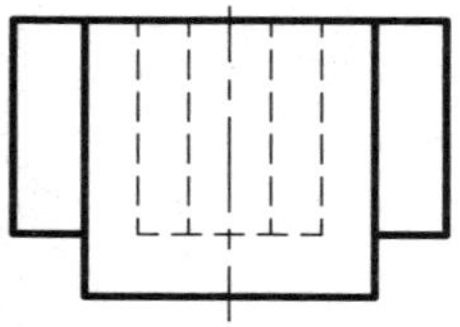

A

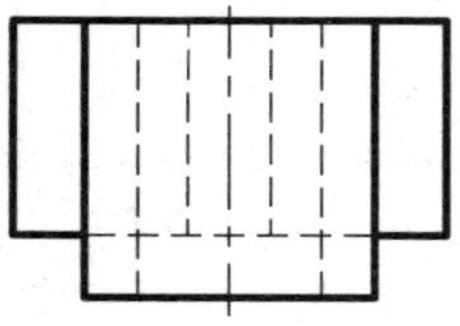

B

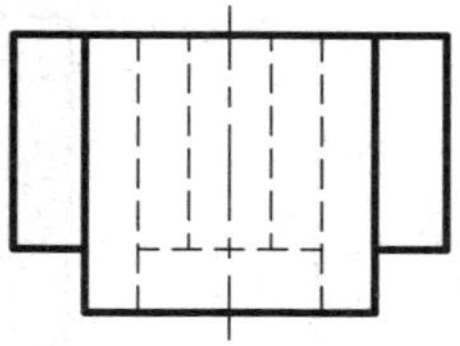

C

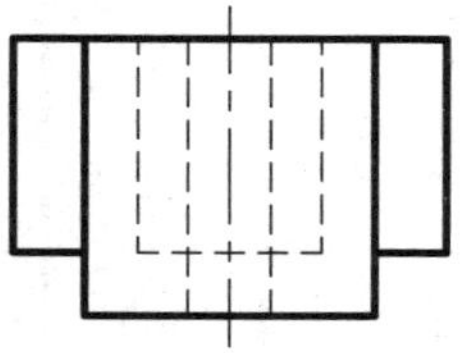

D

班级　　　　　　姓名　　　　　　学号

26. 补画投影图中所缺的图线。

（1）

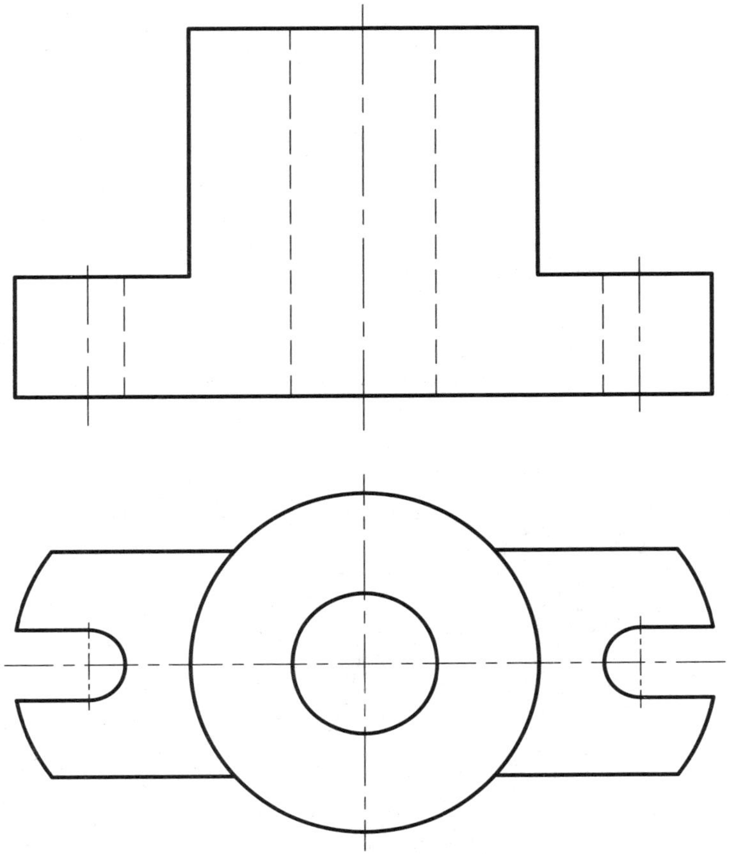

（2）

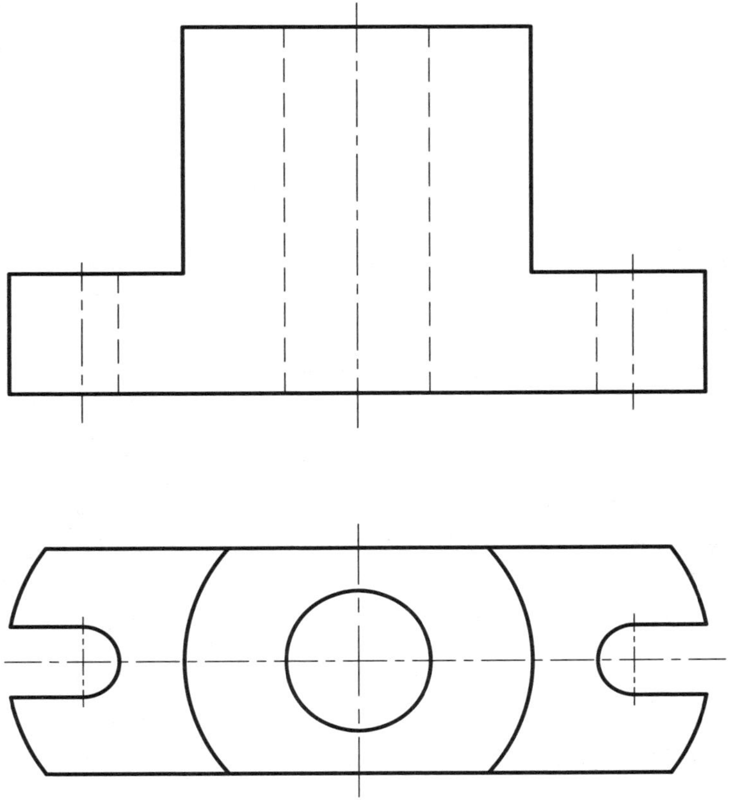

27. 补画投影图中所缺的图线(注意内部孔的投影)。

(1)

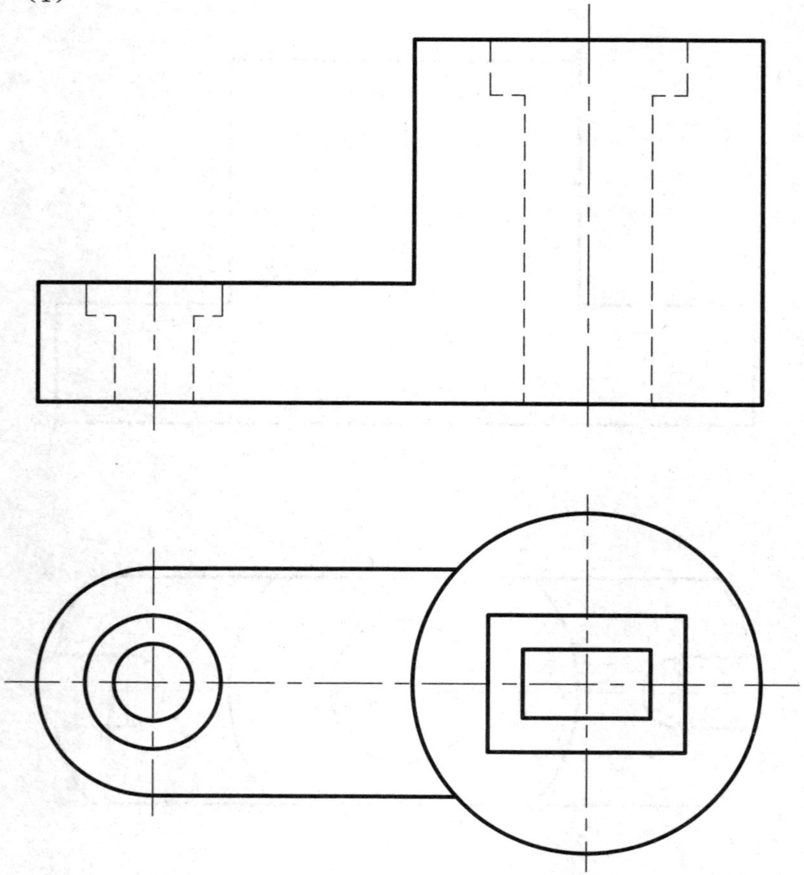

(2)

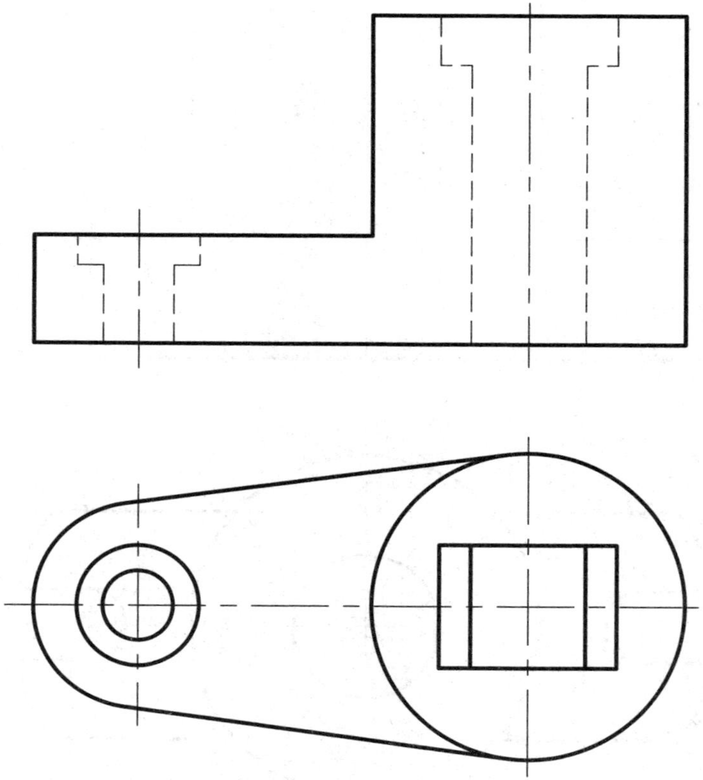

班级 姓名 学号

练习4-23　组合体的投影

28. 标注下列组合体尺寸（尺寸数字直接从图上测量、取整数）。

（1）

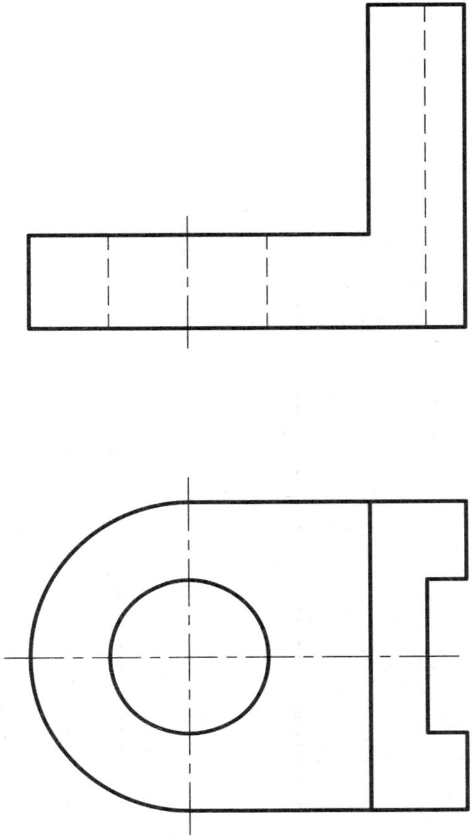

（2）

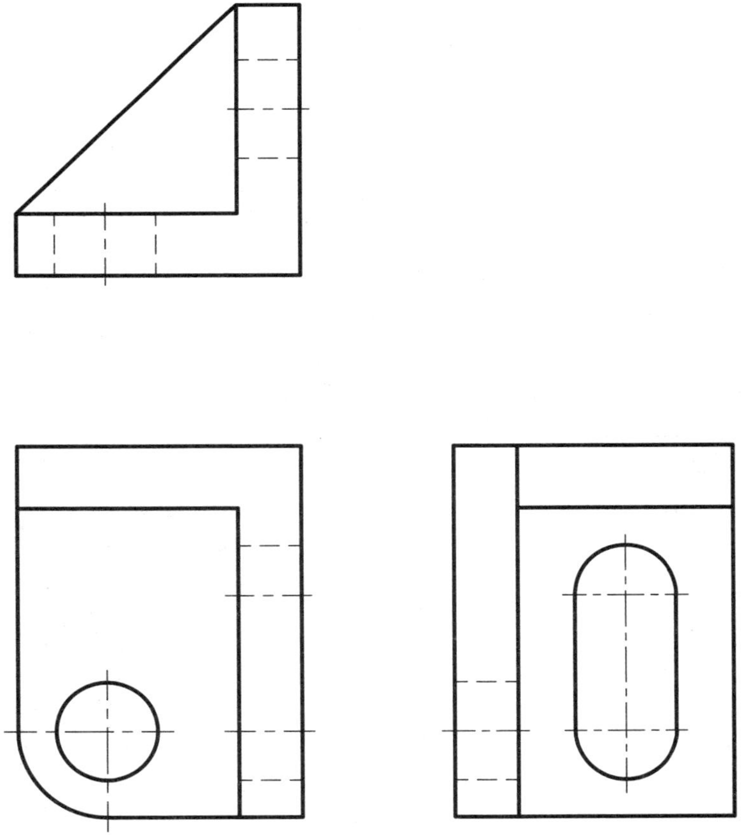

练习4-24 组合体的投影

29. 标注组合体尺寸（尺寸数字直接从图上测量、取整数）。

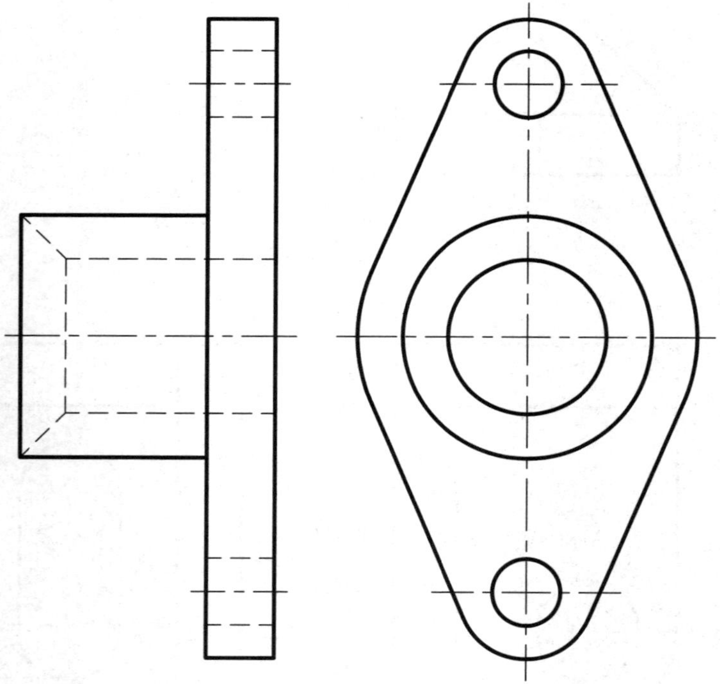

30. 补画侧面投影，并标注组合体尺寸（尺寸数字直接从图上测量、取整数）。

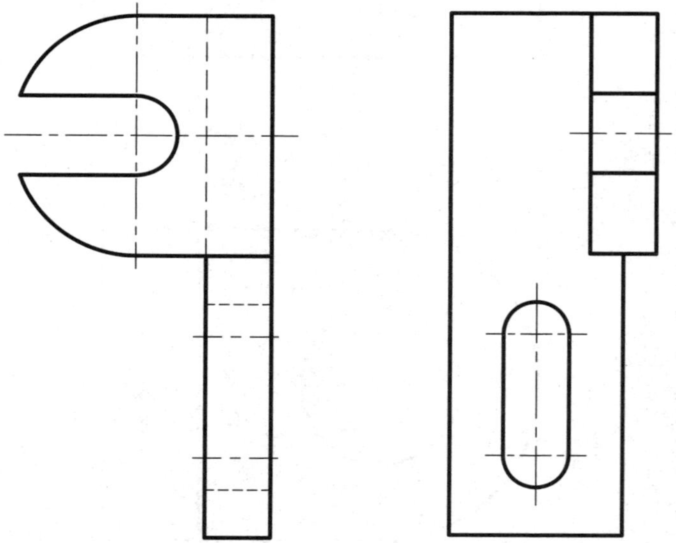

班级　姓名　学号

31. 补画侧面投影，并标注组合体尺寸（尺寸数字直接从图上测量、取整数）。

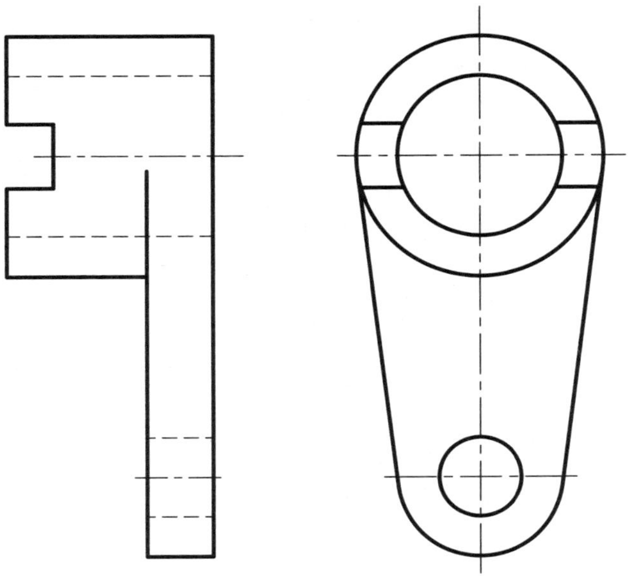

32. 补画侧面投影，并标注组合体尺寸（尺寸数字直接从图上测量、取整数）。

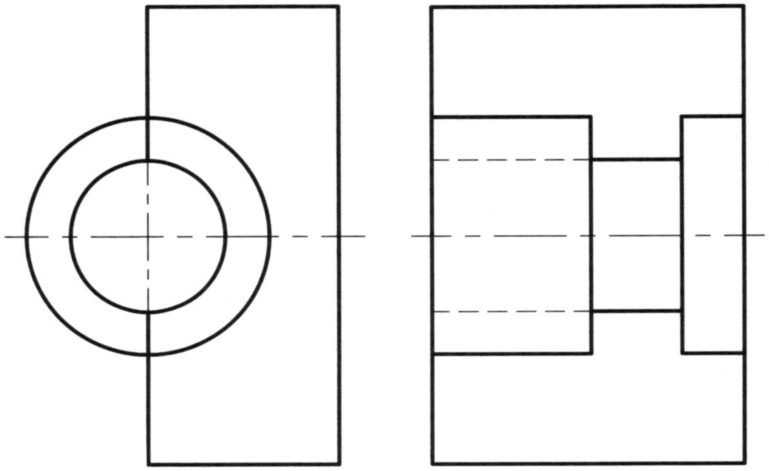

33. 标注组合体尺寸（尺寸数字直接从图上测量、取整数）。

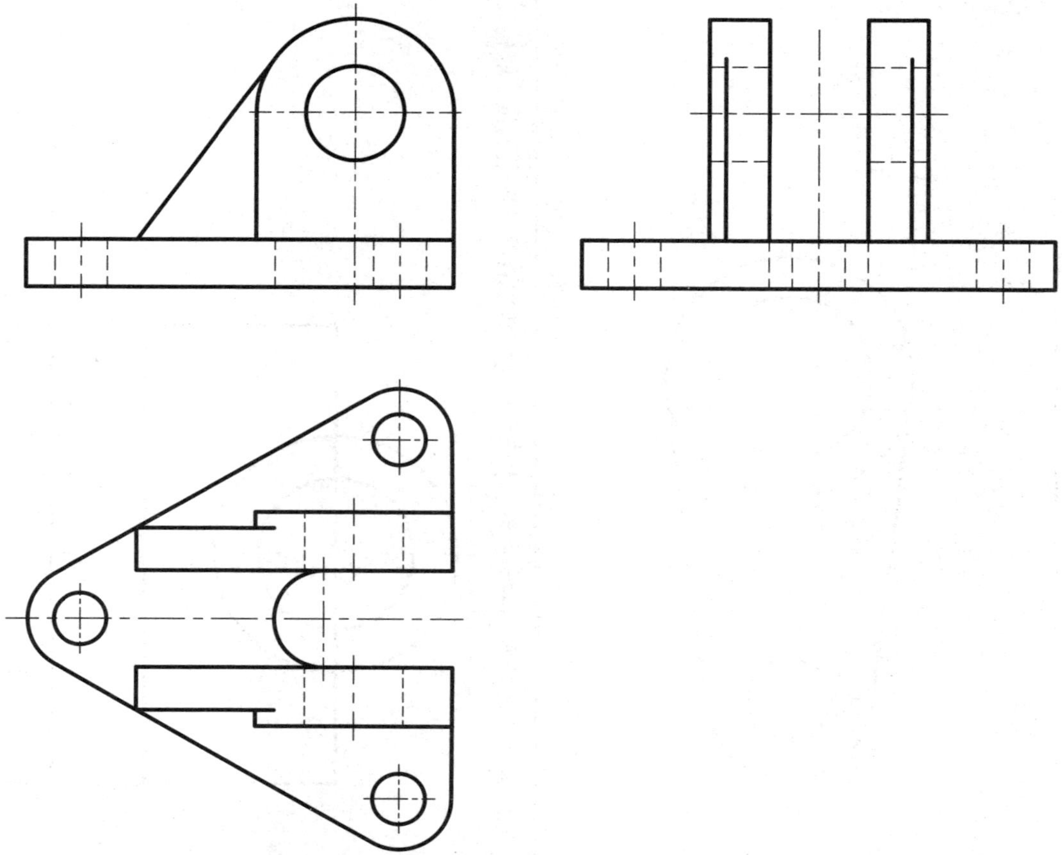

　　班级　　姓名　　学号

练习4-27　组合体的投影

34. 根据下列物体的正面投影和水平投影，补画侧面投影。

（1）

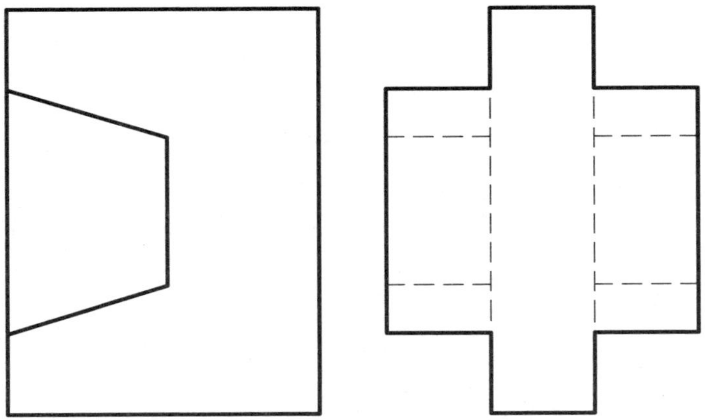

（2）

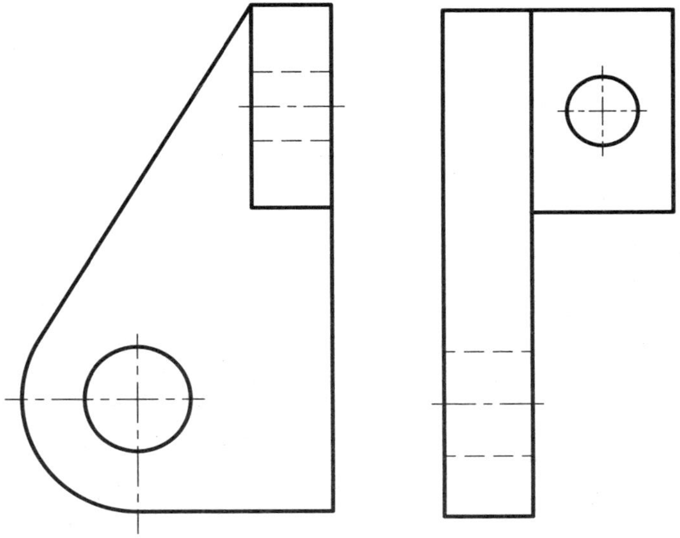

班级　　姓名　　学号

练习4-28　组合体的投影

35. 根据下列物体的正面投影和水平投影，补画侧面投影。

（1）

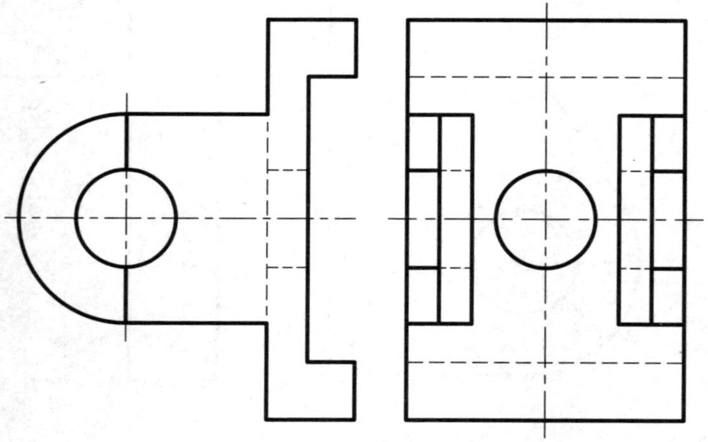

（2）

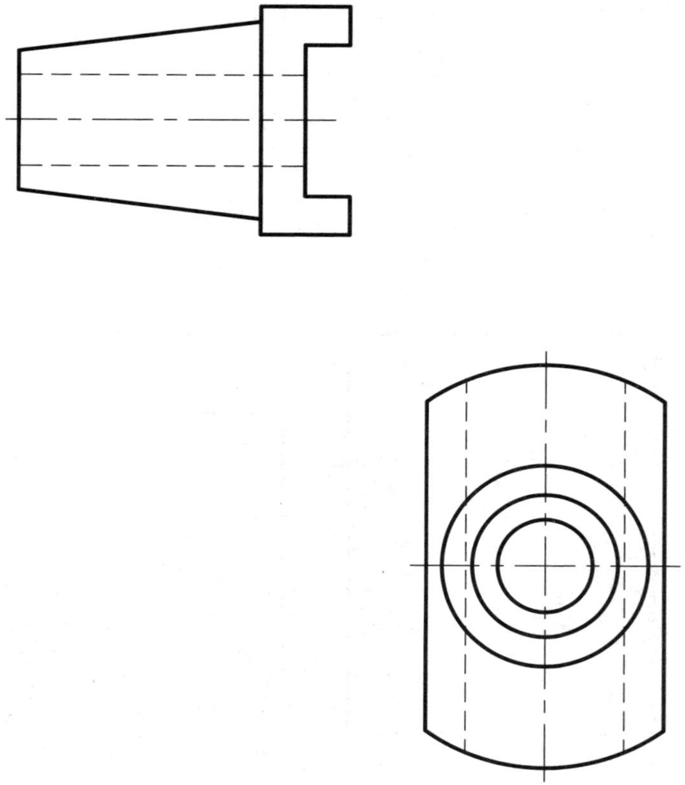

班级　　姓名　　学号

练习4-29　组合体的投影

36. 根据下列物体的正面投影和水平投影，补画侧面投影。

（1）

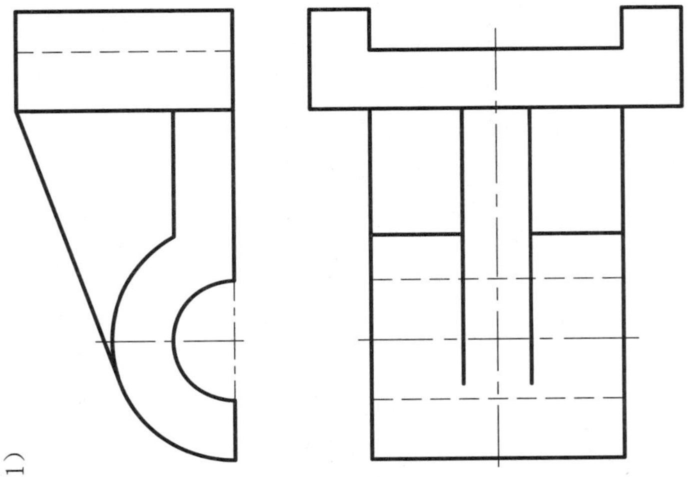

（2）

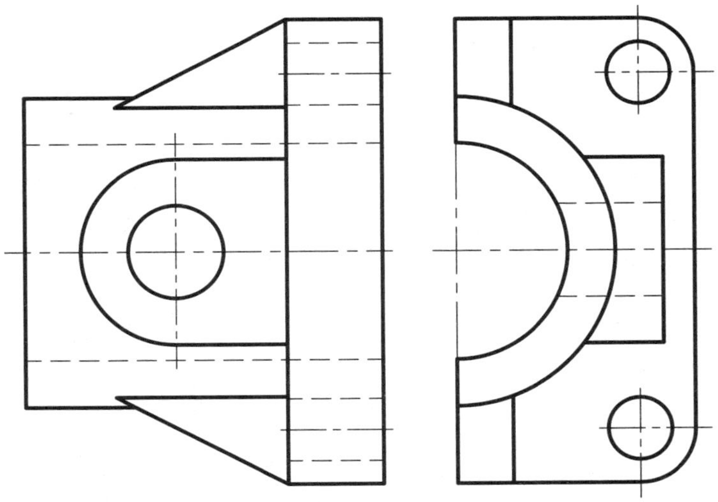

班级　　　　　　姓名　　　　　　学号

练习4-30 组合体的投影

37. 根据下列物体的正面投影和水平投影，补画侧面投影。

（1）

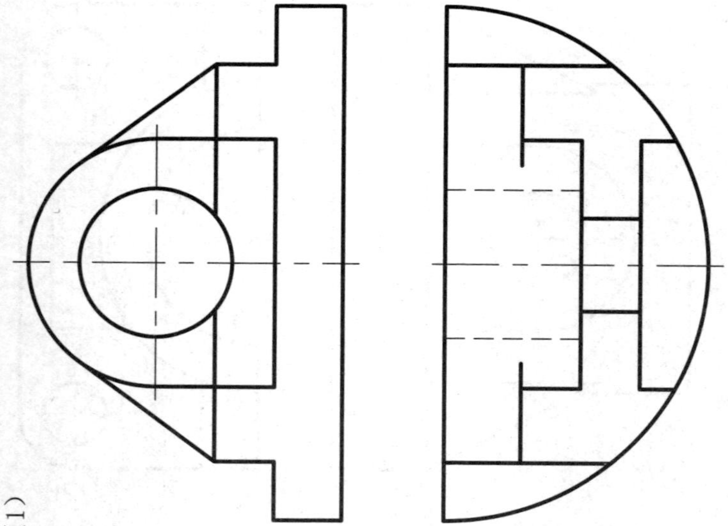

（2）

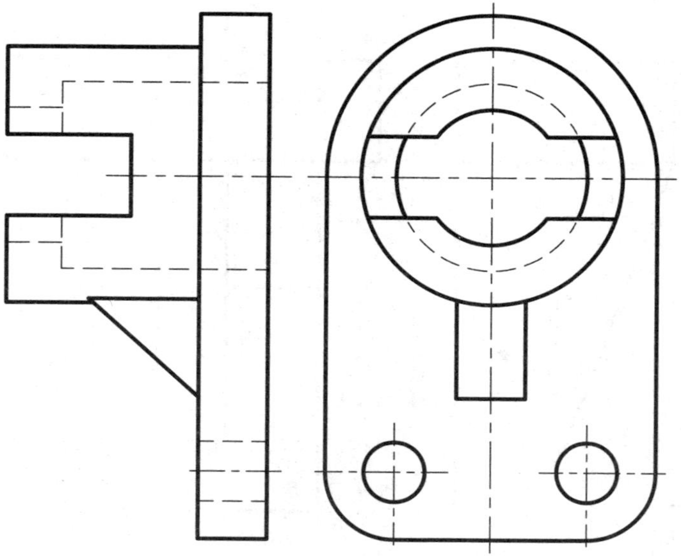

班级　　　　姓名　　　　学号

38. 根据下列物体的正面投影和水平投影，补画侧面投影。

(1)

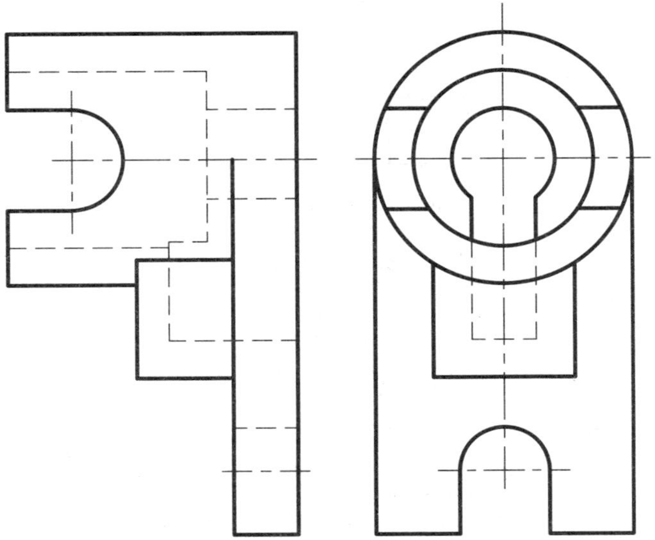

(2)

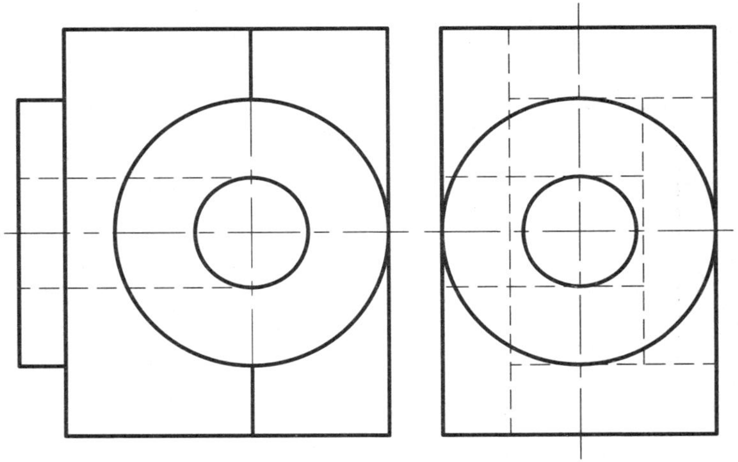

39. 根据下列正面投影和侧面投影，补画水平投影。

（1）

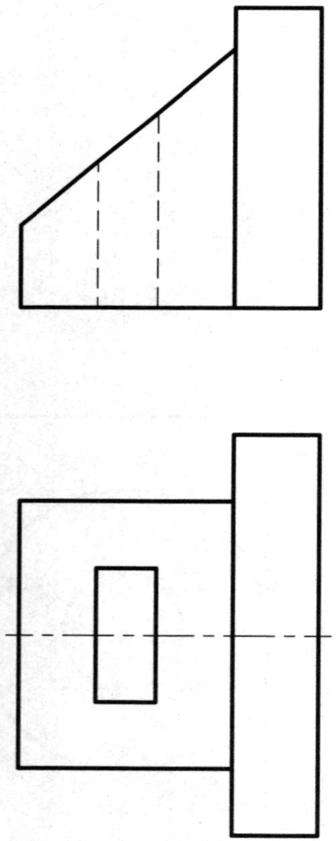

（2）

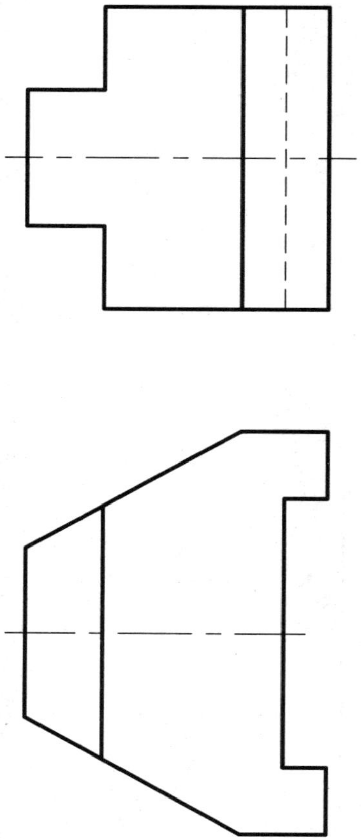

班级　　姓名　　学号

40. 根据下列物体的正面投影和水平投影，补画侧面投影。

（1）

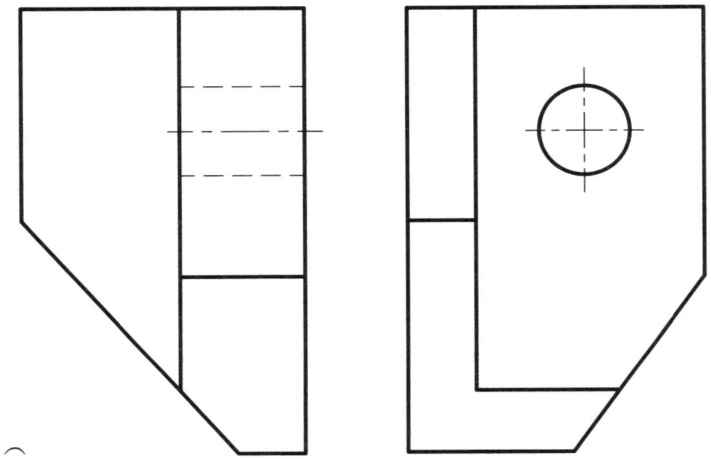

（2）

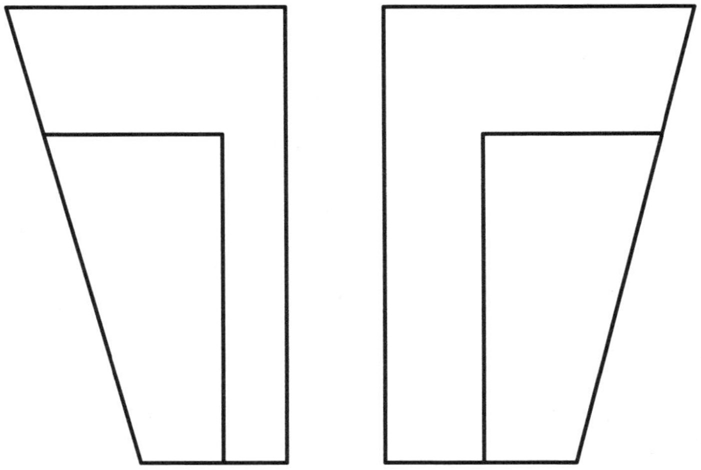

41. 根据下列正面投影和侧面投影，补画水平投影。

（1）

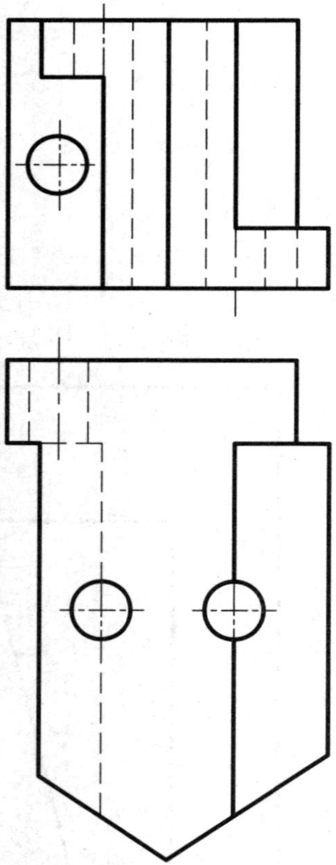

（2）

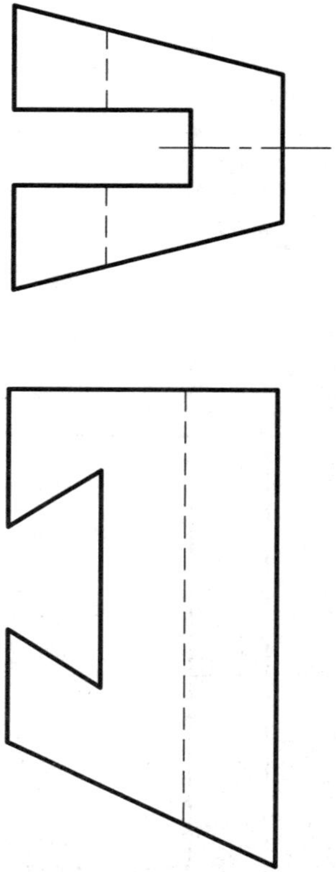

42. 根据下列水平投影和侧面投影，补画正面投影。

（1）

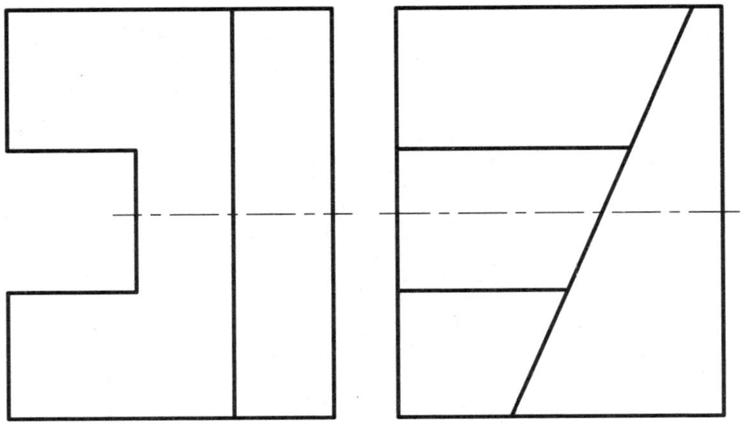

（2）

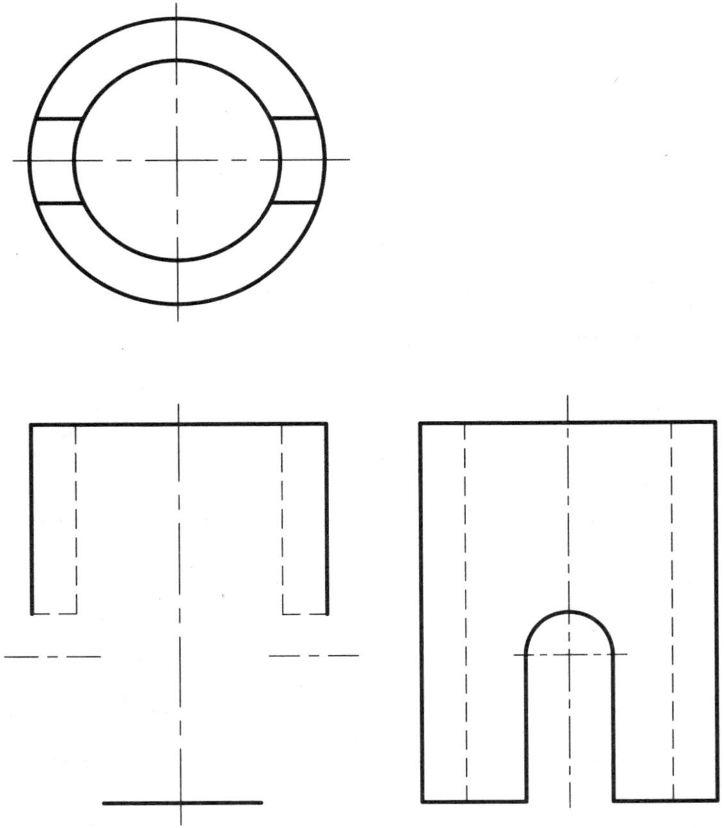

练习4-36　组合体的投影

43. 根据下列水平投影和侧面投影，补画正面投影。

(1)

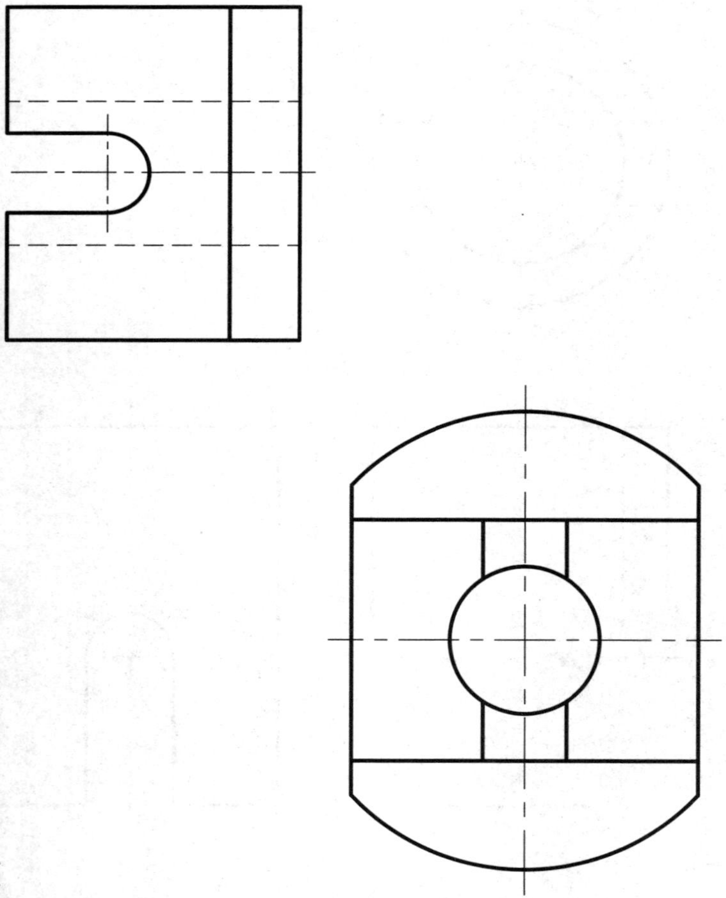

(2)

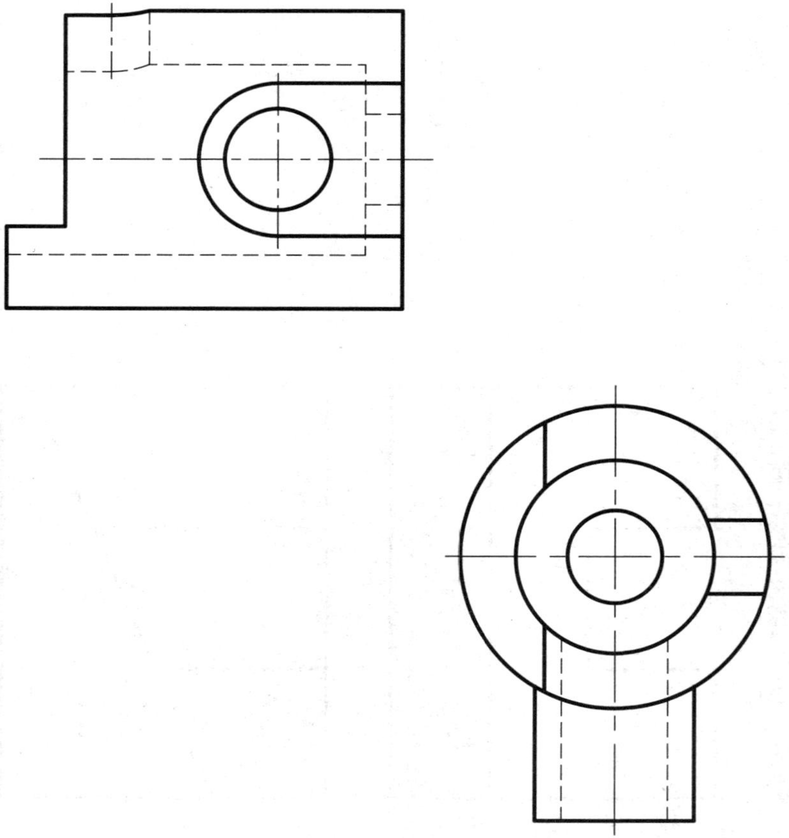

班级　　　　姓名　　　　学号

44. 根据下列已给投影想象物体，补画侧面投影中所缺的图线。

（1）

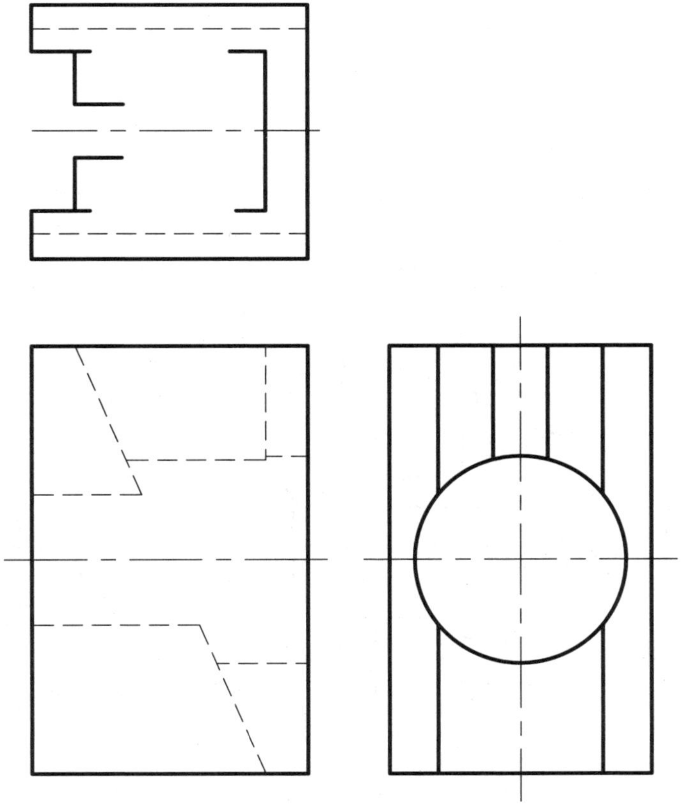

（2）

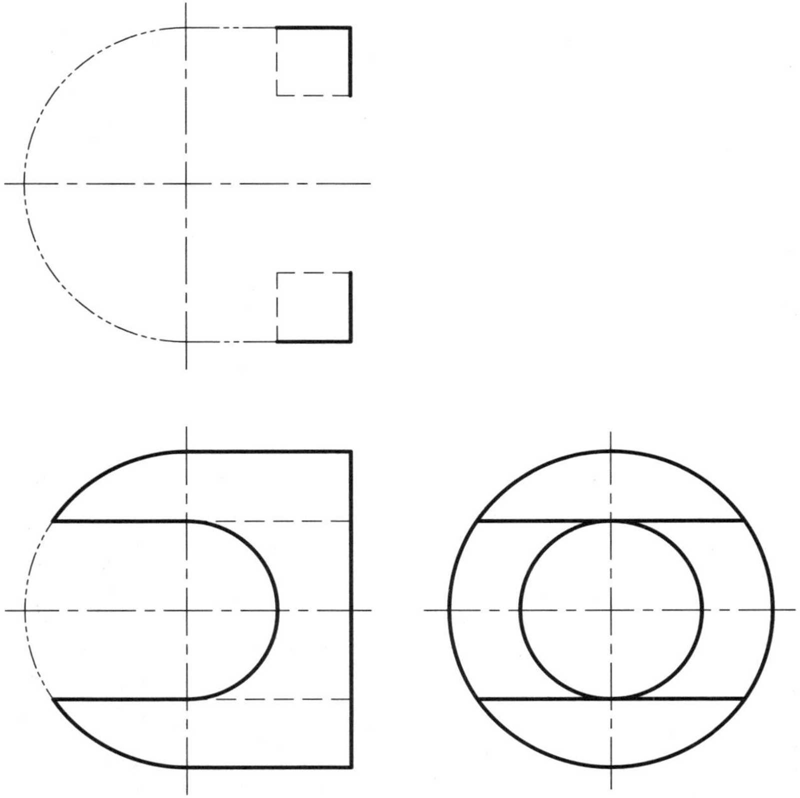

45. 根据下列的正面投影和水平投影，补画侧面投影。

（1）

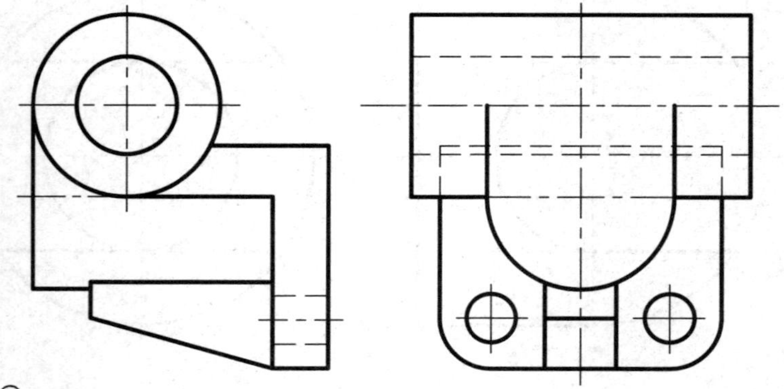

（2）

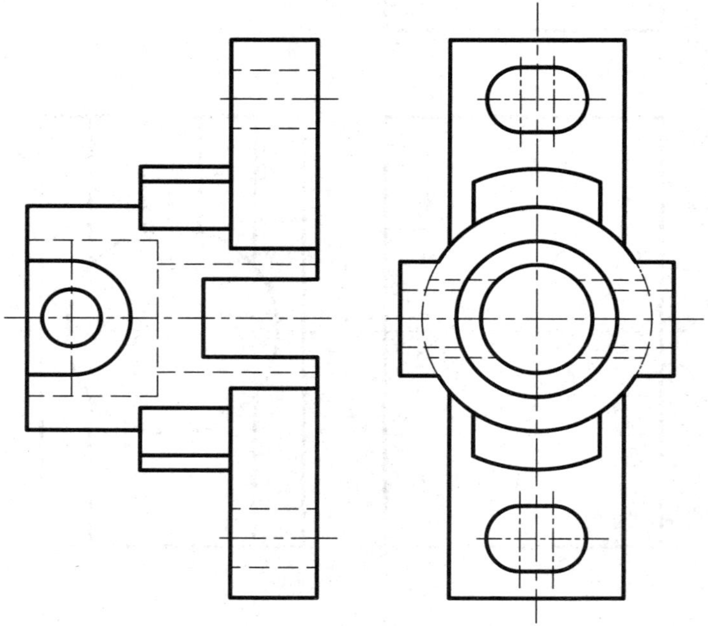

练习4-39　组合体的投影

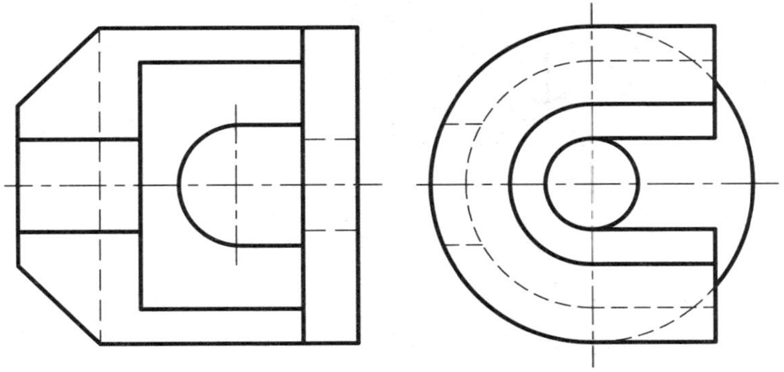

(3)

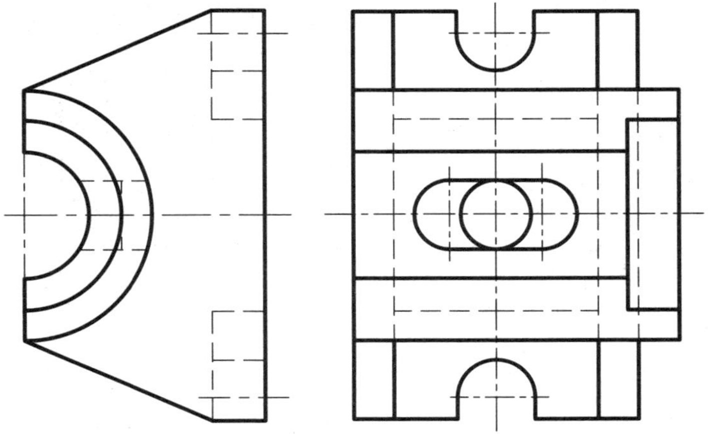

(4)

练习4-40　组合体的投影

46. 根据轴测图，画组合体三面投影。

（1）

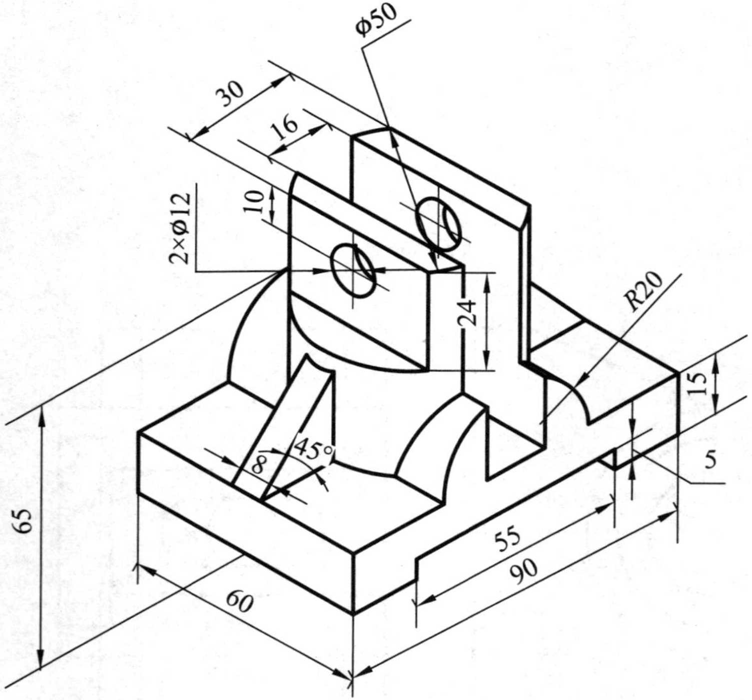

（2）

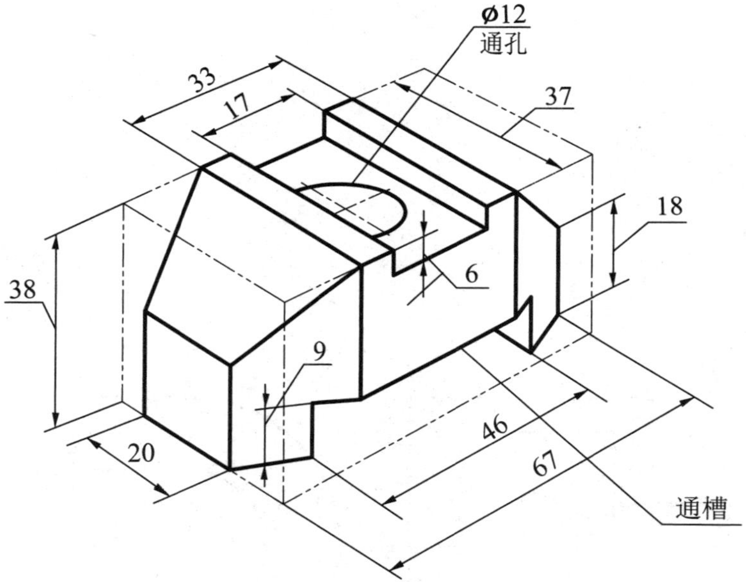

班级　　　　姓名　　　　学号

练习5　工程形体常用的基本表示法

练习5-1　工程形体常用的基本表示法

1. 补全基本视图(画出所有虚线)。

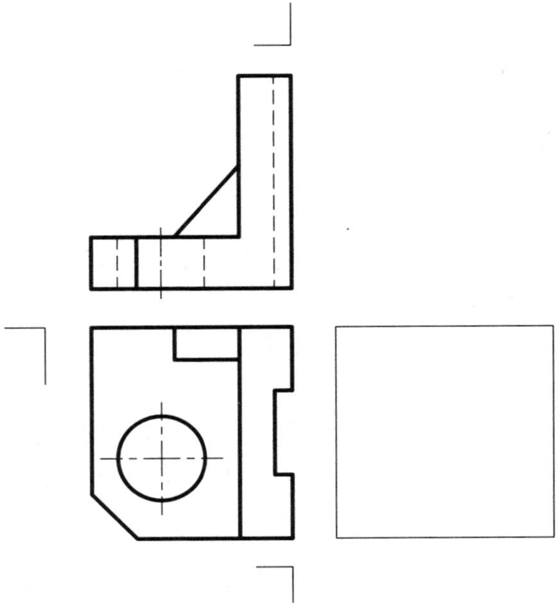

2. 按照所给视图，画出俯、左视图及相应的向视图。

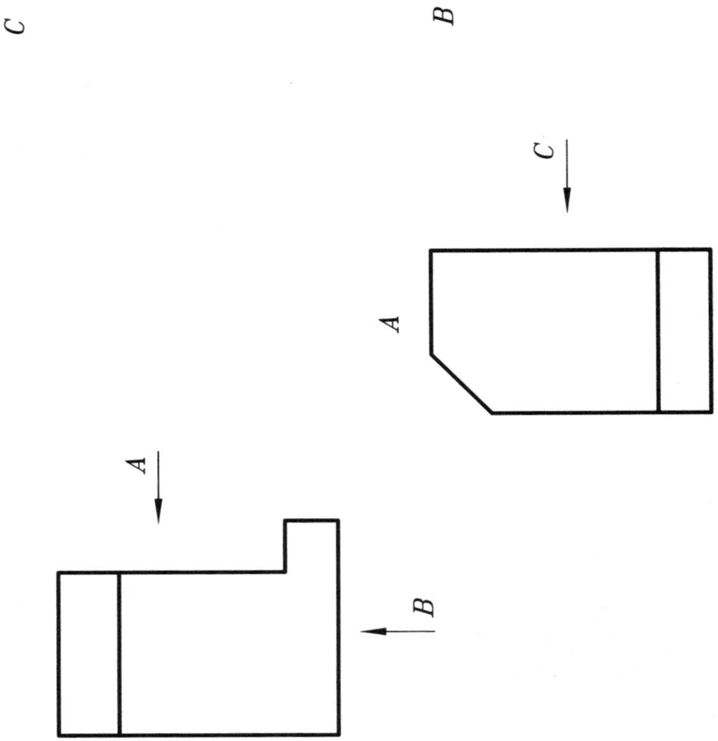

3. 在看懂投影图的基础上，运用基本视图、斜视图、局部视图的表达方法重新表达该物体。

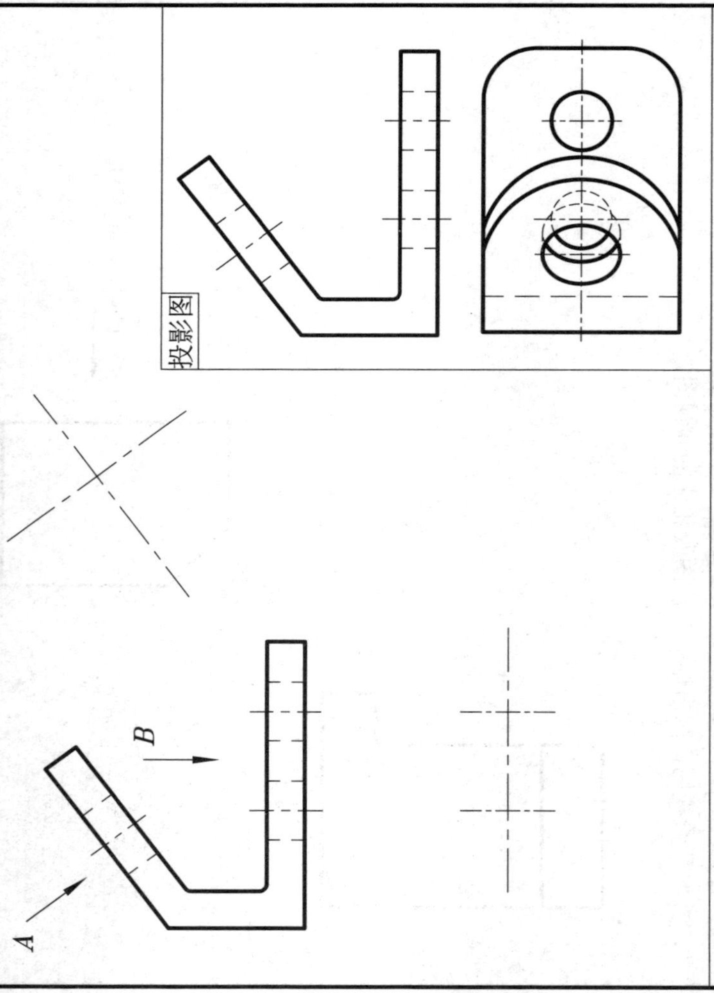

4. 看懂视图，作A向斜视图（右端安装板圆角半径为2mm）。

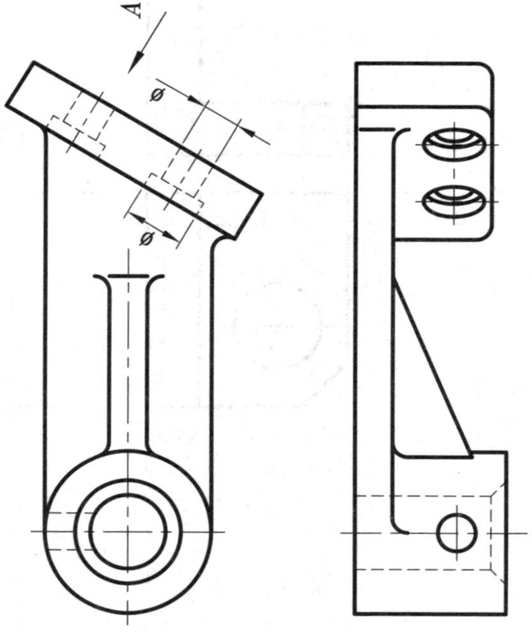

班级　　姓名　　学号

5. 将零件的主视图改画成全剖视图。

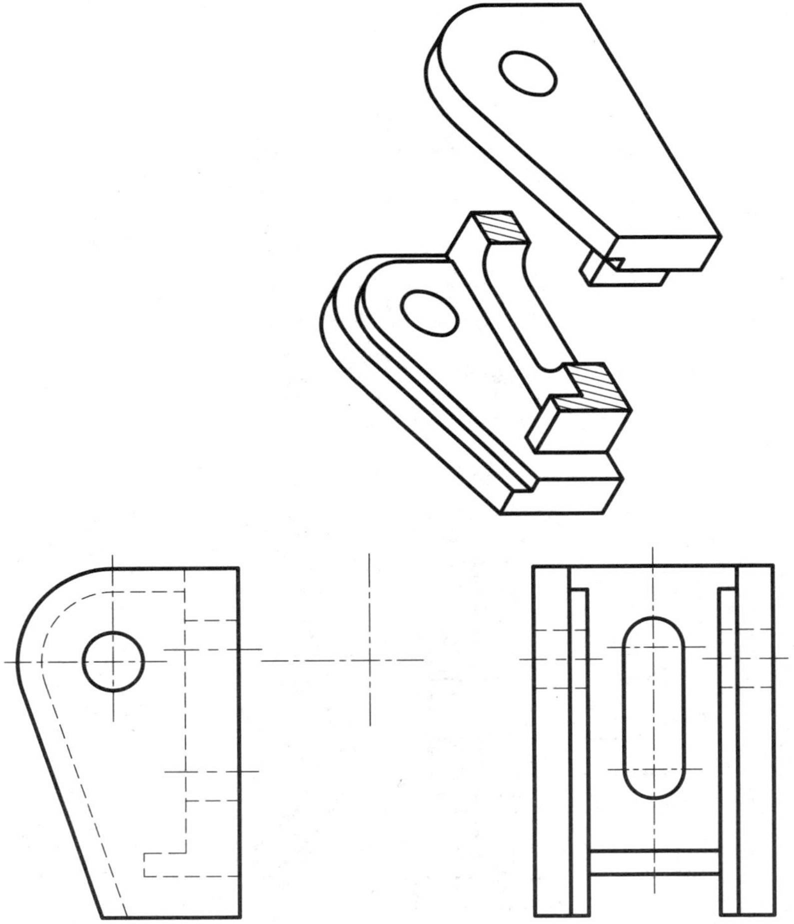

6. 根据所给的视图，将零件的主视图改画成全剖视图。

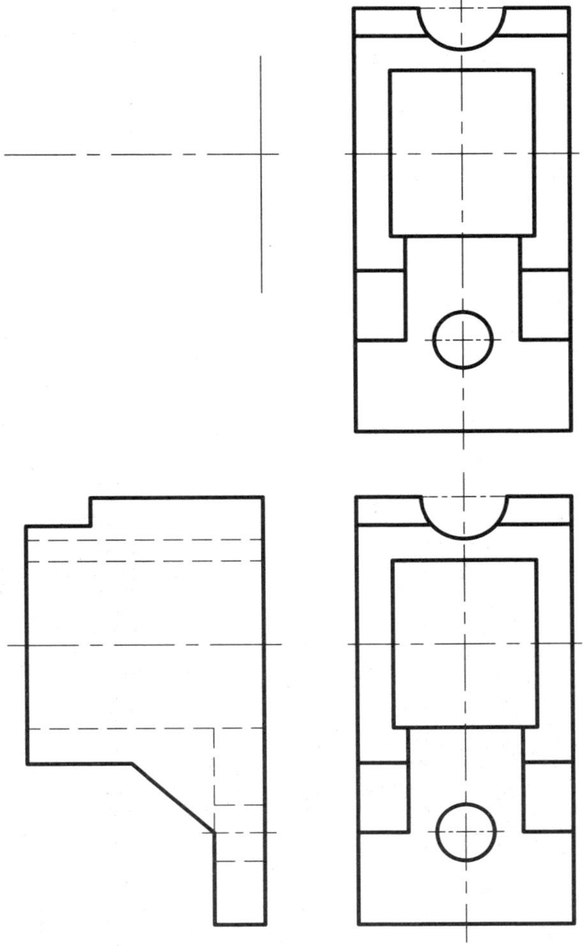

班级　　　　姓名　　　　学号

7. 分析下列图中的错误，补全剖视图中的漏线。

（1）

（2）

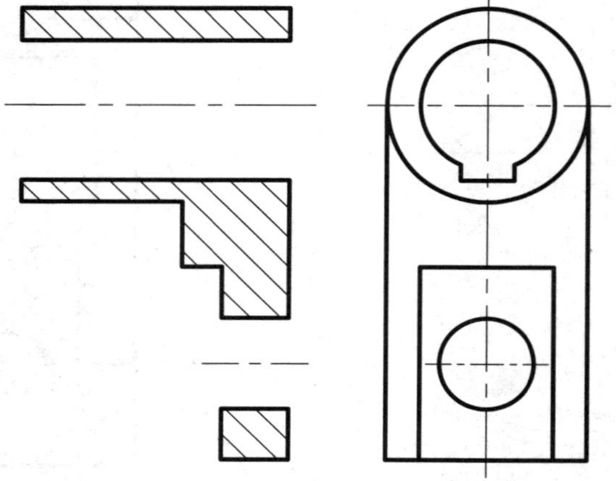

（3）

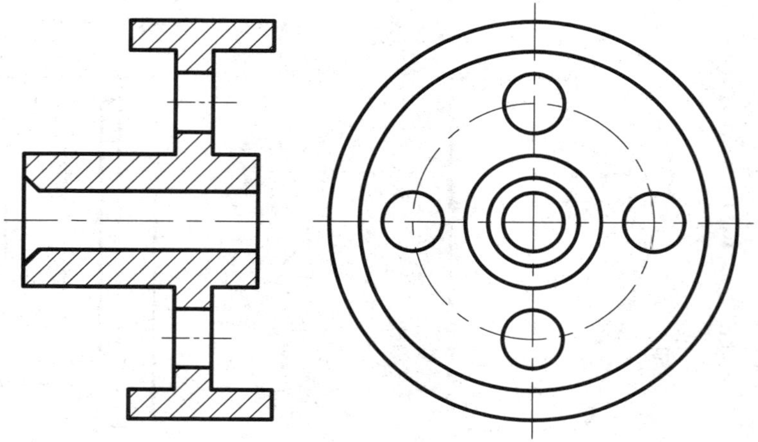

（4）

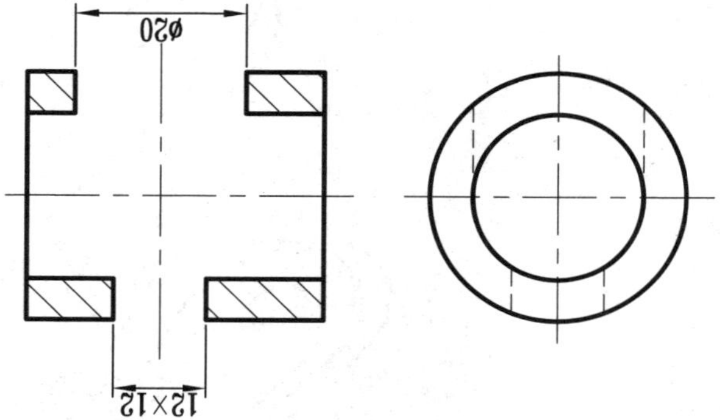

班级　　　　姓名　　　　学号

8. 将零件的主视图改画成全剖视图。

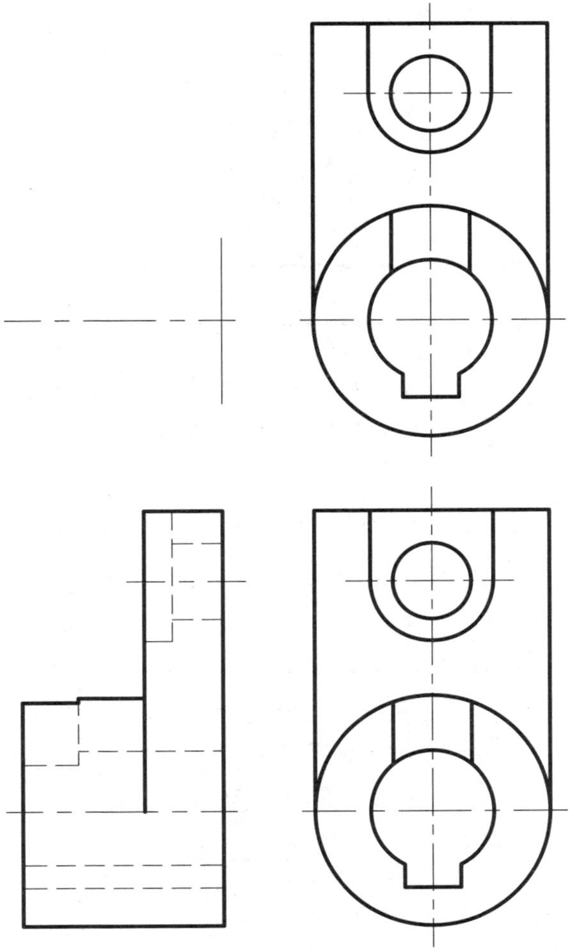

9. 将零件的主视图和左视图改画成全剖视图。

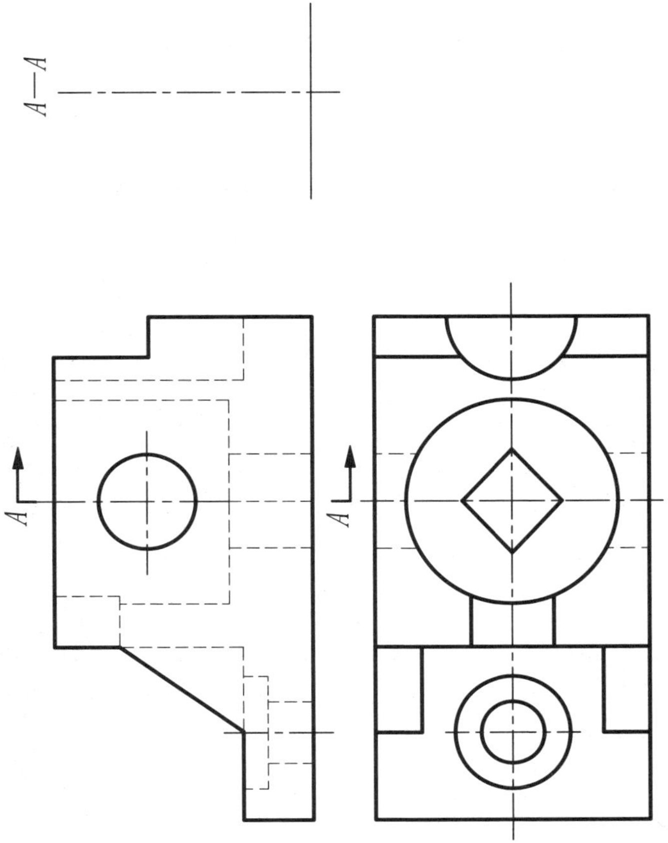

10. 读懂视图，将主视图改画成半剖视图。

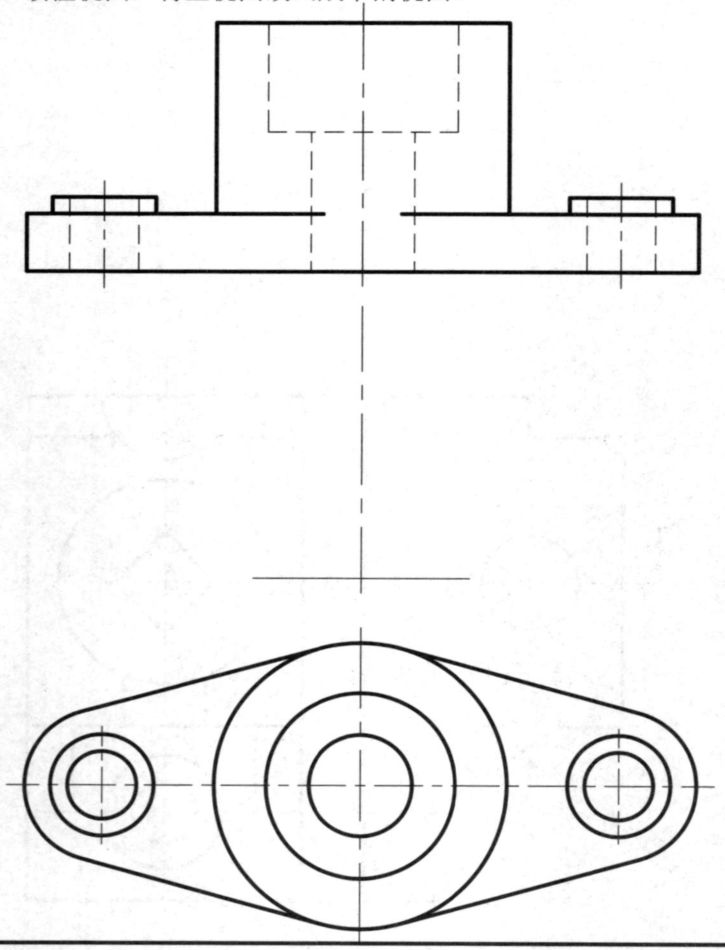

11. 将主视图改画成半剖视图。

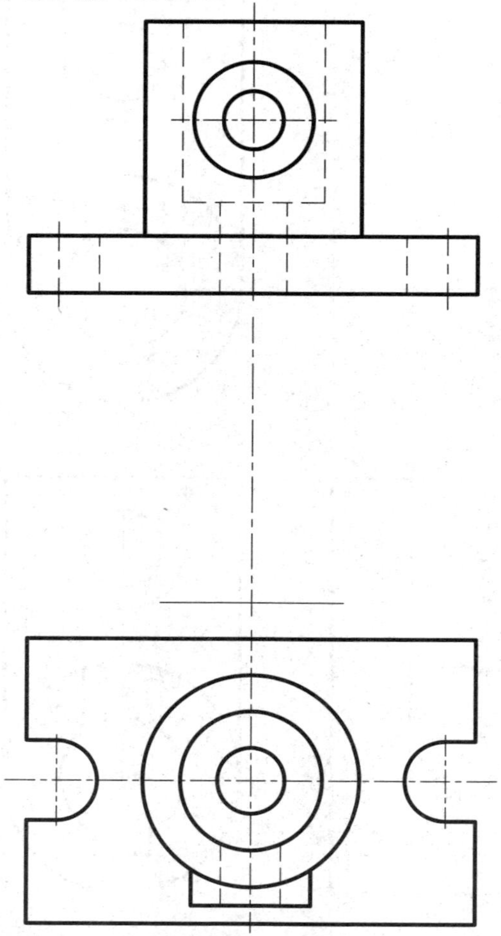

班级　　　　　　　　姓名　　　　　　　　学号

12. 读懂轴承座的视图，将主视图改画成半剖视图。

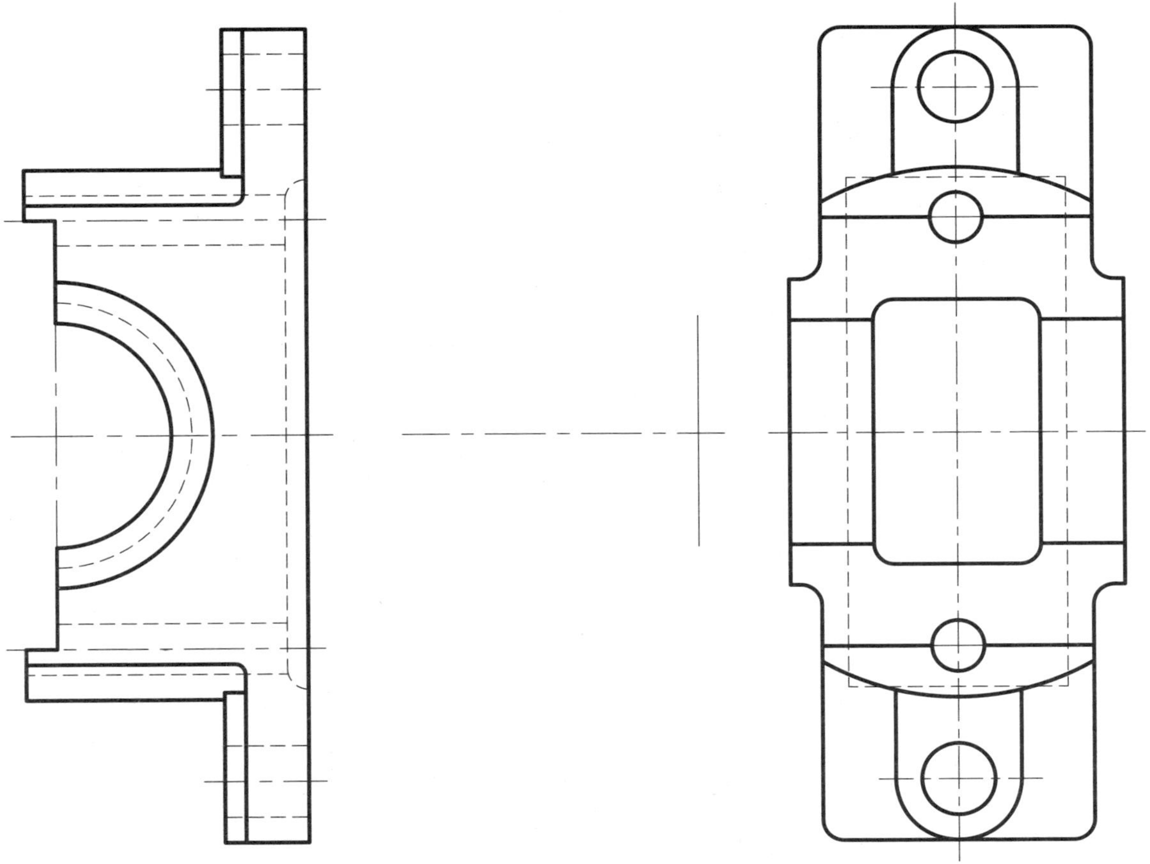

13. 将零件的主视图改画成全剖视图，将左视图画成半剖视图。

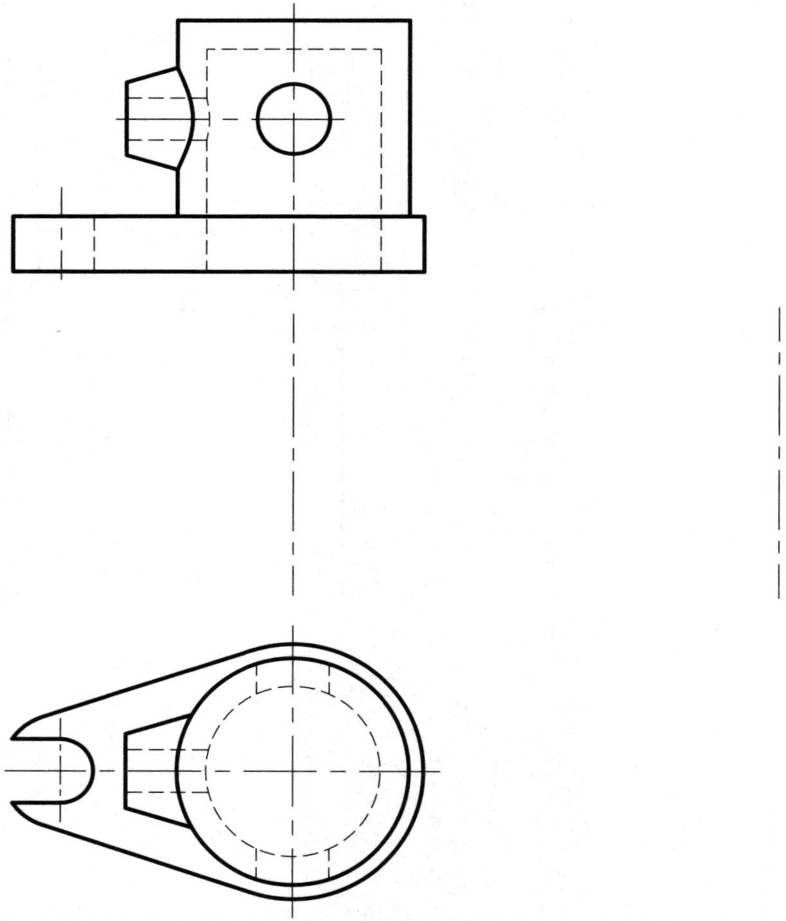

班级　　　　姓名　　　　学号

14. 分析图中的错误，在指定的位置上作出正确的剖视图。

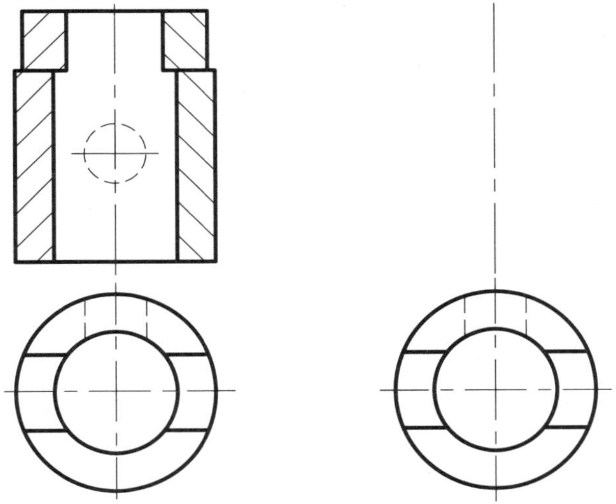

15. 根据下列所给的主、俯视图，选出正确的一组。

（1）______

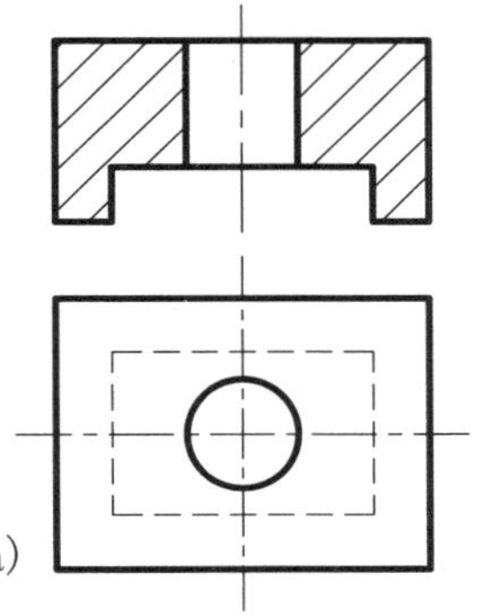

(a)

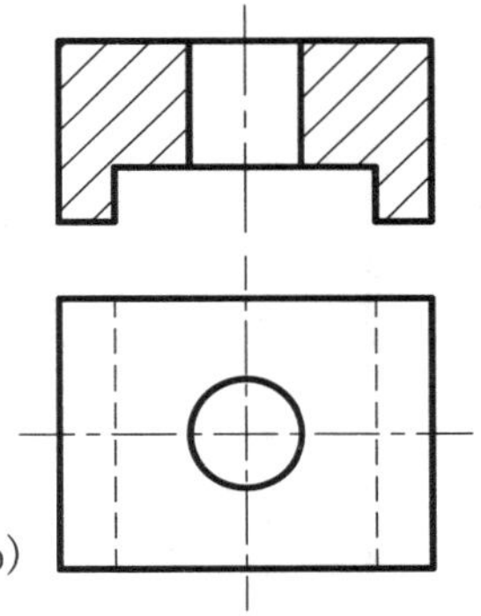

(b)

（2）______

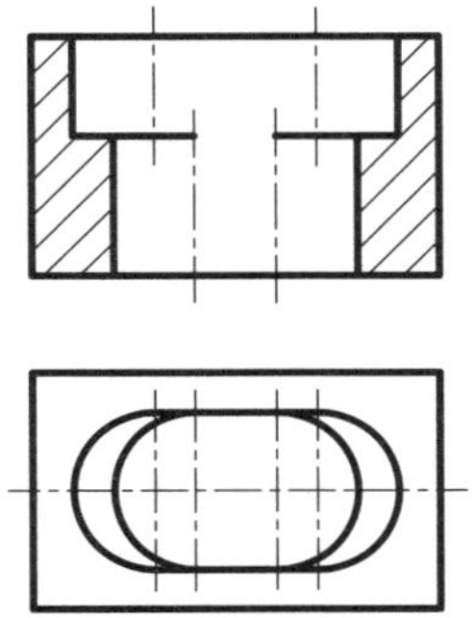

(a)

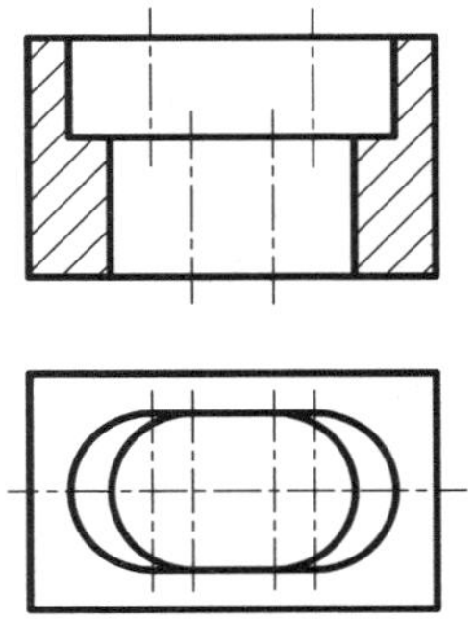

(b)

16. 分析下列局部剖视图中的错误，在右边作出正确的局部剖视图。

(1)

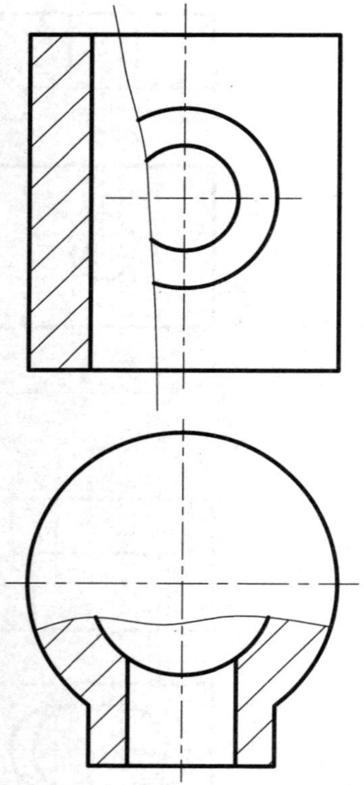

(2)

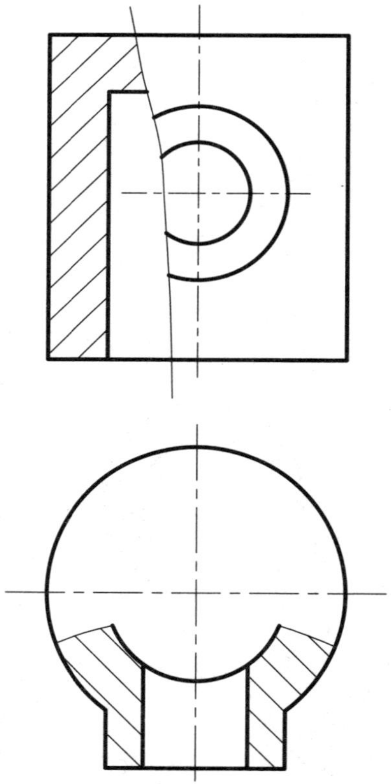

班级　　　　姓名　　　　学号

练习5-11　工程形体常用的基本表示法

17. 根据投影图，将零件的主、俯视图画成局部剖视图。

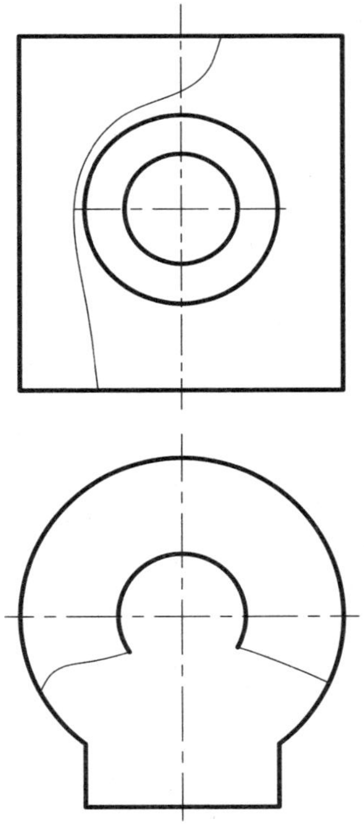

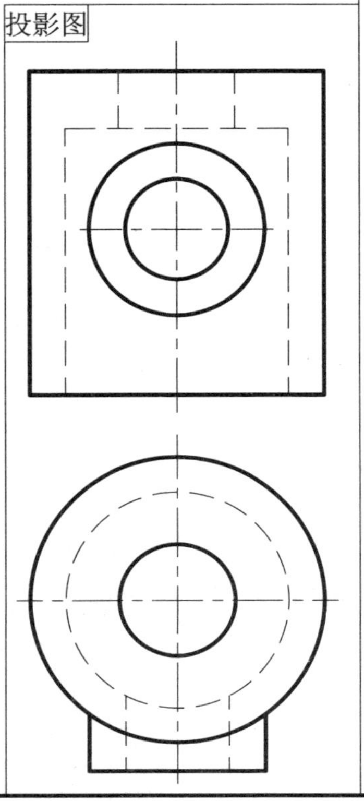

18. 将零件的主、俯视图改画成局部剖视图。

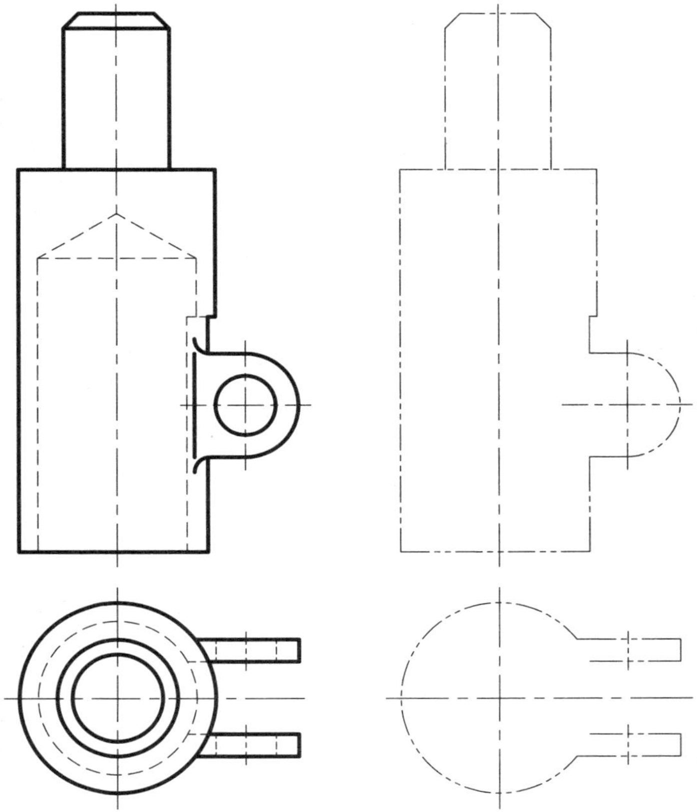

19. 根据所给的视图，分析零件的结构特点，并将主视图、俯视图改画成局部剖视图（画在下方）。

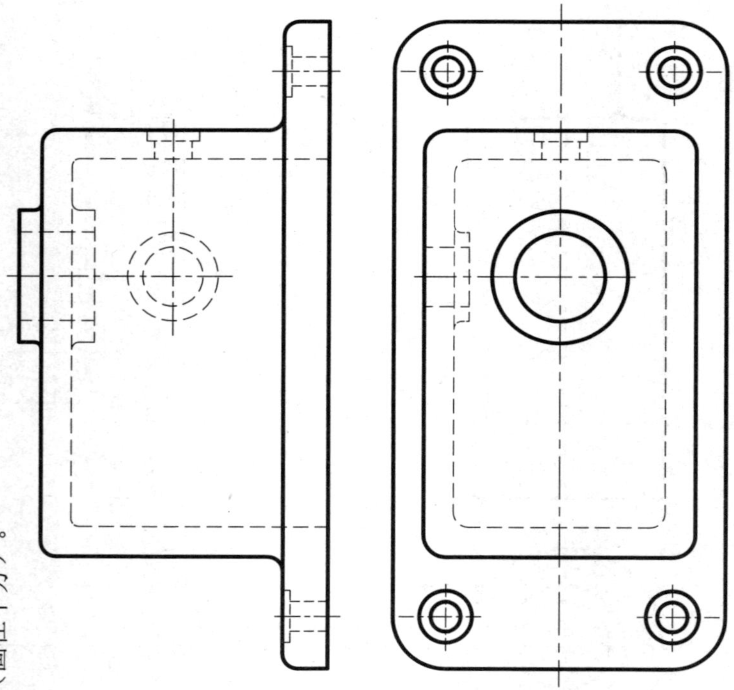

班级　　　　姓名　　　　学号

20. 用平行的剖切形式剖切（注意标注），将主视图改画成全剖视图。

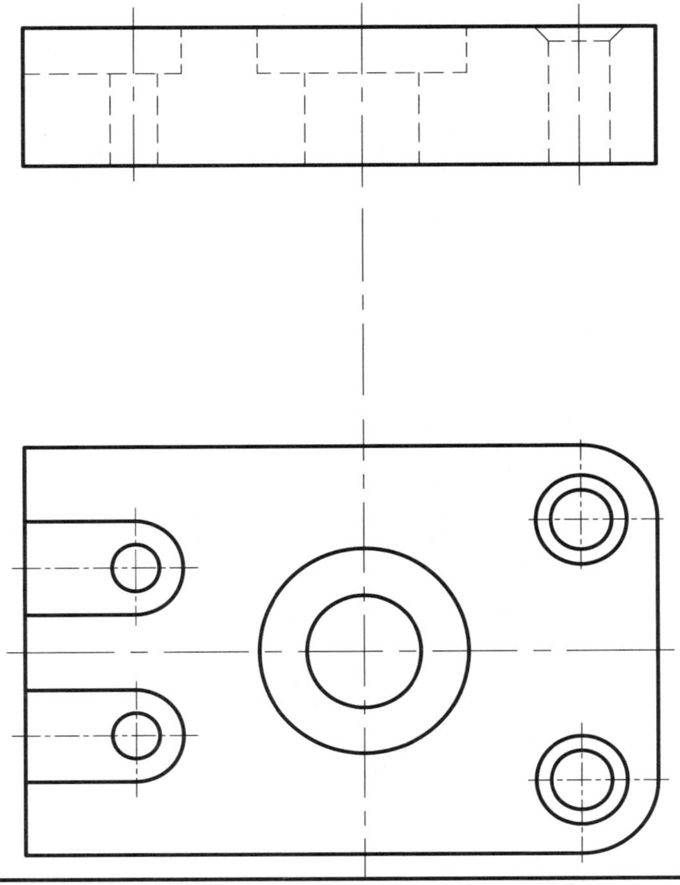

21. 用适当的剖切形式剖切，将主视图改画成全剖视图。

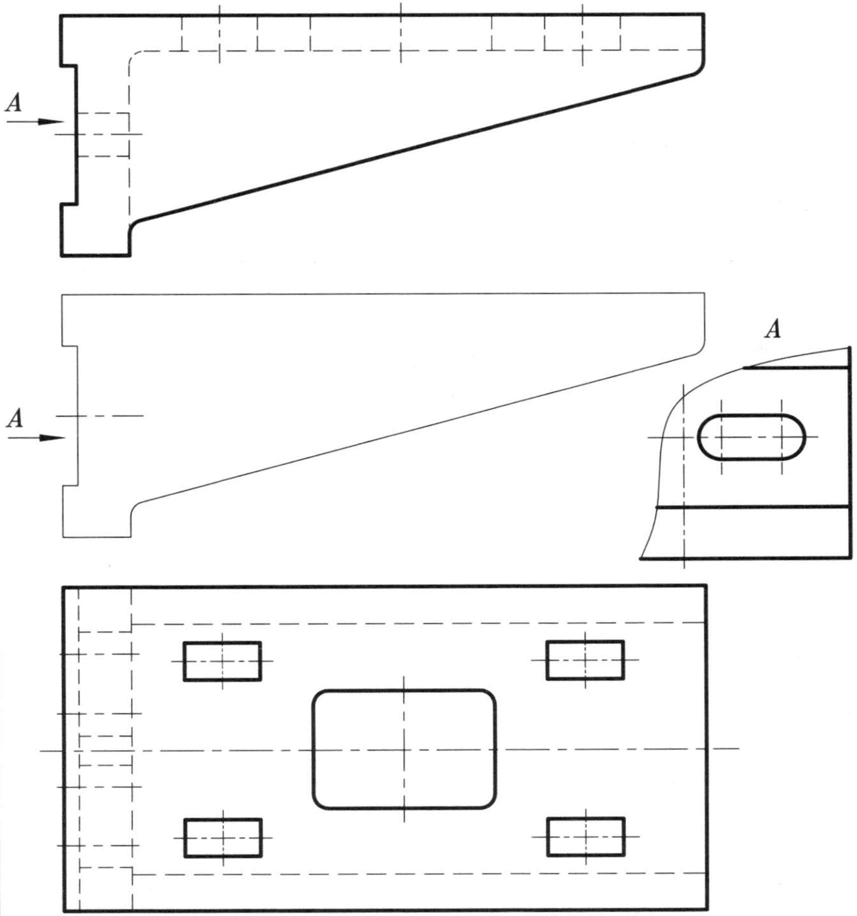

练习5-14　工程形体常用的基本表示法

22. 用适当的剖切形式，将主视图改画成半剖视图。

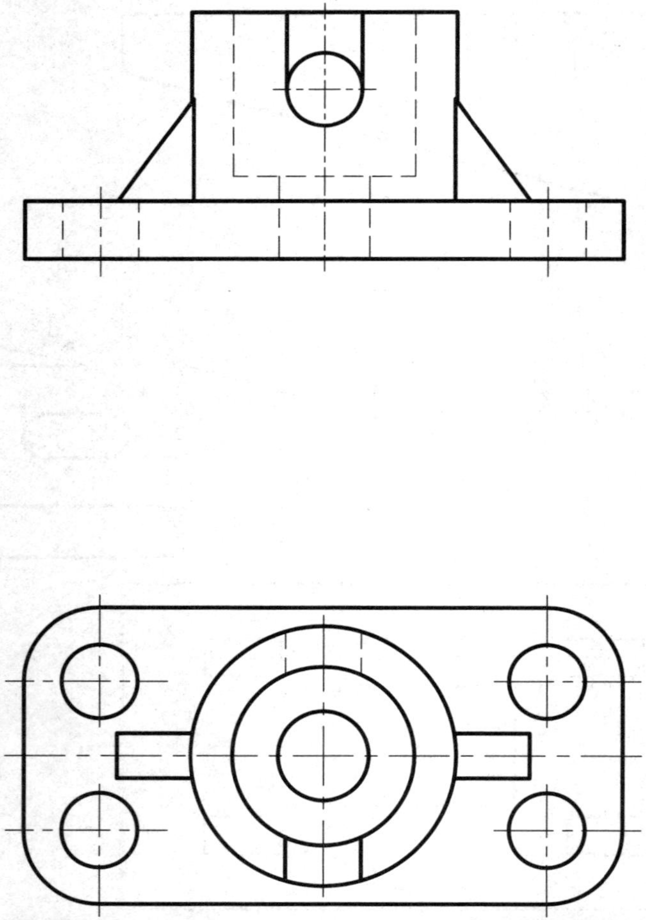

23. 用适当的剖切形式将零件的主视图改为全剖视图。

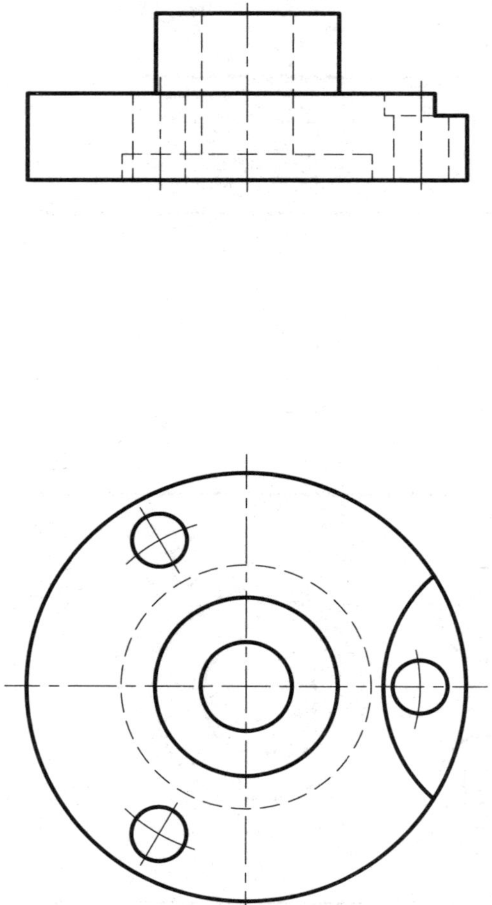

24. 用适当的剖切形式将零件的俯视图改画成全剖视图。

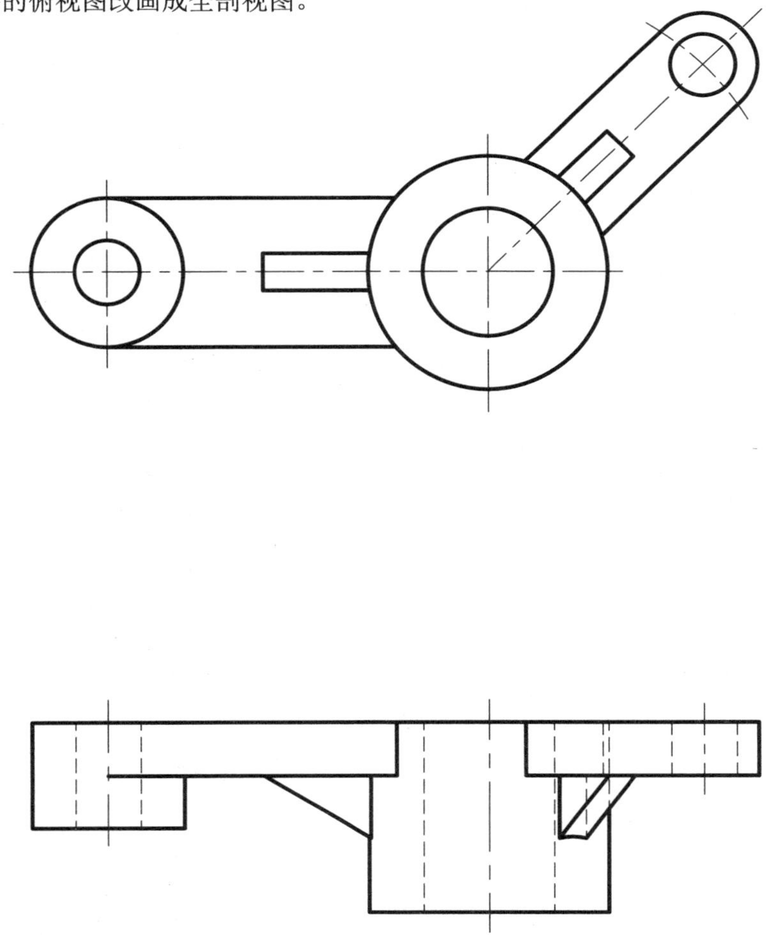

25. 在右边将零件的主视图改为全剖视图，俯视图改为局部剖视图。

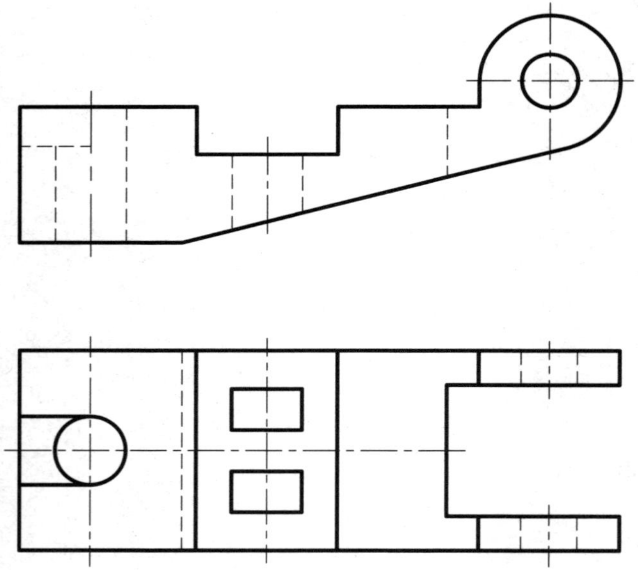

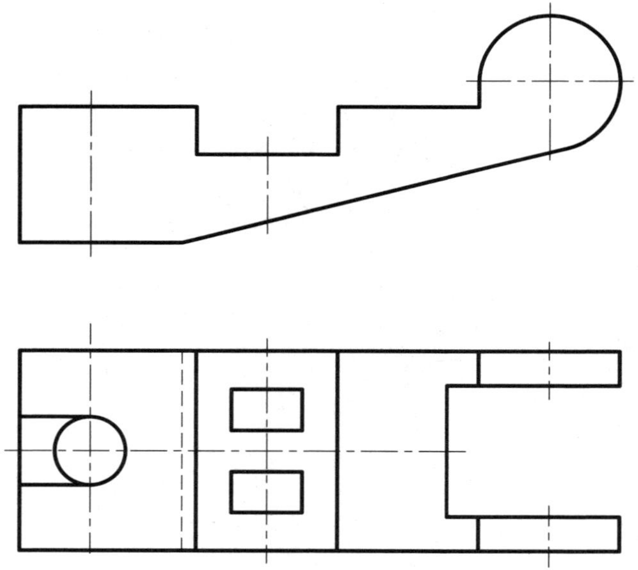

班级　　姓名　　学号

26. 完成$A-A$剖视图。

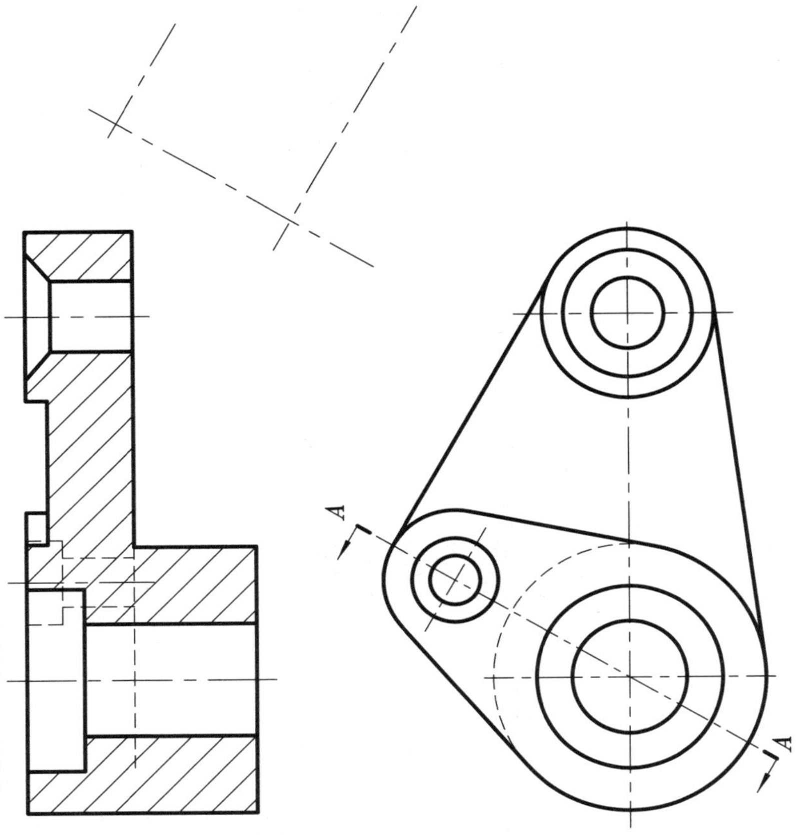

27. 根据视图看懂零件，将主、俯视图均改画为局部剖视图。

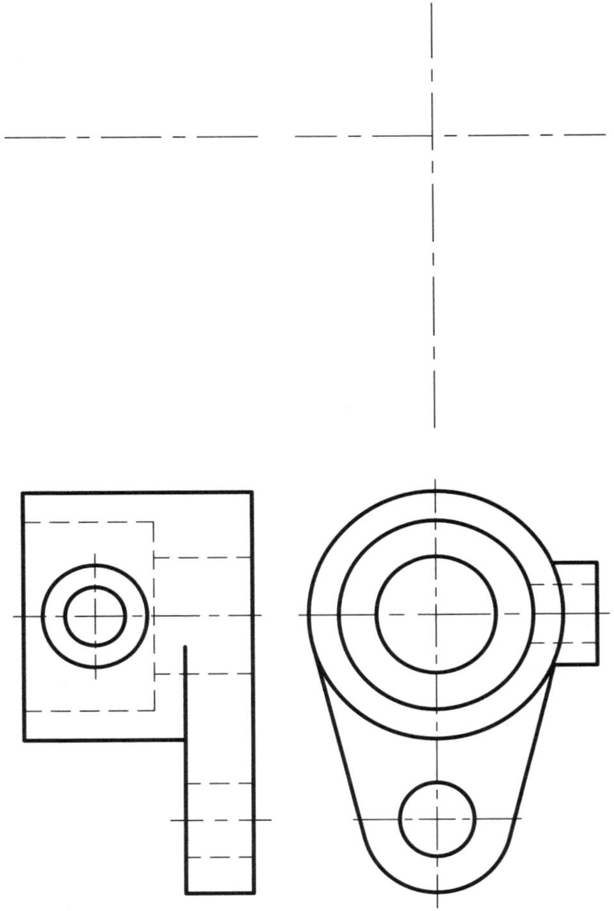

练习5-18 工程形体常用的基本表示法

28. 选择适当的剖切方法,将主视图改为全剖视图。

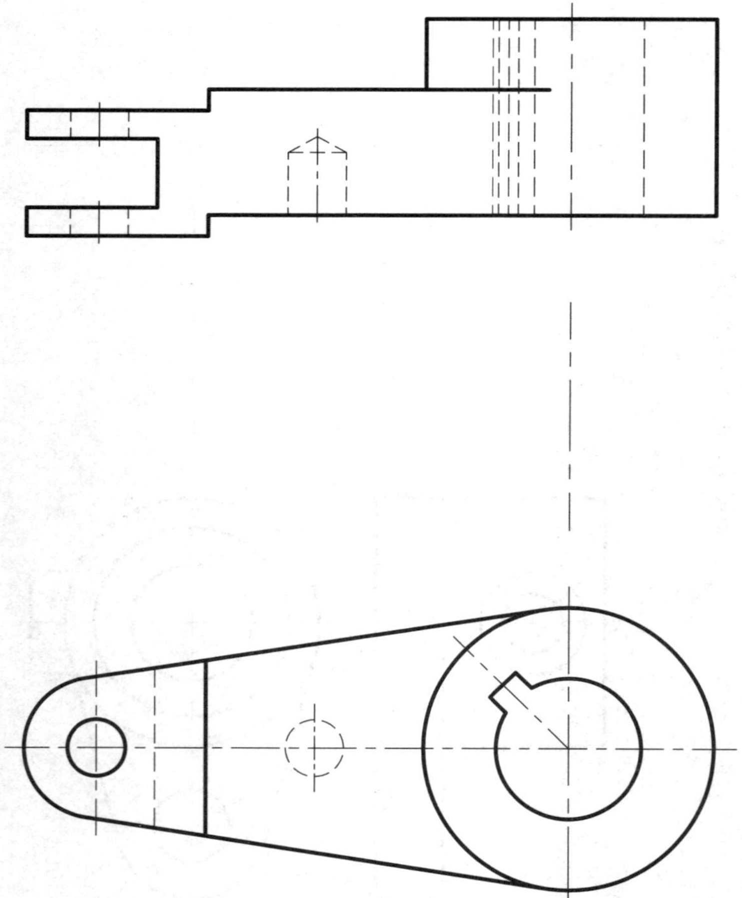

29. 选择适当的剖切方式,将主视图改为全剖视图。

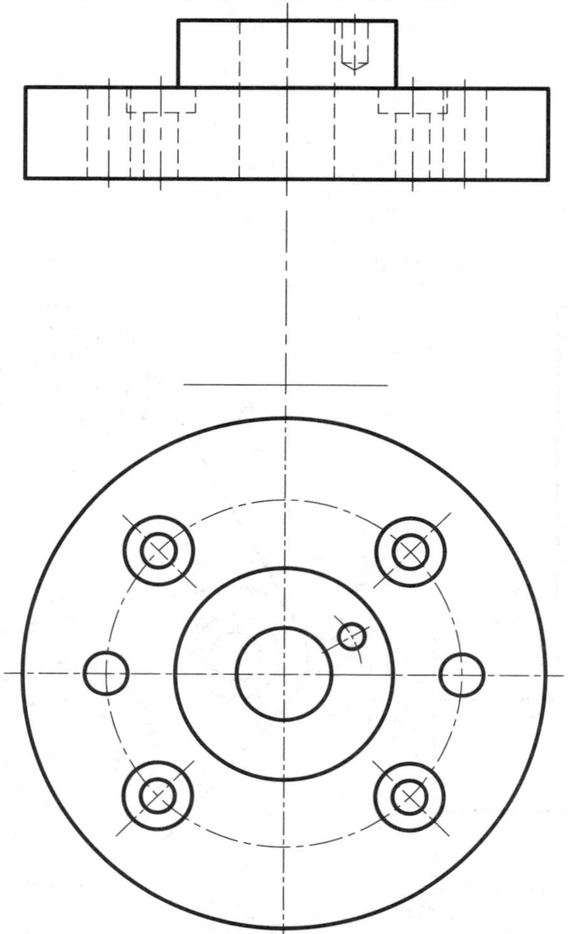

 班级 姓名 学号

30. 根据主视图判别哪个$A-A$断面图是正确的（正确的打“√”）。

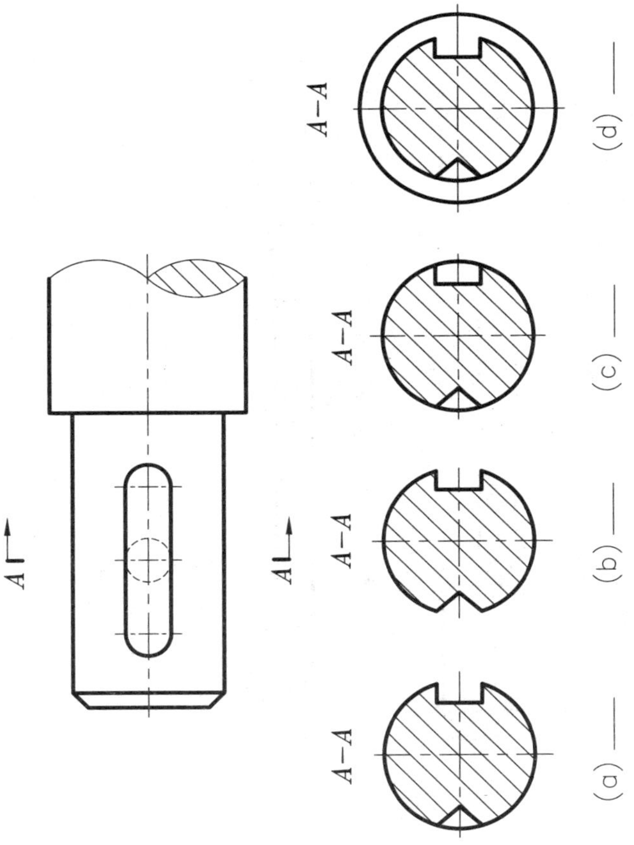

31. 在指定的位置上，重新画出三个正确的移出断面图。

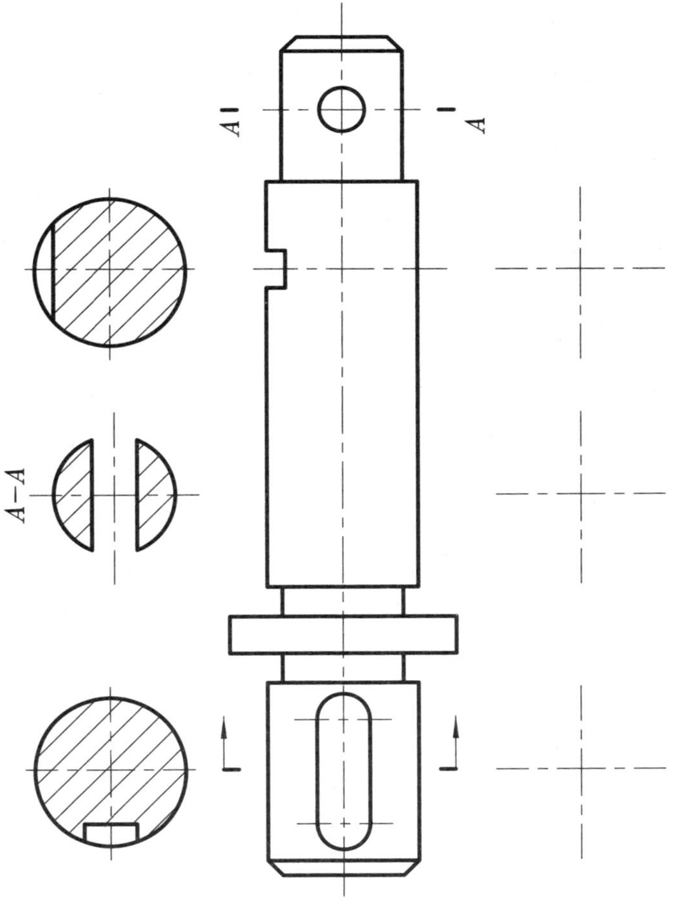

32. 求作$A-A$，$B-B$，$C-C$移出断面图。

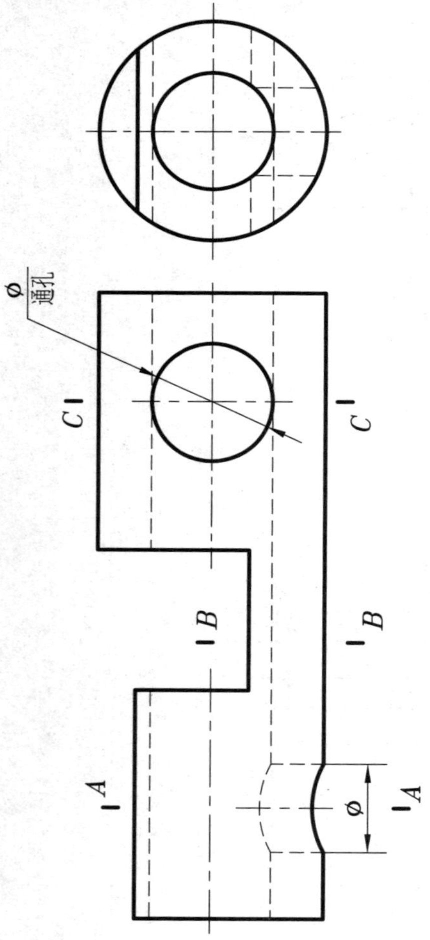

33. 在图示剖切位置上画出重合断面图。

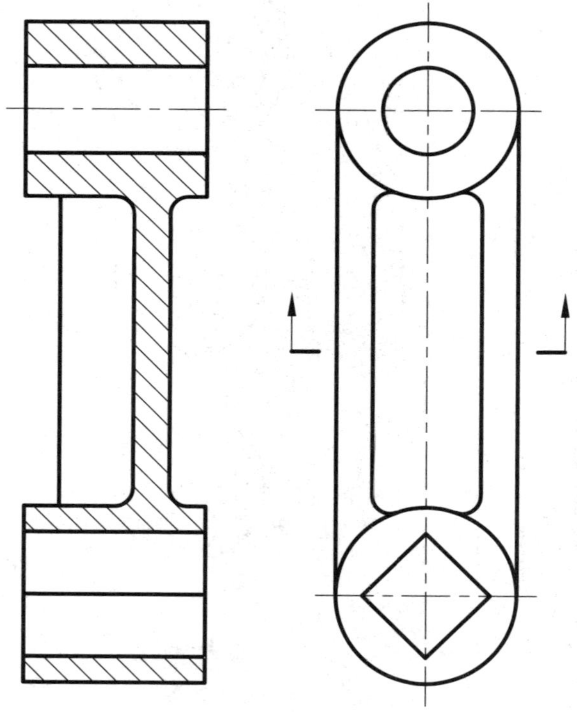

班级　　姓名　　学号

34. 将零件的主视图画成全剖视图。

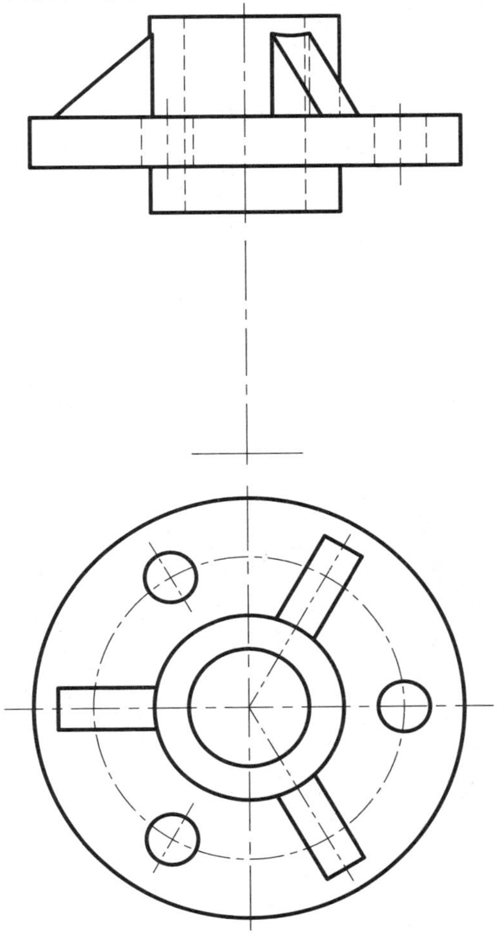

35. 将俯视图改为剖视图，并画出$B-B$移出断面图。

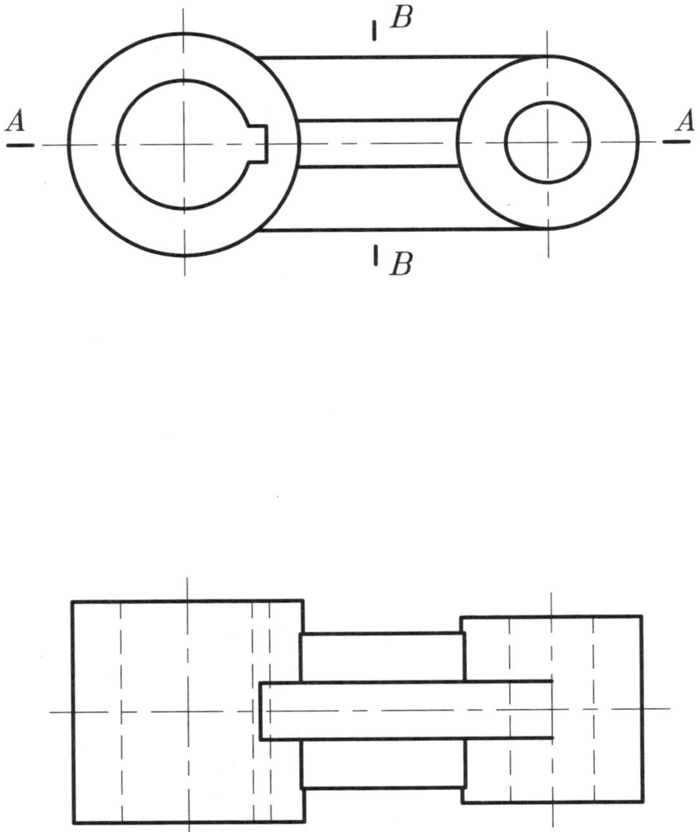

班级　　　　姓名　　　　学号

36. 根据视图所给的尺寸,在剖视图中标注尺寸。

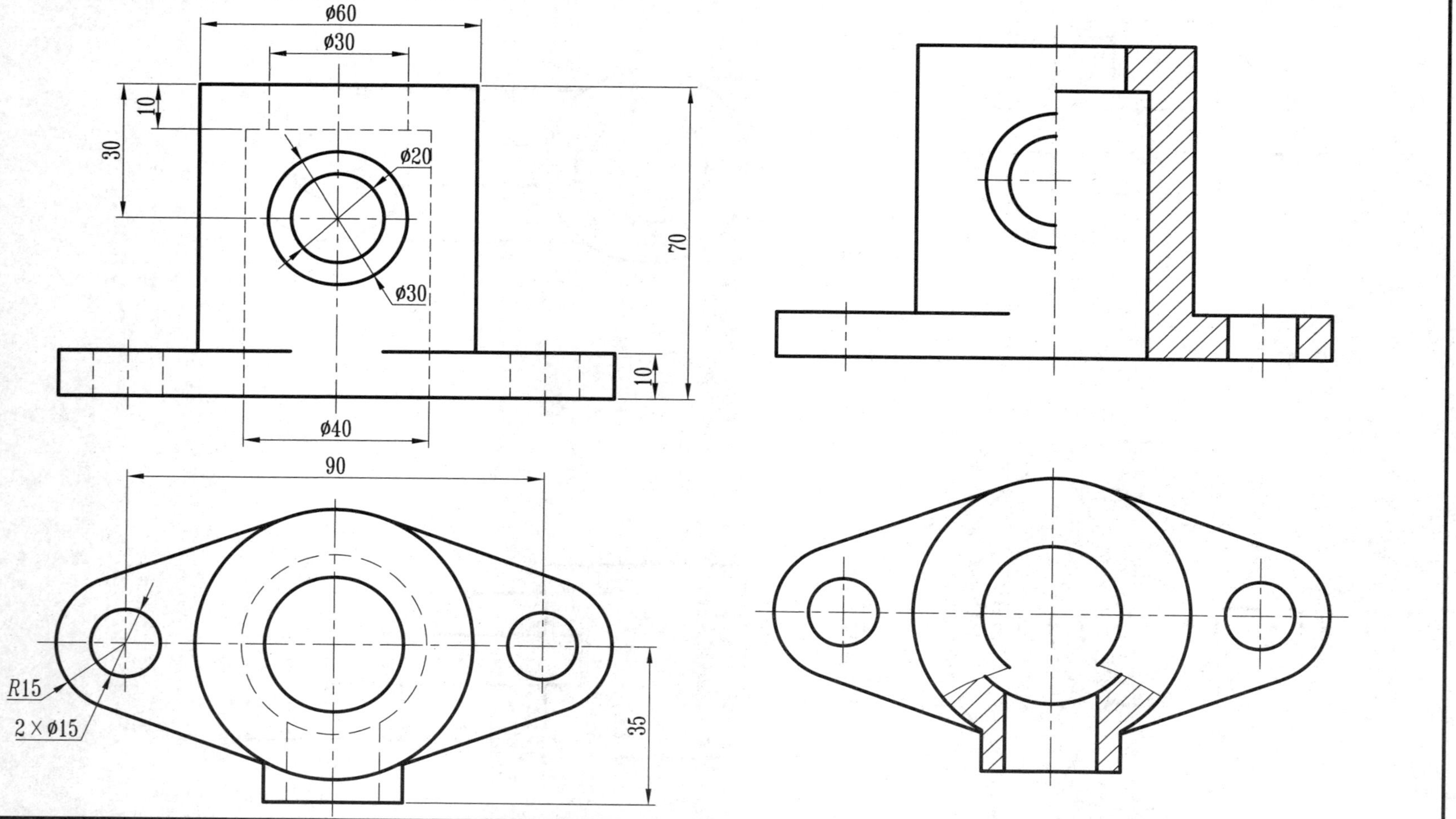

班级 姓名 学号

37. 根据视图，将零件用适当的表达方法画在A3幅面的图纸上，并标注尺寸（在视图上按整数量取）。

（1）

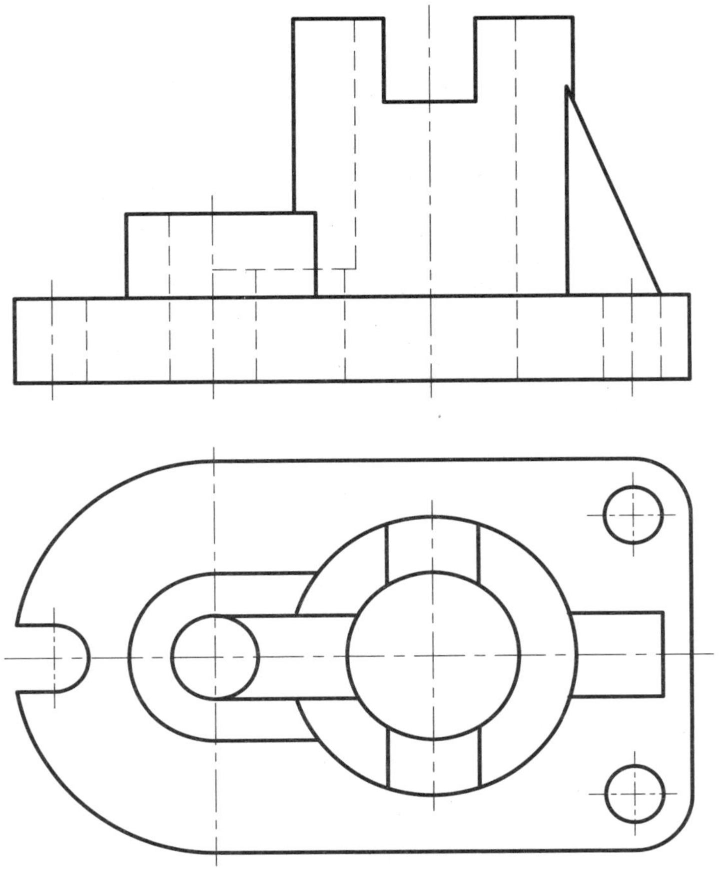

（2）

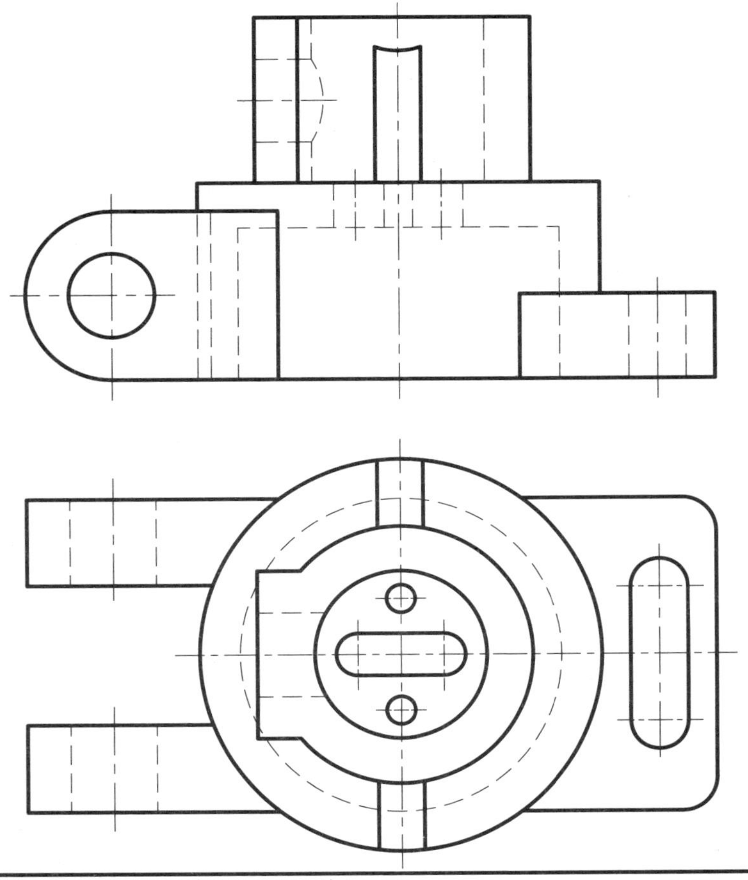

班级　　　　姓名　　　　学号

练习6　常用零部件和结构要素的特殊表示法

练习6-1　常用零部件和结构要素的特殊表示法

1. 指出下列螺纹及连接画法的错误，并在下方画出正确的图形。

（1）

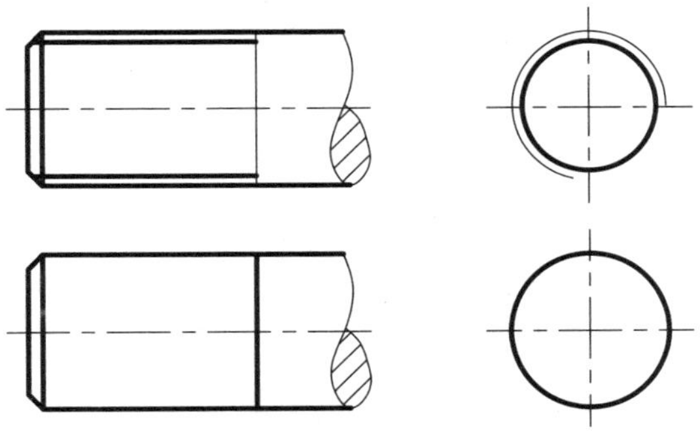

（2）

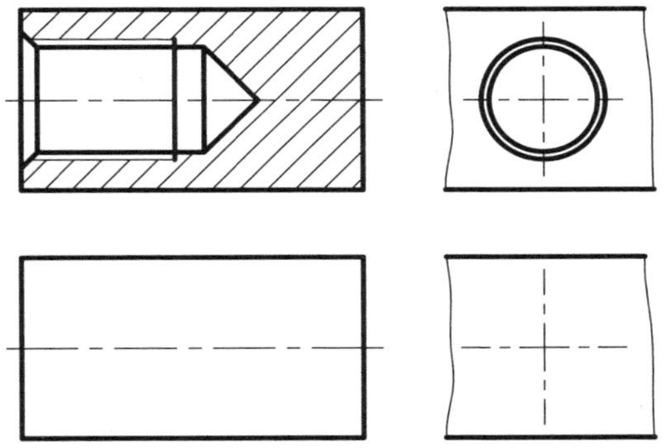

（3）

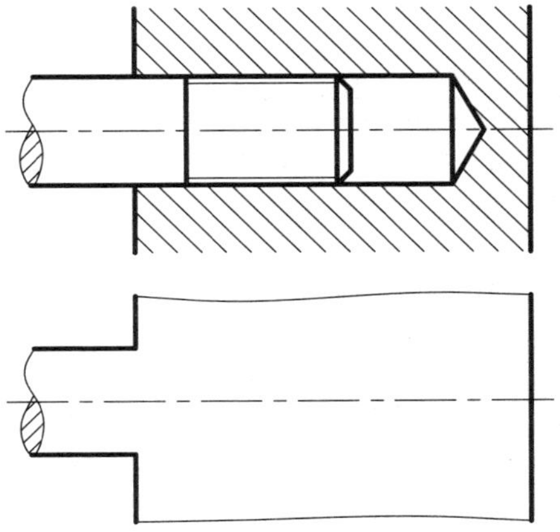

（4）

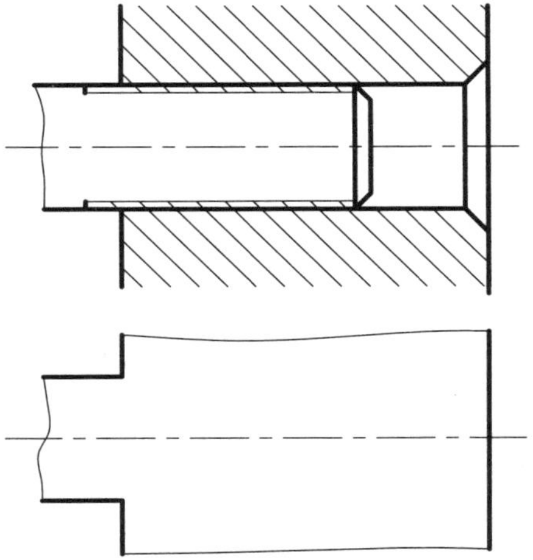

练习6-2　常用零部件和结构要素的特殊表示法

2. 根据已知条件写出螺纹的代号。

（1）普通螺纹，公称直径为20，螺距2，左旋，中径、顶径公差带代号为6 H ____________________；

（2）梯形螺纹，公称直径22，导程10，中径、顶径公差带代号为7 e，旋合长度20 ____________________；

（3）解释Rc3/4：____。

3. 根据已知螺纹要素，在图中标注螺纹。

（1）粗牙普通螺纹，大径16mm，螺距2，中径、顶径公差带代号5g6g，旋合长度为S。

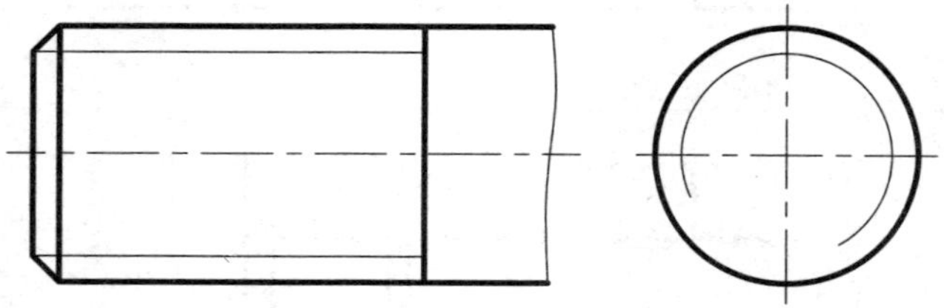

（2）梯形螺纹，公称直径16mm，导程8，线数2，左旋，中径、顶径公差带代号为8e，旋入长度为L。

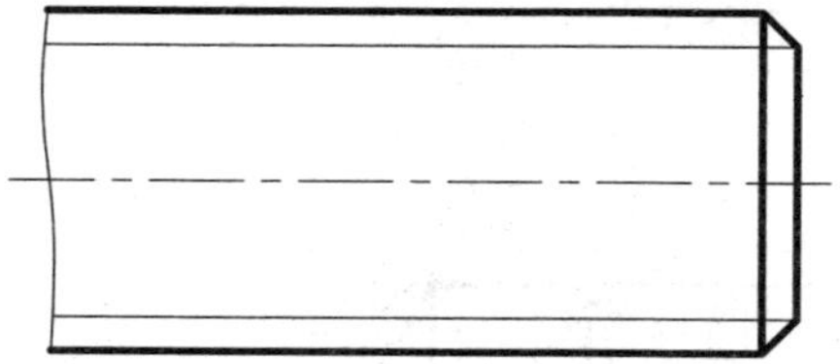

（3）细牙普通螺纹，大径12mm，螺距1，中径、顶径公差带代号7H，旋合长度为N。

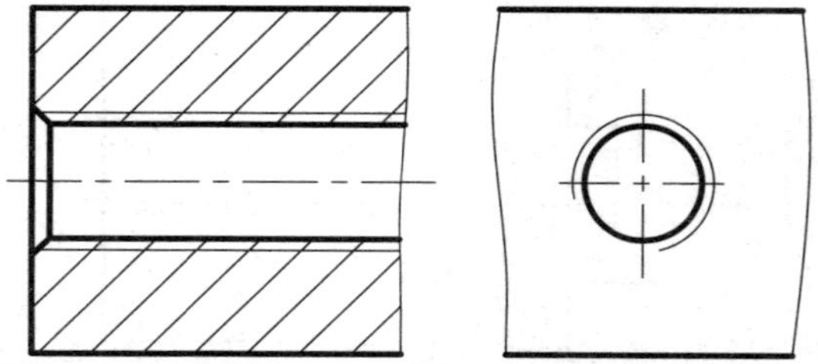

（4）非螺纹密封的管螺纹，尺寸代号1/2，A级（公差等级），右旋。

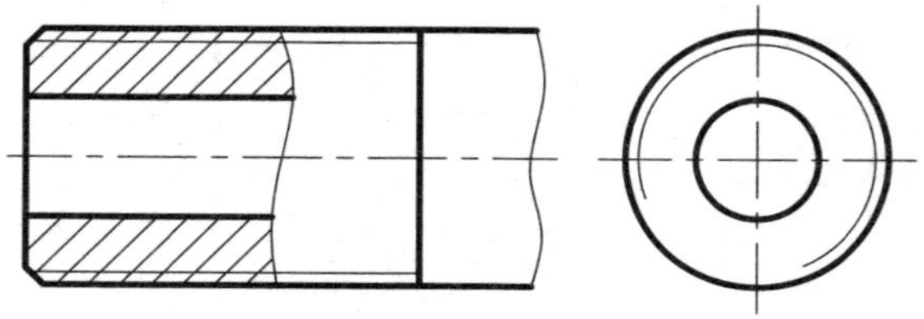

班级　　　　姓名　　　　学号

练习6-3　常用零部件和结构要素的特殊表示法

4. 分析下列各种螺纹紧固件连接图中的错误，并将正确的连接图画在旁边。

（1）

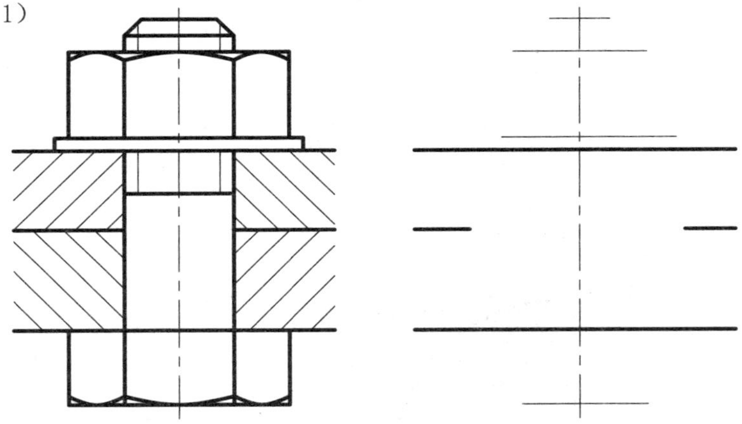

（2）

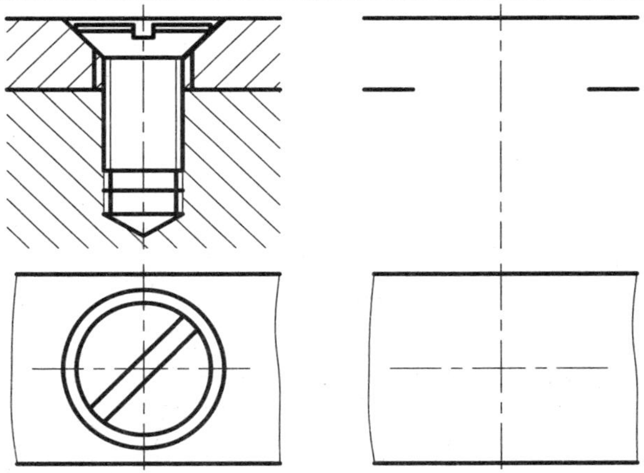

（3）

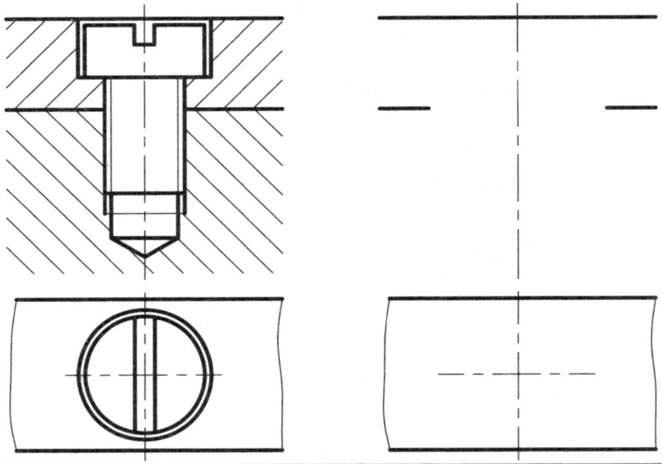

（4）

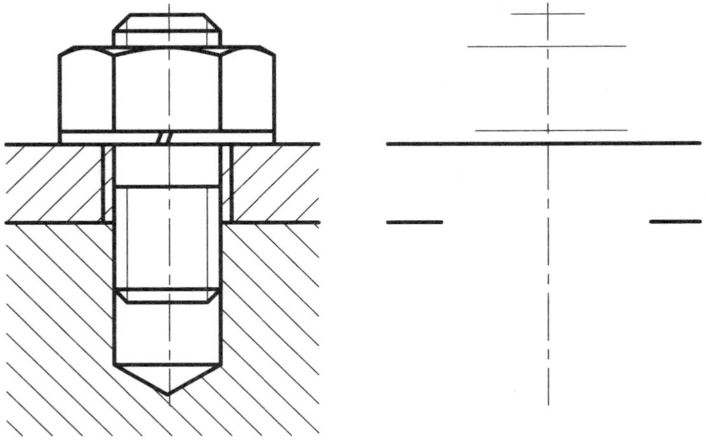

班级　　　　姓名　　　　学号

5. 已知直齿圆柱齿轮模数m=8mm，齿数z=27，试计算该齿轮的齿顶圆、分度圆，齿根圆直径，用适当的比例完成下图。

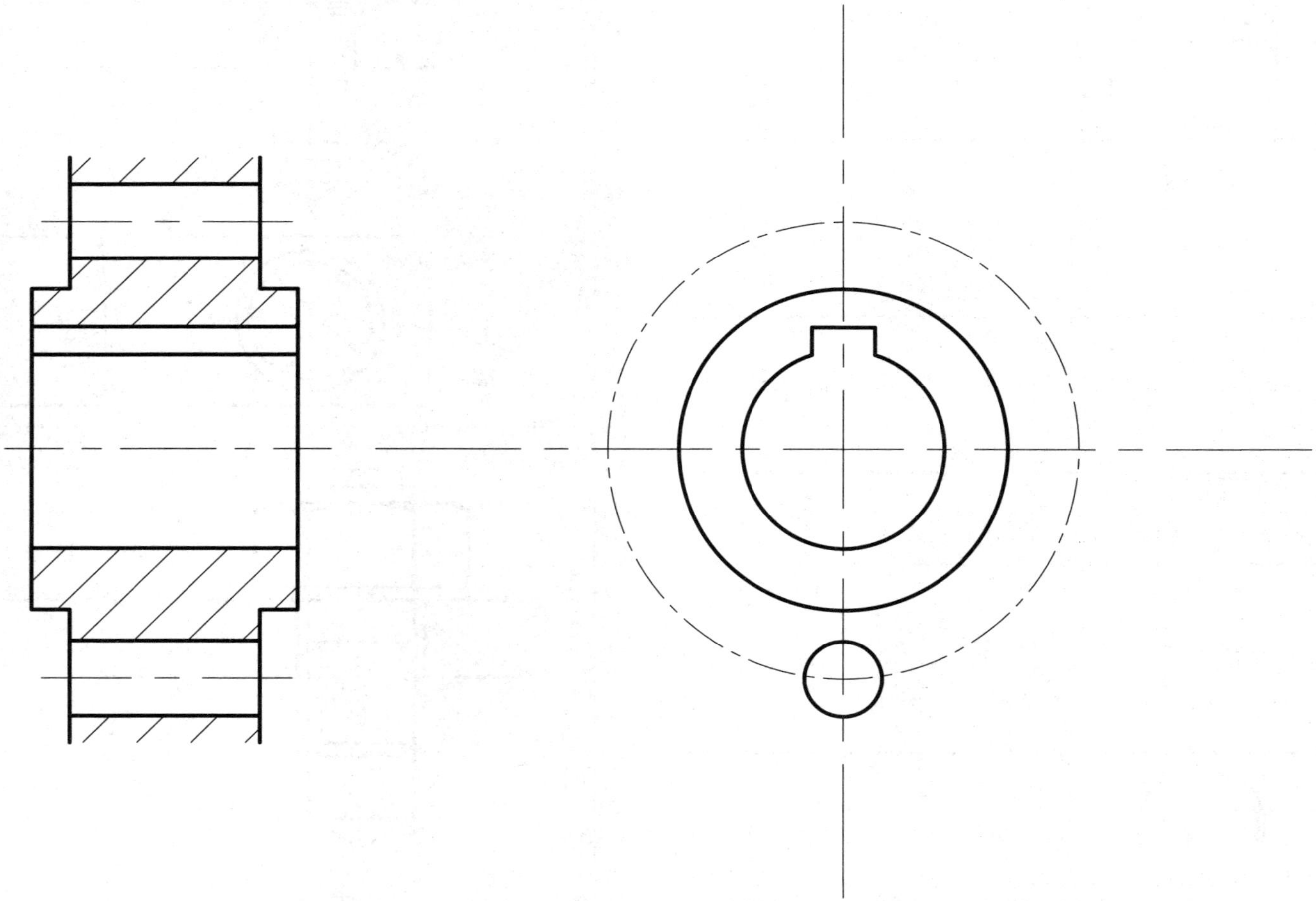

6. 判断下列齿轮啮合画法的正误性（正确的打“√”，错误的打“×”）。

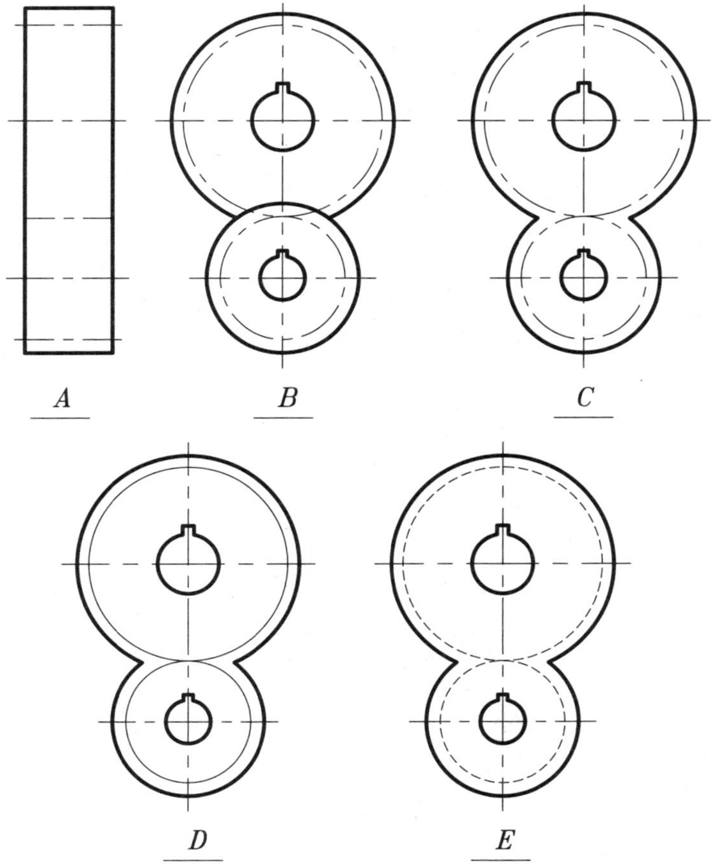

7. 完成两个直齿圆柱齿轮啮合图（小齿轮为主动轮）。

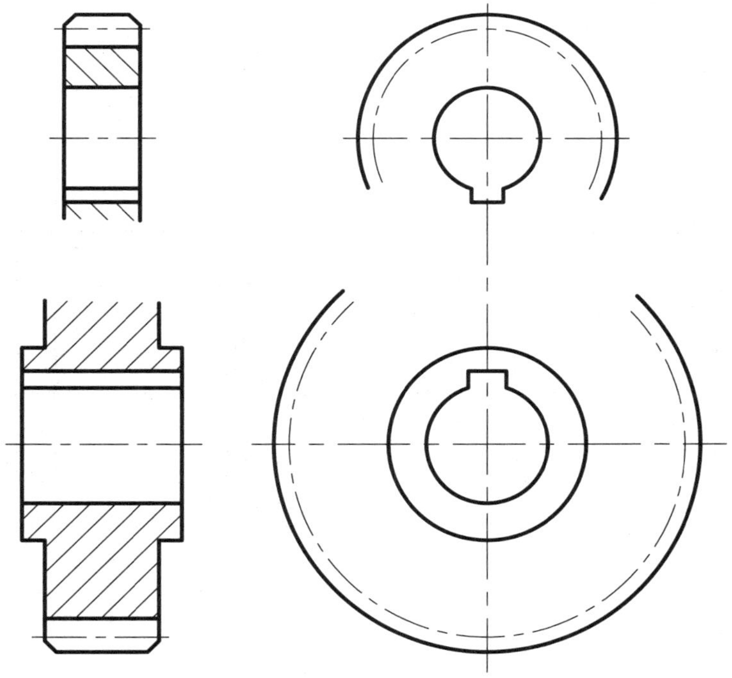

8. 在A3图纸上，用适当的比例绘出图示连接装置，按要求装配上各连接件并标注其规定标记。

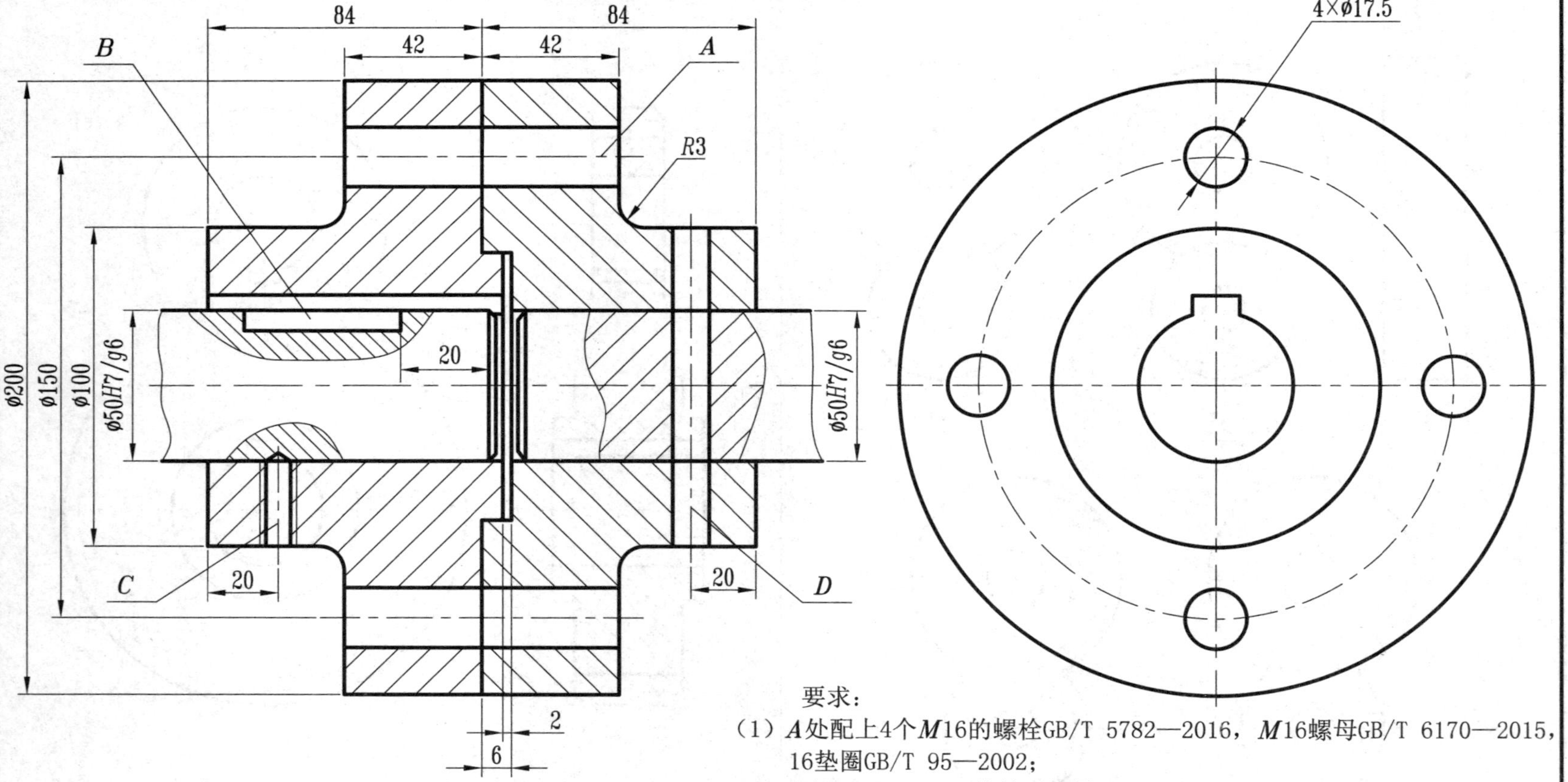

要求：

(1) *A*处配上4个*M*16的螺栓GB/T 5782—2016，*M*16螺母GB/T 6170—2015，16垫圈GB/T 95—2002；

(2) *B*处配14×9×50的普通平键，GB/T 1096—2003；

(3) *C*处配*M*10×25的锥端紧钉螺钉，GB/T 71—2018；

(4) *D*处配10×95的圆柱销，GB/T 119.1—2000。

　班级　姓名　学号

9. 已知阶梯轴在直径为25mm和15mm的轴肩处各支撑一个已注明标记的滚动轴承，试写出这两个轴承的类型，并用规定画法画全支承处的轴承（绘图比例1：1）。

这两个轴承的类型是：________

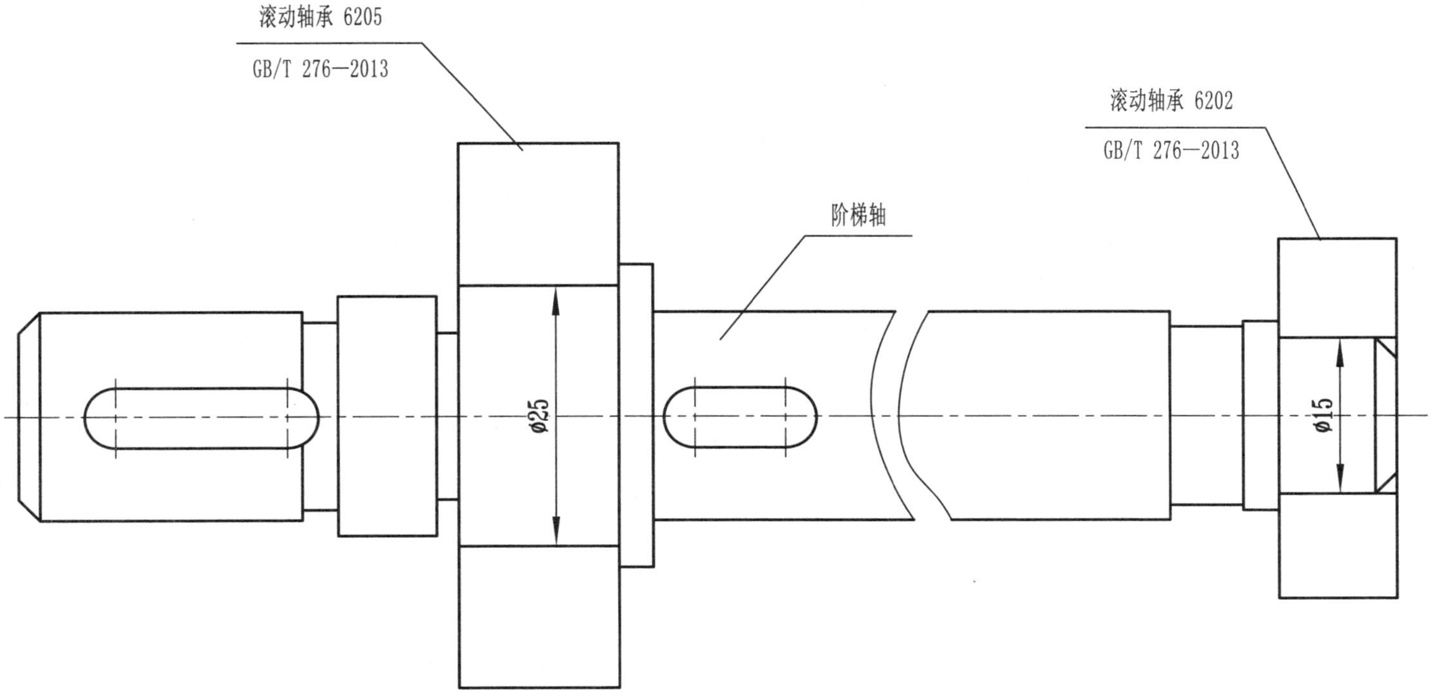

班级 姓名 学号

练习7　零件图

练习7-1　零件图

1. 根据零件立体图画出零件图。

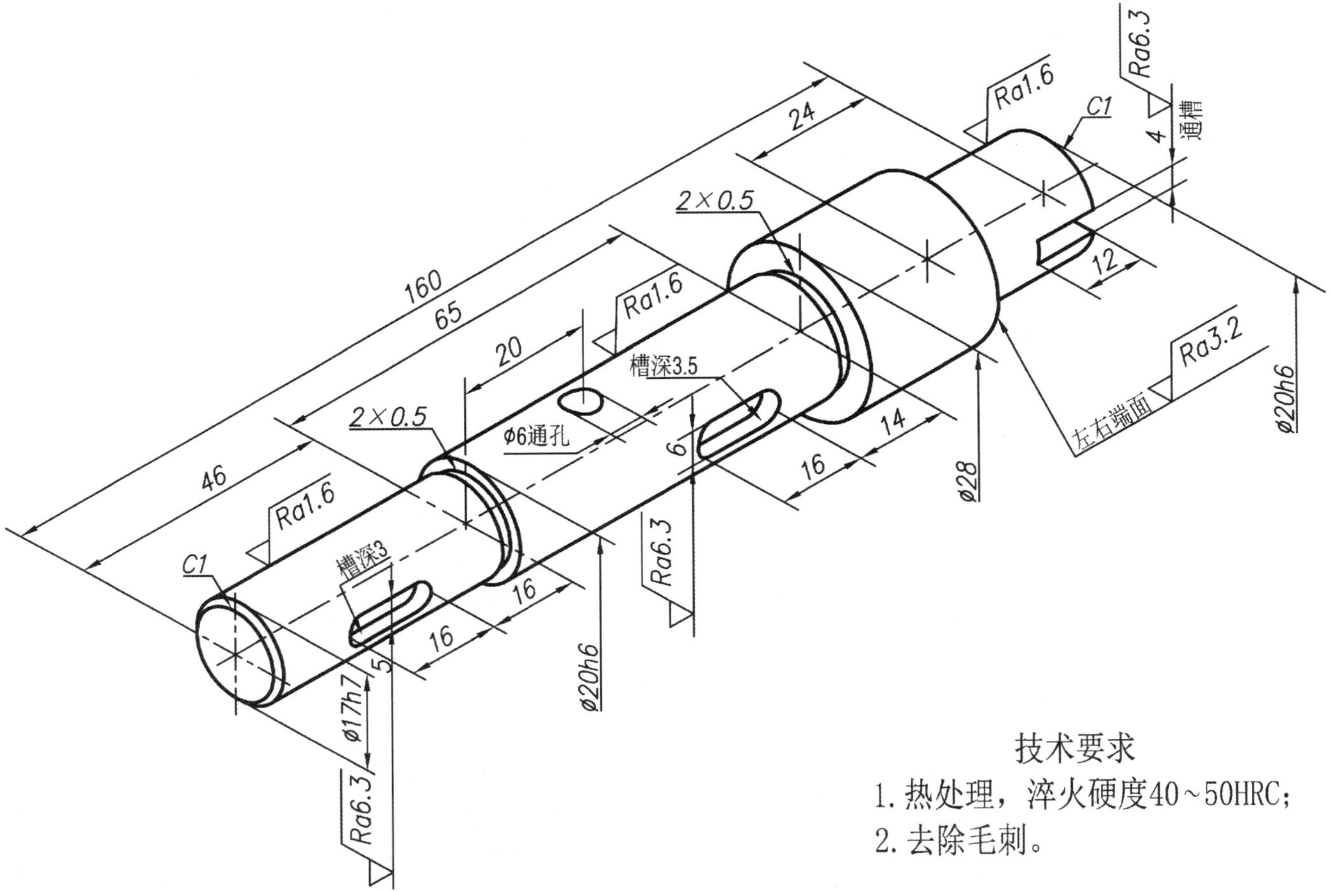

技术要求

1. 热处理，淬火硬度40~50HRC；
2. 去除毛刺。

Ra6.3 (√)

名称：轴

材料：45

2.（1）根据零件立体图画出零件图。

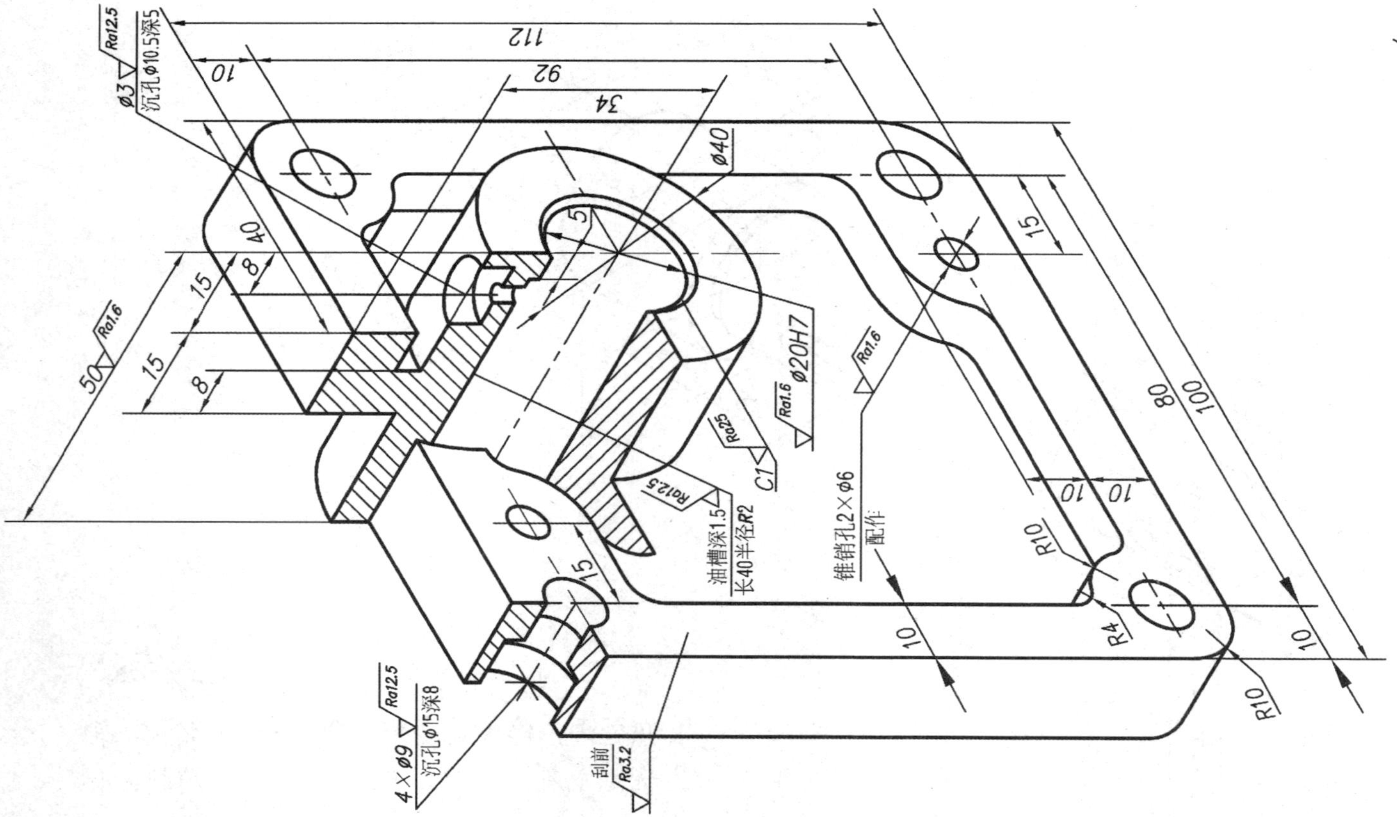

技术要求

1. 铸件不得有任何铸造缺陷；
2. 锐角倒钝，去除毛刺；
3. 未注铸造圆角$R2$.

名称：端盖

材料：HT200

　班级　　姓名　　学号

（2）根据零件立体图画出零件图。

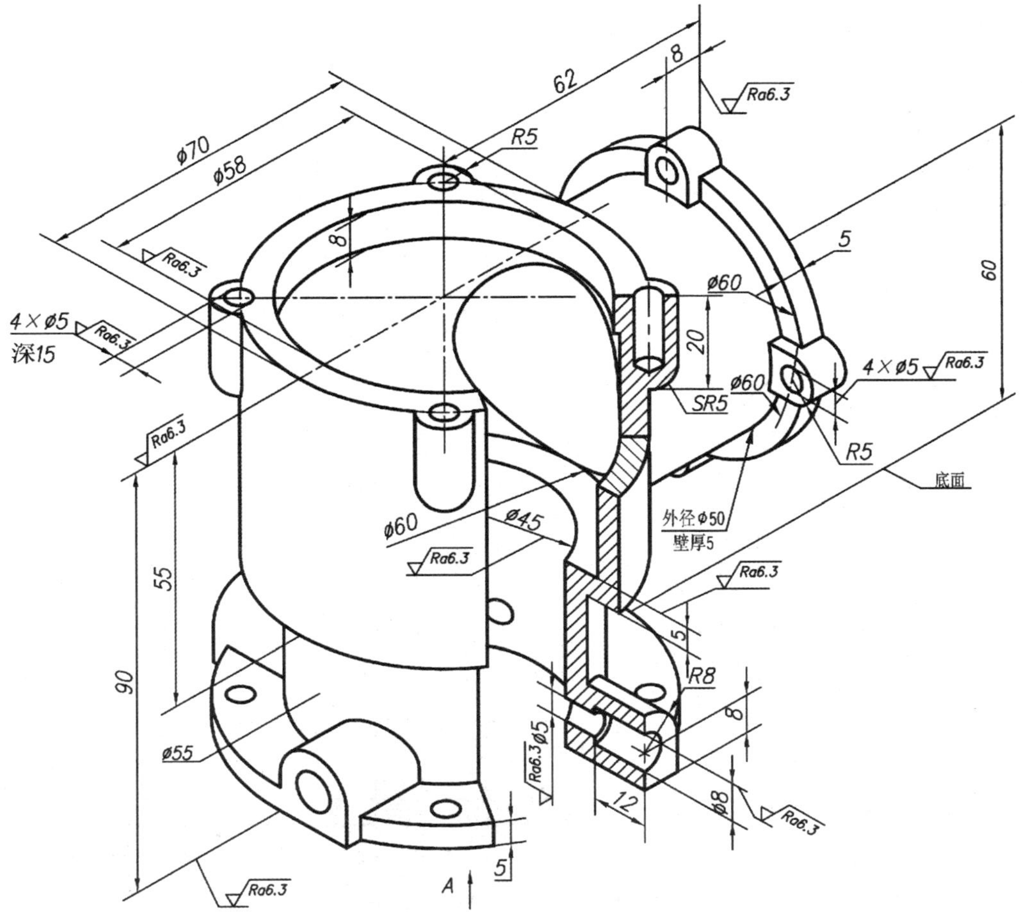

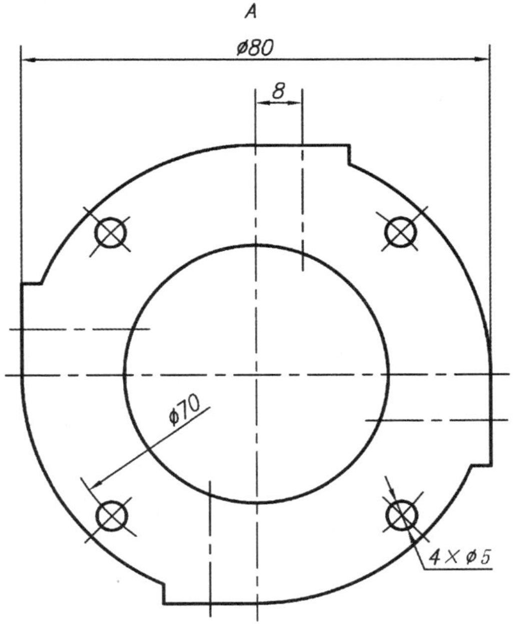

Ra50（√）

名称：座

材料：ZL301

班级　　姓名　　学号

3. 看主轴零件图，想象出形状，并完成下列任务。

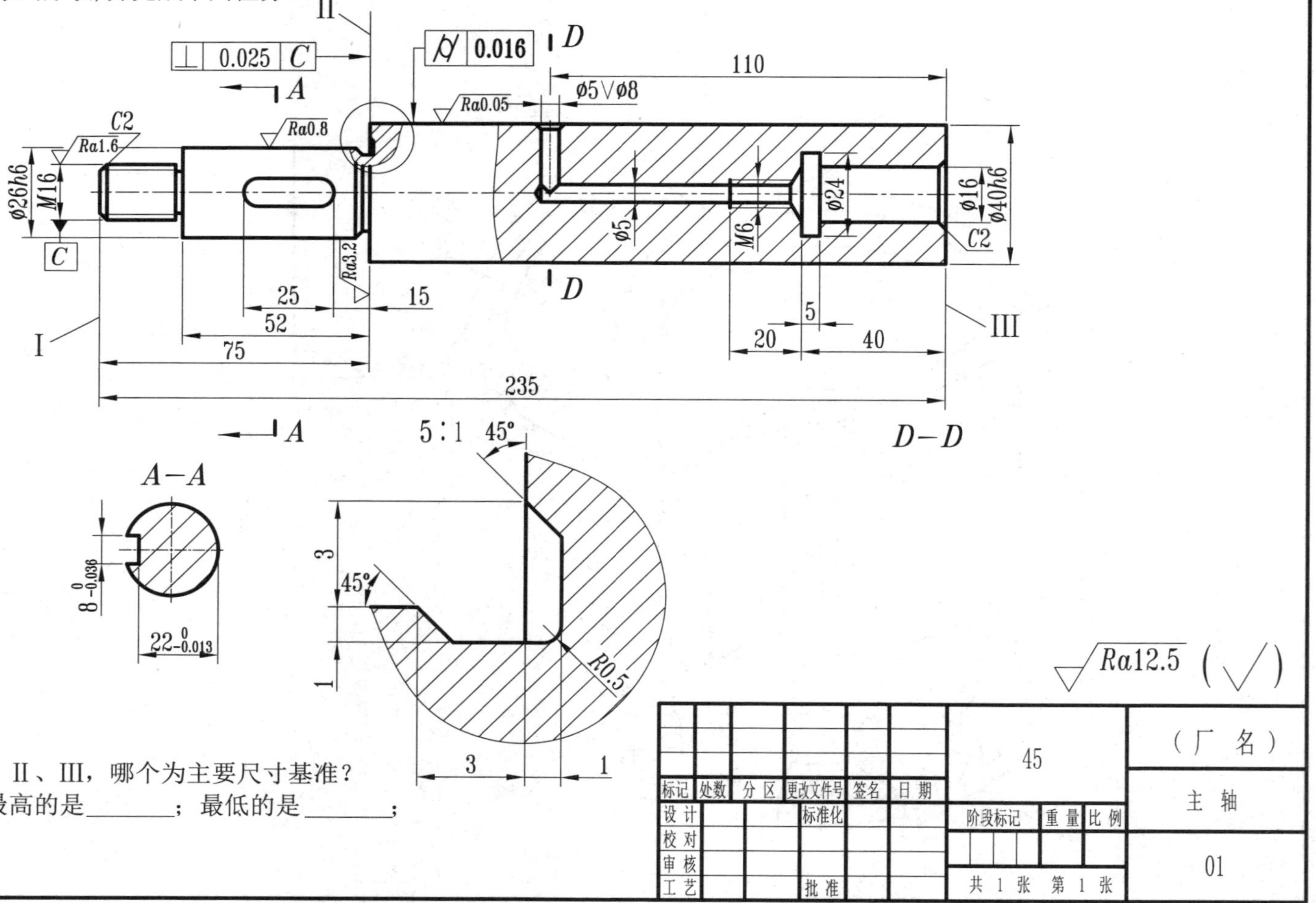

（1）长度方向上的Ⅰ、Ⅱ、Ⅲ，哪个为主要尺寸基准？

（2）表面粗糙度要求最高的是________；最低的是________；

（3）补出*D-D*断面图。

班级　　　　姓名　　　　学号

4. 看懂端盖的零件图，想象出形状，补画出右视图（不画虚线）。

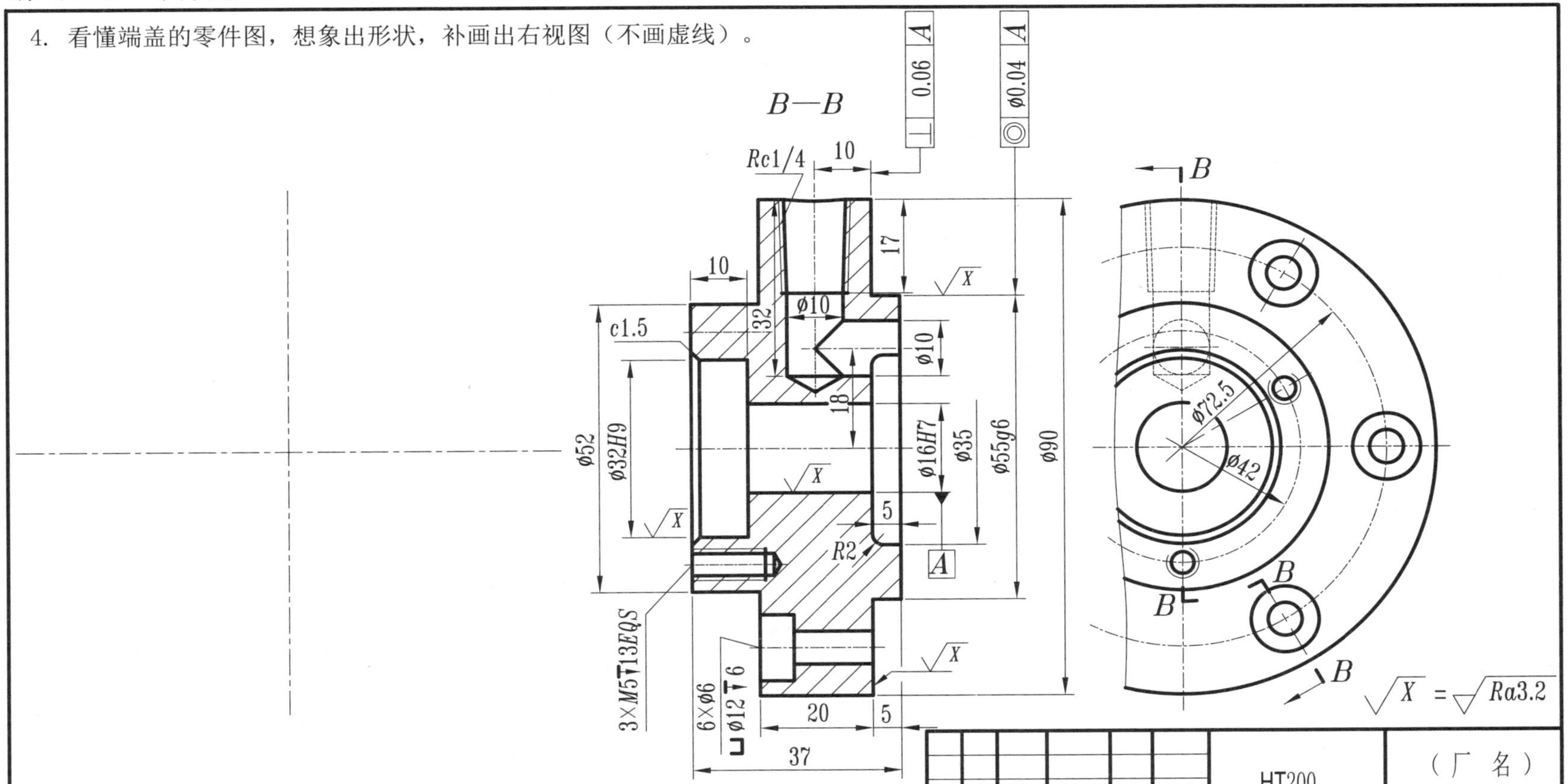

						HT200	（厂 名）
标记	处数	分 区	更改文件号	签名	日 期		端 盖
设 计			标准化			阶段标记 重 量 比 例	
校 对							02
审 核							
工 艺			批 准			共 1 张 第 1 张	

5. 看懂“泵体”零件图，指出长、宽、高三个方向的主要尺寸基准，并画出$A-A$剖视图。

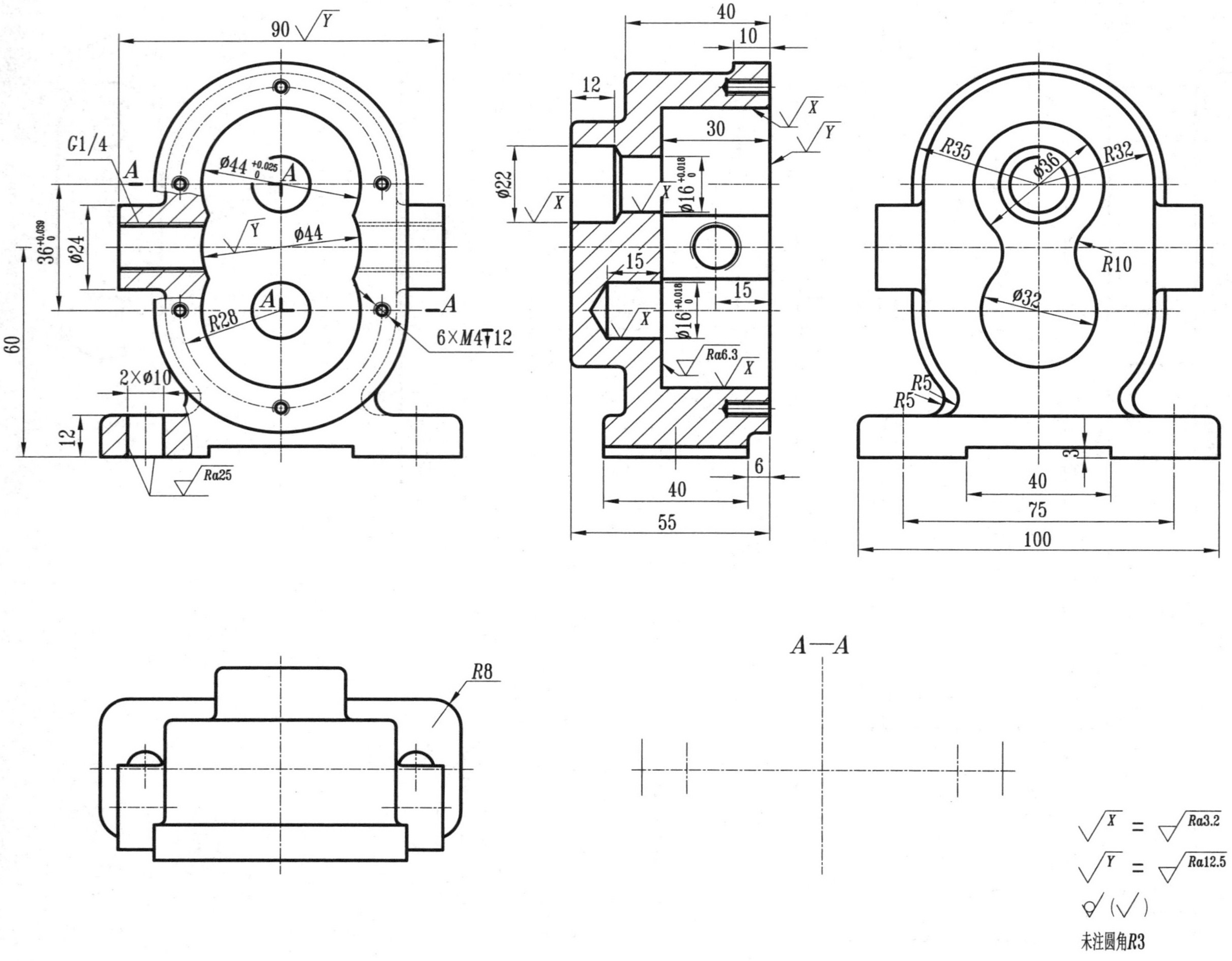

						HT200			（厂 名）
标记	处数	分 区	更改文件号	签名	日 期				泵 体
设 计			标准化			阶段标记	重 量	比 例	
校 对									03
审 核									
工 艺			批 准			共 1 张 第 1 张			

班级 姓名 学号

6. 看懂“底座”的零件图，在指定的位置上画出左视图的外形图和 $B-B$ 的断面图。

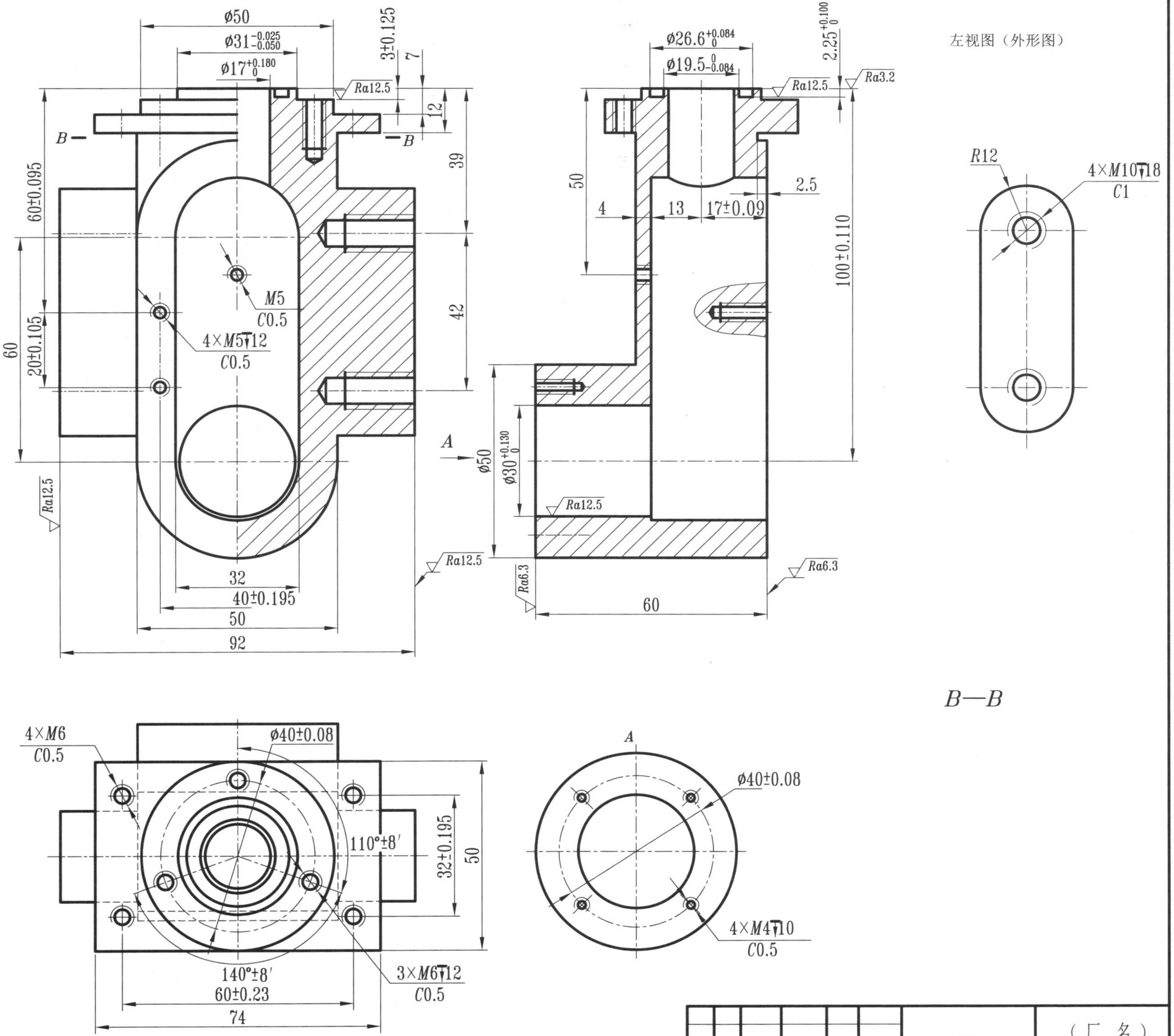

						HT200	（厂　名）
标记	处数	分 区	更改文件号	签名	日 期		底　座
设 计			标准化			阶段标记 ｜ 重 量 ｜ 比 例	
校 对							04
审 核							
工 艺			批 准			共 1 张　第 1 张	

班级　　　　姓名　　　　学号

7. 看懂“托架”的零件图，完成下面的问题。

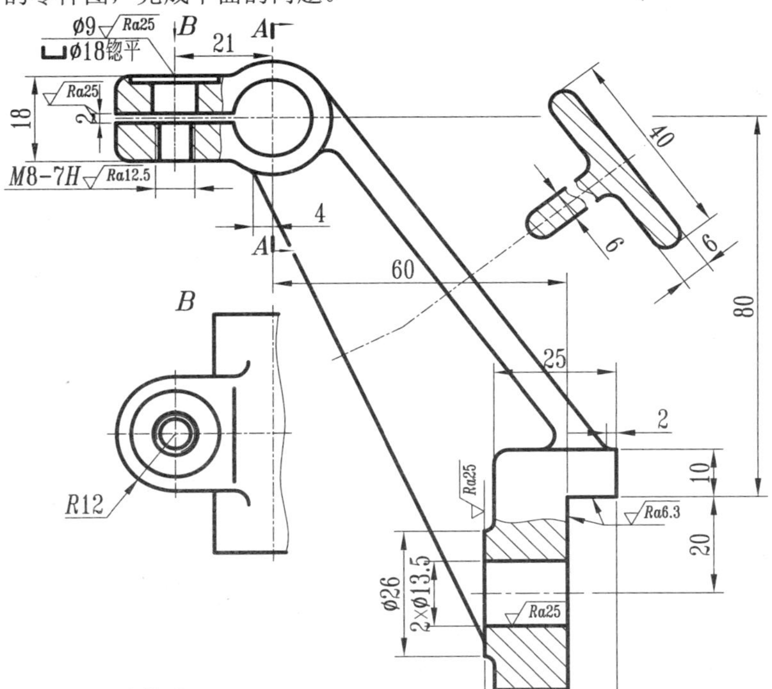

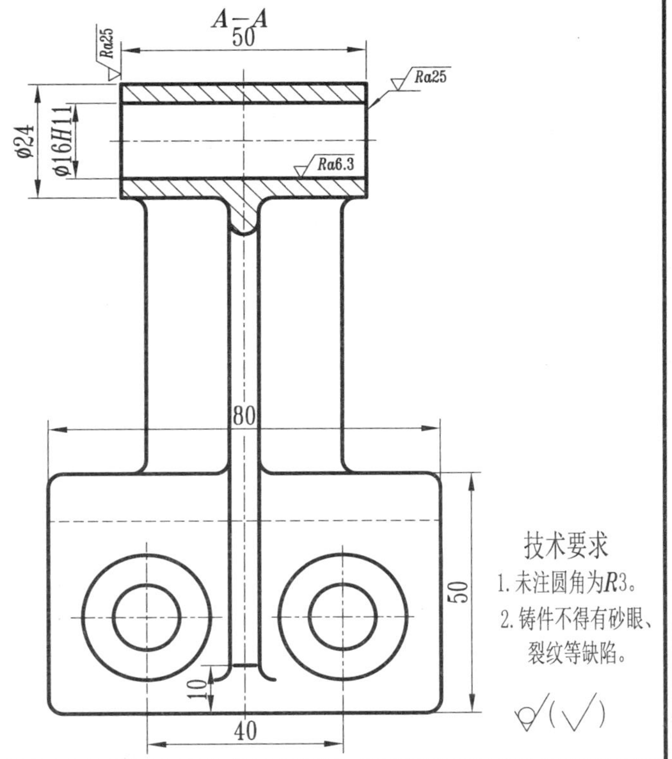

（1）在图中标出各方向的尺寸基准；

（2）ϕ16H11的基本尺寸是_____；基本偏差代号是_____；
标准公差等级是_____；公差带代号是_____；

（3）移出断面图中，剖面线方向是否画错(　　)；
尺寸数字注写方向是否正确(　　)；

（4）M8-7H是_____(内/外)螺纹；牙型是________；大径为______；
公差带代号是______。

标记	处数	分区	更改文件号	签名	日期	HT150	（厂名）
设计			标准化			阶段标记 / 重量 / 比例	托架
校对							
审核							05
工艺			批准			共 1 张　第 1 张	

班级　　　　姓名　　　　学号

8. 看连接块零件图，想象出形状，并完成下列任务。

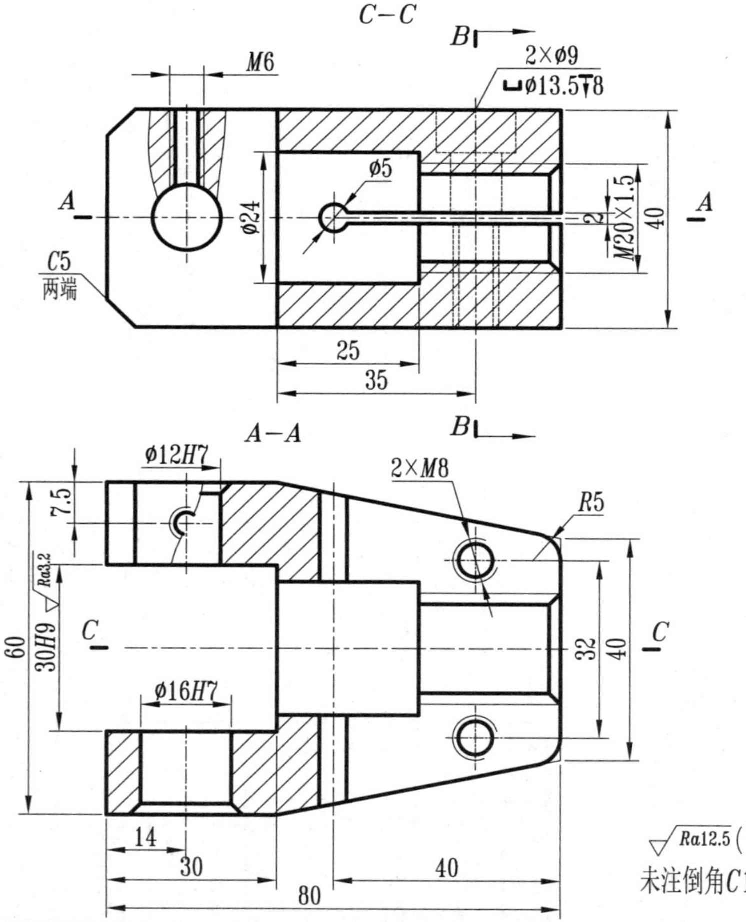

B−B

$\sqrt{Ra12.5}$ ($\sqrt{}$)

未注倒角C1.5

（1）该零件中哪些尺寸为配合尺寸？

（2）30*H*9的两侧表面粗糙度为 ____；其余为 ____；

（3）画出*B*-*B*的半剖视图。

						45		（厂 名）
标记	处数	分区	更改文件号	签名	日期			连接块
设计			标准化			阶段标记	重量	比例
校对								06
审核								
工艺			批准			共 1 张　第 1 张		

班级　　　　姓名　　　　学号

9. 看懂“阀体”零件图，在A3图纸上按1∶1画出主视图的外形图、*A-A*剖视图以及*B*向视图。

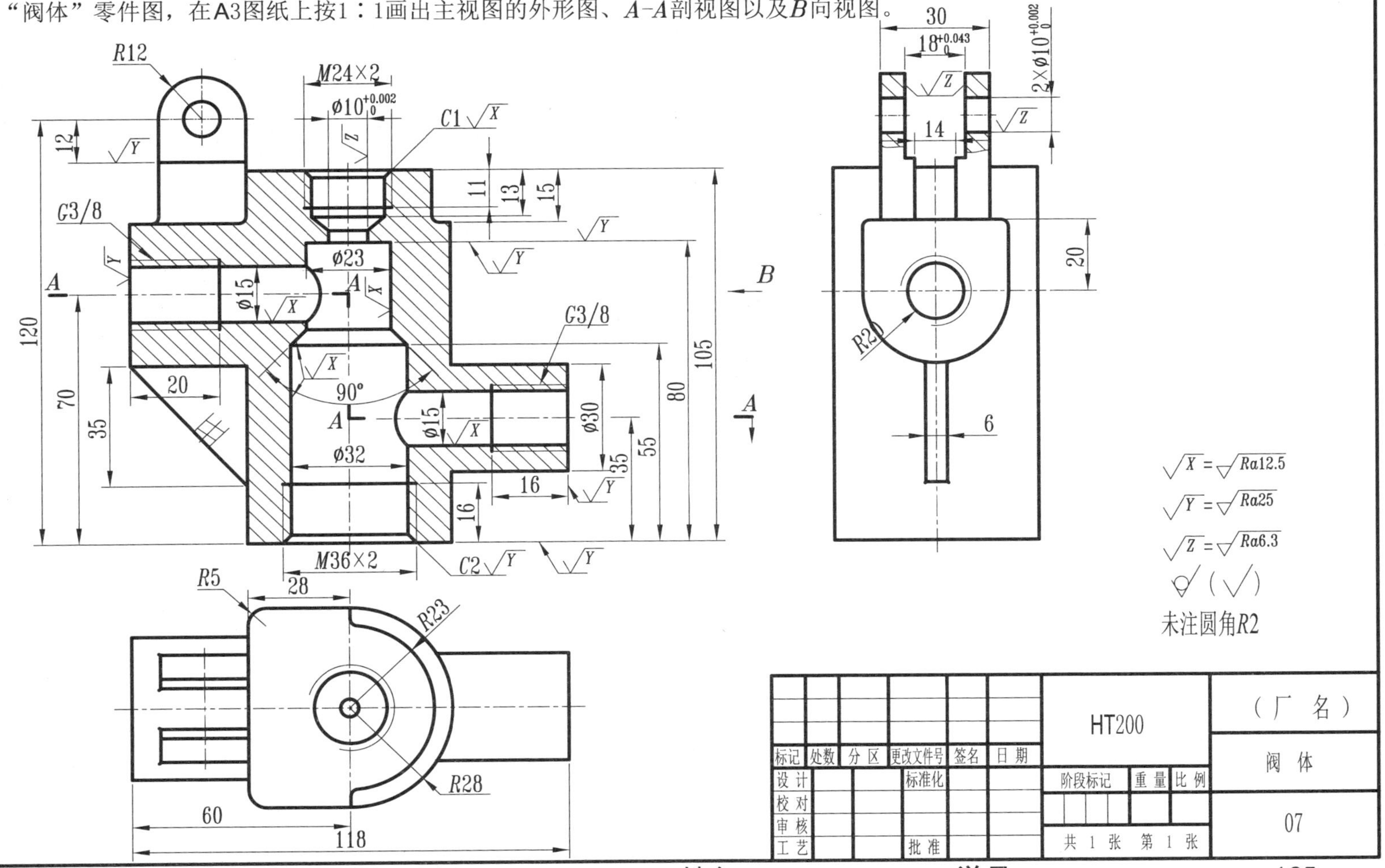

10. 读“拨叉”零件图，补画俯视图。

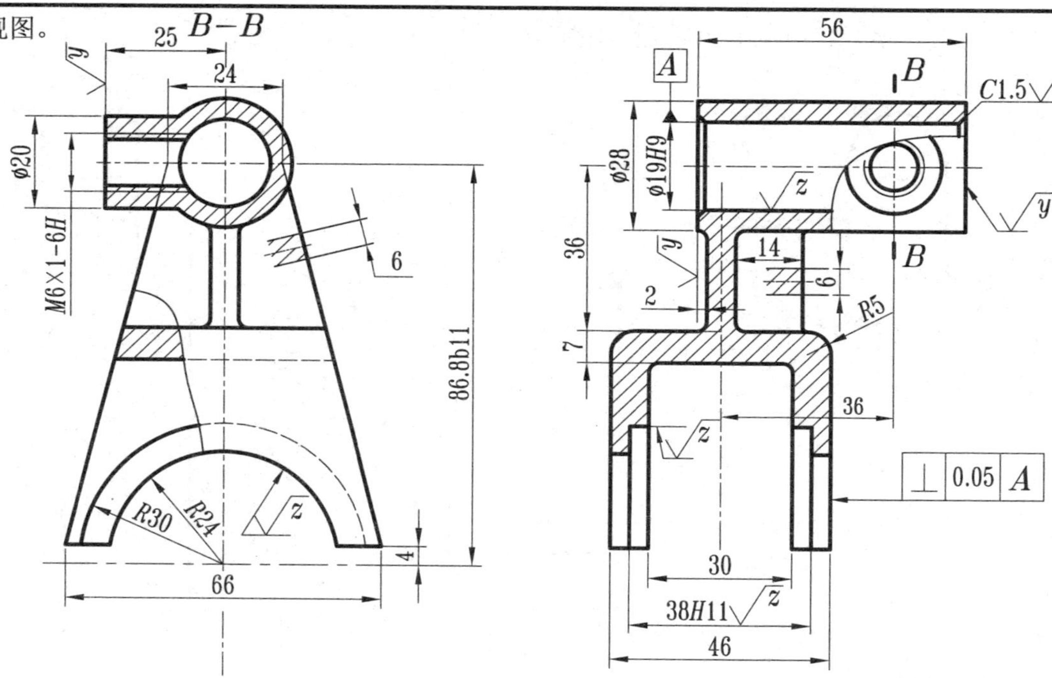

技术要求

1. 未注圆角为R3~R5；
2. 铸件不得有气孔、砂眼等缺陷；
3. 铸件应退火处理。

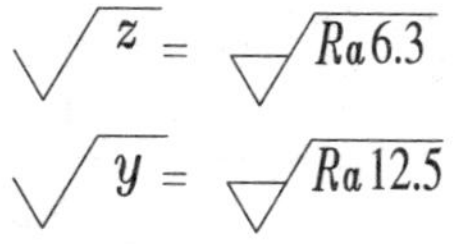

班级　　姓名　　学号

11. 看懂如图所示轴套类零件的结构形状，画出 *B*−*B*（方孔前后对称）和 *D*−*D* 断面图，并完成填空。

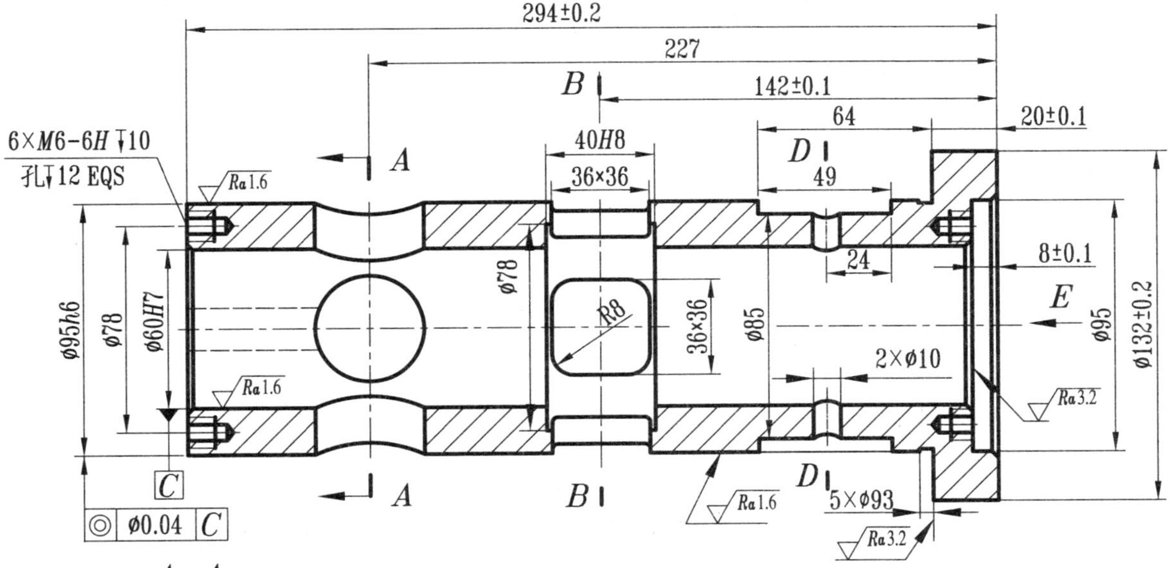

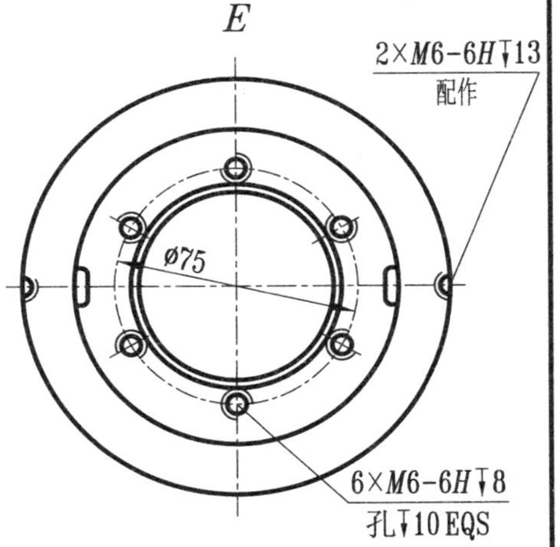

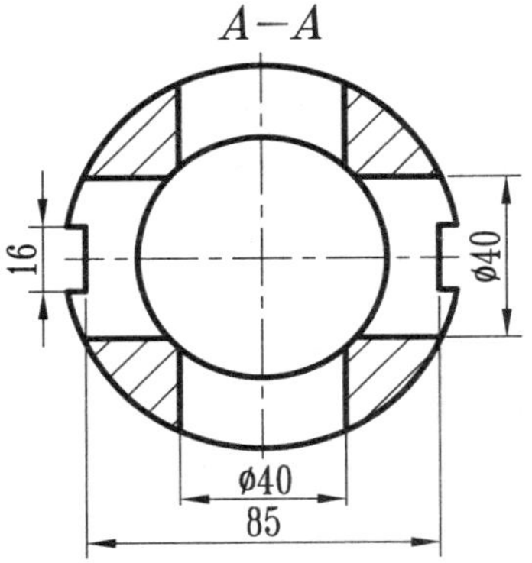

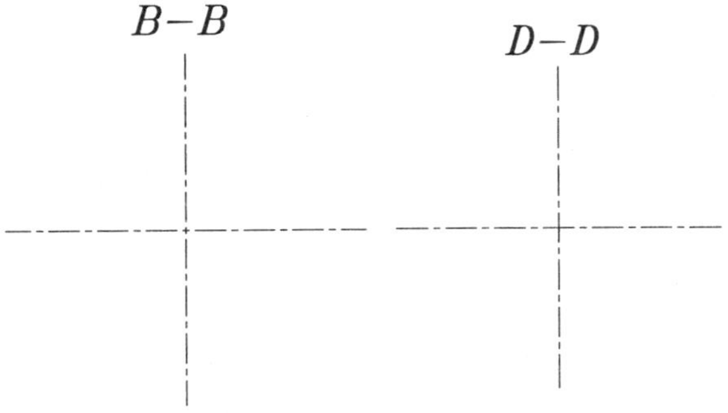

技术说明

1. 锐边除净毛刺，未注倒角 *C*2；
2. 全部螺孔均有倒角 *C*1。

填空：

1. φ60*H*7表示该孔的基本尺寸是 ___，公差带代号为 ___，公差等级为 ___，基本偏差代号为 ___；

2. 6×*M*6-6*H*↧10 / 孔↧12EQS 表示 ___（内 / 外）螺纹，其中___为牙型代号，公称直径是 ____，6*H*表示_______的公差带代号，↧10表示 ____，↧12表示_____，EQS表示_____。

12. 查表注出零件配合面的尺寸偏差值。

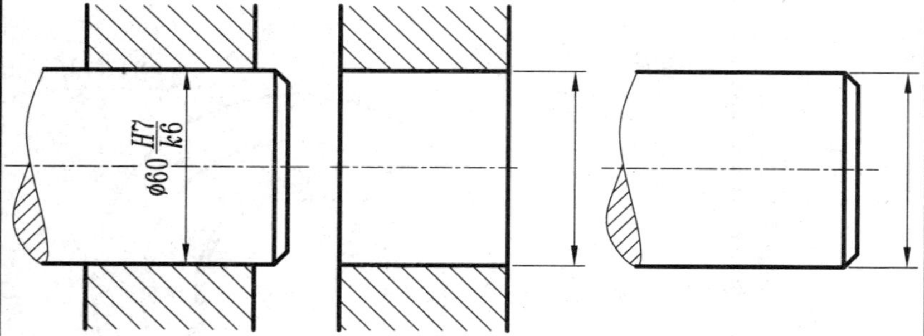

试说明配合尺寸$\phi60\frac{H7}{k6}$的含义。

（1） ϕ60表示________________；

（2） k表示________________；

（3） 此配合是________制________配合；

（4） 7、6分别表示________________。

13. 根据装配图中所注的配合尺寸，分别在相应的零件图上注出基本尺寸和偏差数值。

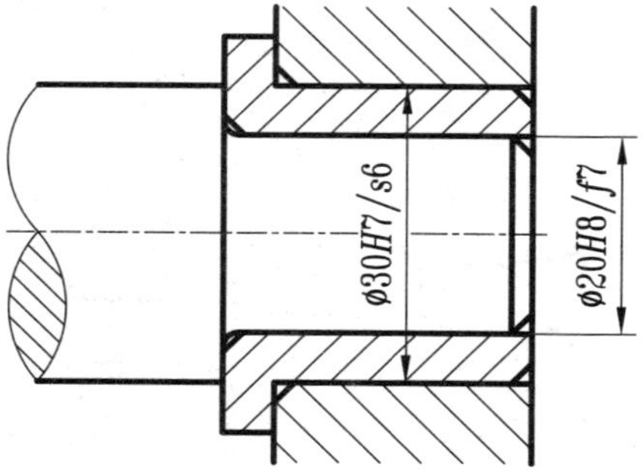

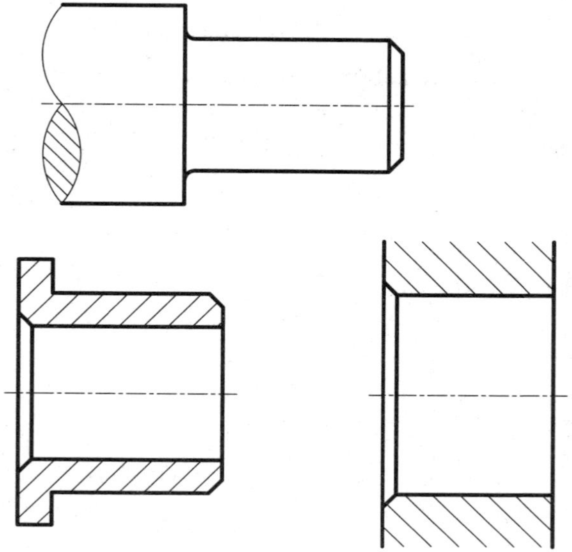

班级　　　　　　姓名　　　　　　学号

14. 将文字说明的形位公差标注在图形上。

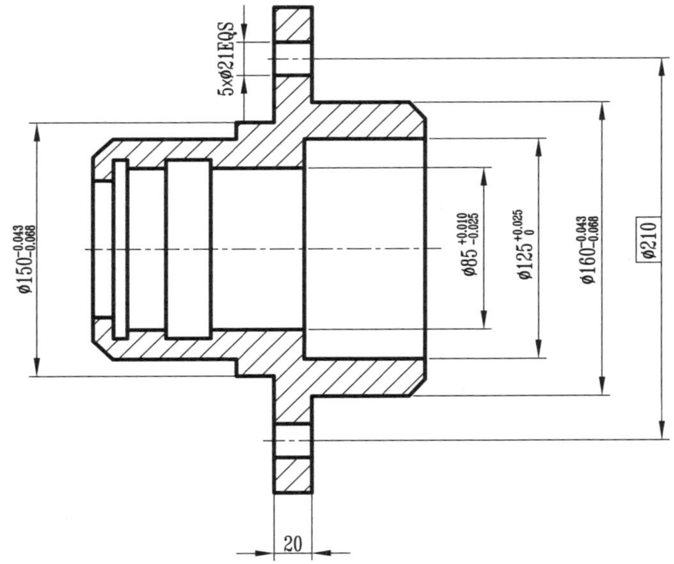

（1）ϕ160$^{-0.043}_{-0.068}$ 圆柱表面对 ϕ85$^{+0.010}_{-0.025}$ 圆柱孔轴线A的径向跳动为0.03；

（2）厚度为20的安装板左端面对 ϕ150$^{-0.043}_{-0.068}$ 圆柱面轴线B的垂直度公差为0.05；

（3）ϕ125$^{+0.025}_{0}$ 圆柱孔的轴线与轴线A的同轴度公差为ϕ0.06。

15. 解释下列各图中所标形位公差的含义。

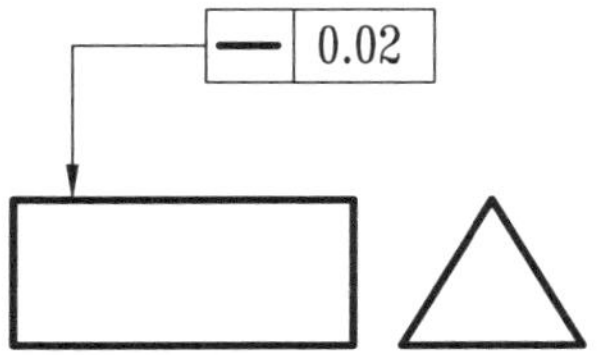

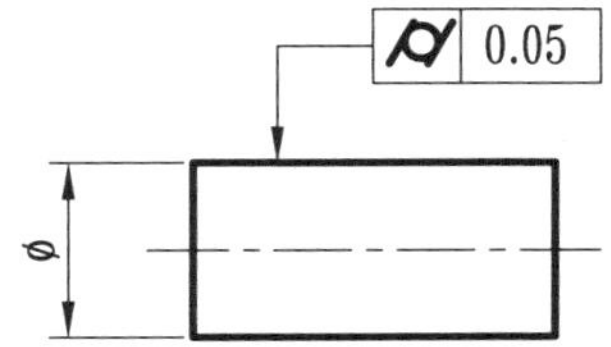

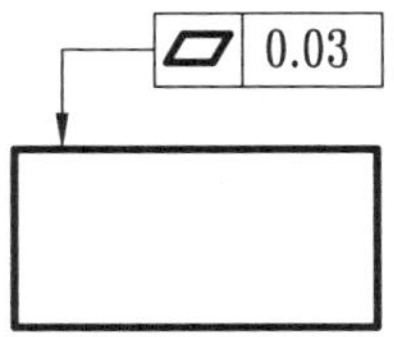

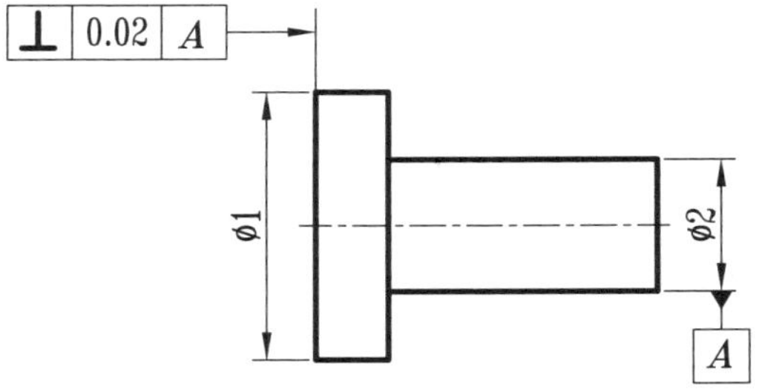

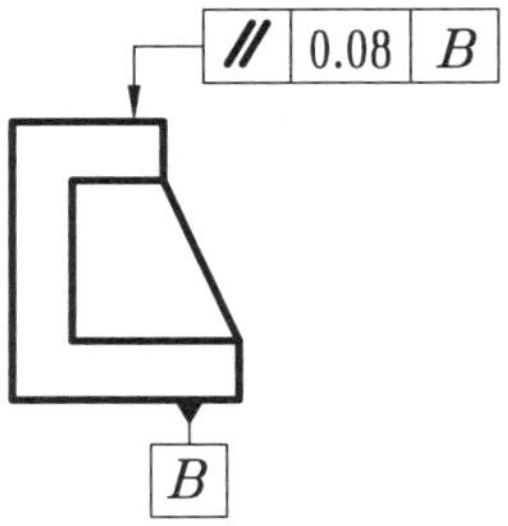

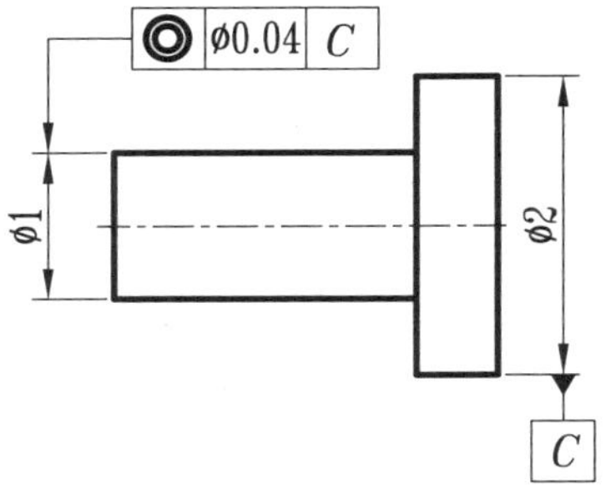

练习8-1 装配图

1. 根据千斤顶装配图的示意图及零件图，在A3图纸上用1：1画出其装配图。

工 作 原 理

“千斤顶”是利用螺旋传动来顶举重物，是汽车修理和机械安装中一种常见的起重工具。工作时，绞杠穿在螺旋杆顶部的圆孔中。旋转绞杠，螺旋杆在螺套中靠螺纹作上下移动。顶垫上的重物靠螺旋杆的上升而被顶起。

螺套嵌压底座中，一边用螺纹固定，磨损后便于更换、修配。

螺旋杆的球面形顶部套上一个顶垫，靠螺钉与螺旋杆连接，以防止顶垫随螺旋杆一起旋转而脱落。

序号	名　　称	件数	材料	备　　注
1	底座	1	HT200	
2	螺旋杆	1	45	
3	螺套	1	QAl9-4	
4	螺钉 M10×12	1		GB/T 73-2017
5	绞杠	1	Q255	
6	螺钉 M8×12	1		GB/T 75-2018
7	顶垫	1	35	

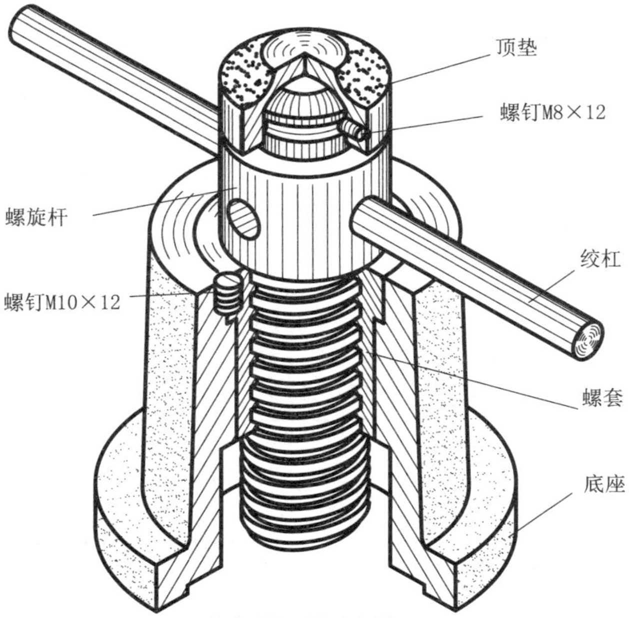

千斤顶装配图示意图

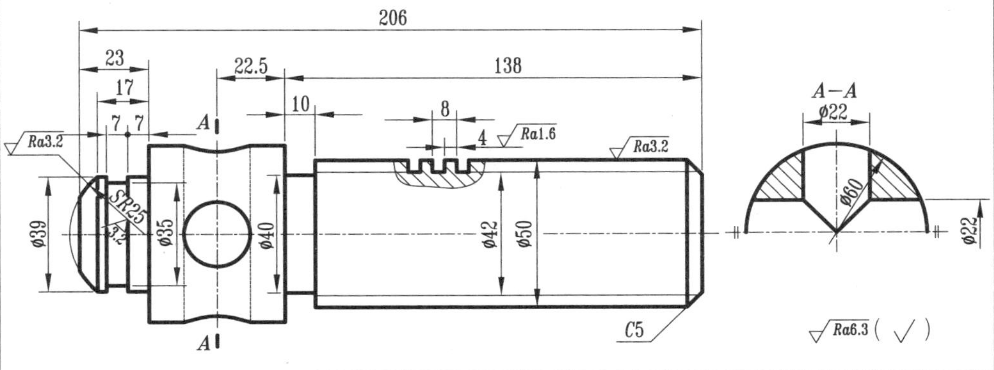

设 计			Q255	
校 对			比 例	螺 旋 杆
审 核				
工 艺			共 1 张 第 1 张	QJD-02

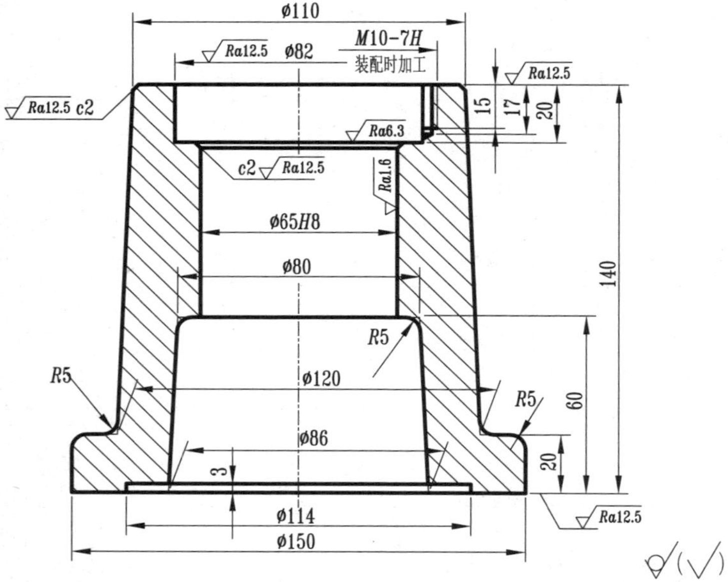

设 计			HT200	武 汉 理 工 大 学
校 对			比 例	底座
审 核				
工 艺			共 1 张 第 1 张	QJD-05

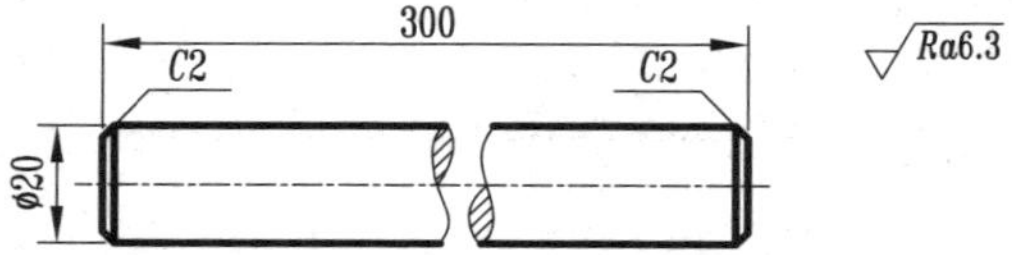

设 计			Q215	武 汉 理 工 大 学
校 对			比 例	绞 杠
审 核				
工 艺			共 1 张 第 1 张	QJD-03

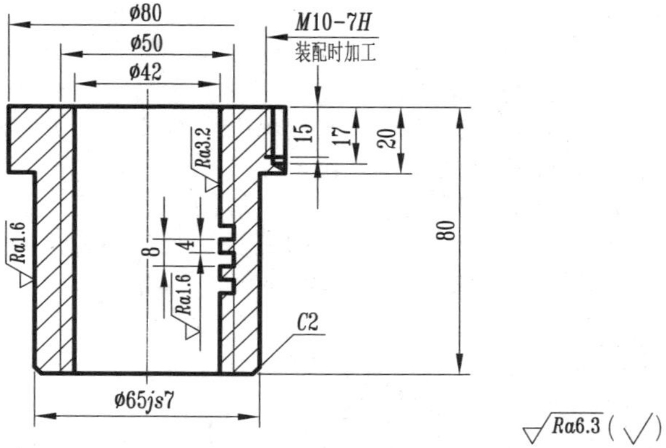

设 计			QA19-4	武 汉 理 工 大 学
校 对			比 例	螺 套
审 核				
工 艺			共 1 张 第 1 张	QJD-04

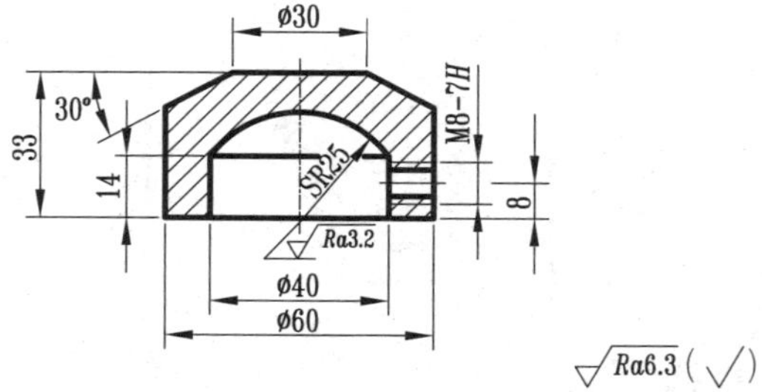

设 计			Q275	
校 对			比 例	顶 垫
审 核				
工 艺			共 1 张 第 1 张	QJD-01

2. 根据管钳的装配图示意图和零件图，在A2图纸上按1:1绘制管钳的装配图。

工 作 原 理

管钳是一种夹紧管件的工具，使用时转动手柄8即可。由于导杆5与螺杆6以及压板7联动，使螺杆和导杆可带动上钳口4上下移动，用以松开或夹紧管件。导杆与上钳口用螺纹连接，下钳口3与钳座1用螺钉2连接。

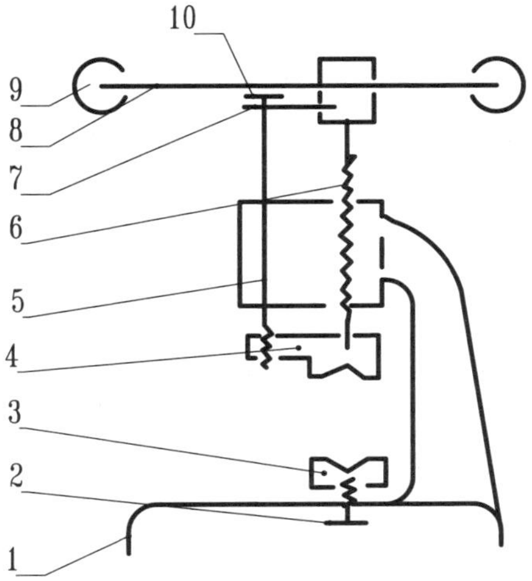

技 术 要 求

(1) 装配后，转动手柄时钳口上下移动应灵活，无爬行和卡死现象。

(2) 非加工表面喷黑色皱纹漆。

明细表

10	GB/T 6170-2000	螺母 M8	1		
9	GQ01-06	手柄球	2	A3	
8	GQ01-08	手柄	1	45	
7	GQ01-04	压板	1	A3	
6	GQ01-02	螺杆	1	45	
5	GQ01-05	导杆	1	45	
4	GQ01-03	上钳口	1	A3	
3	GQ01-07	下钳口	1	45	
2	GB/T 65-2000	螺钉 M6×12	2		
1	GQ01-01	钳座	1	HT250	
序号	图　号	名　称	数量	材料	备注

标题栏

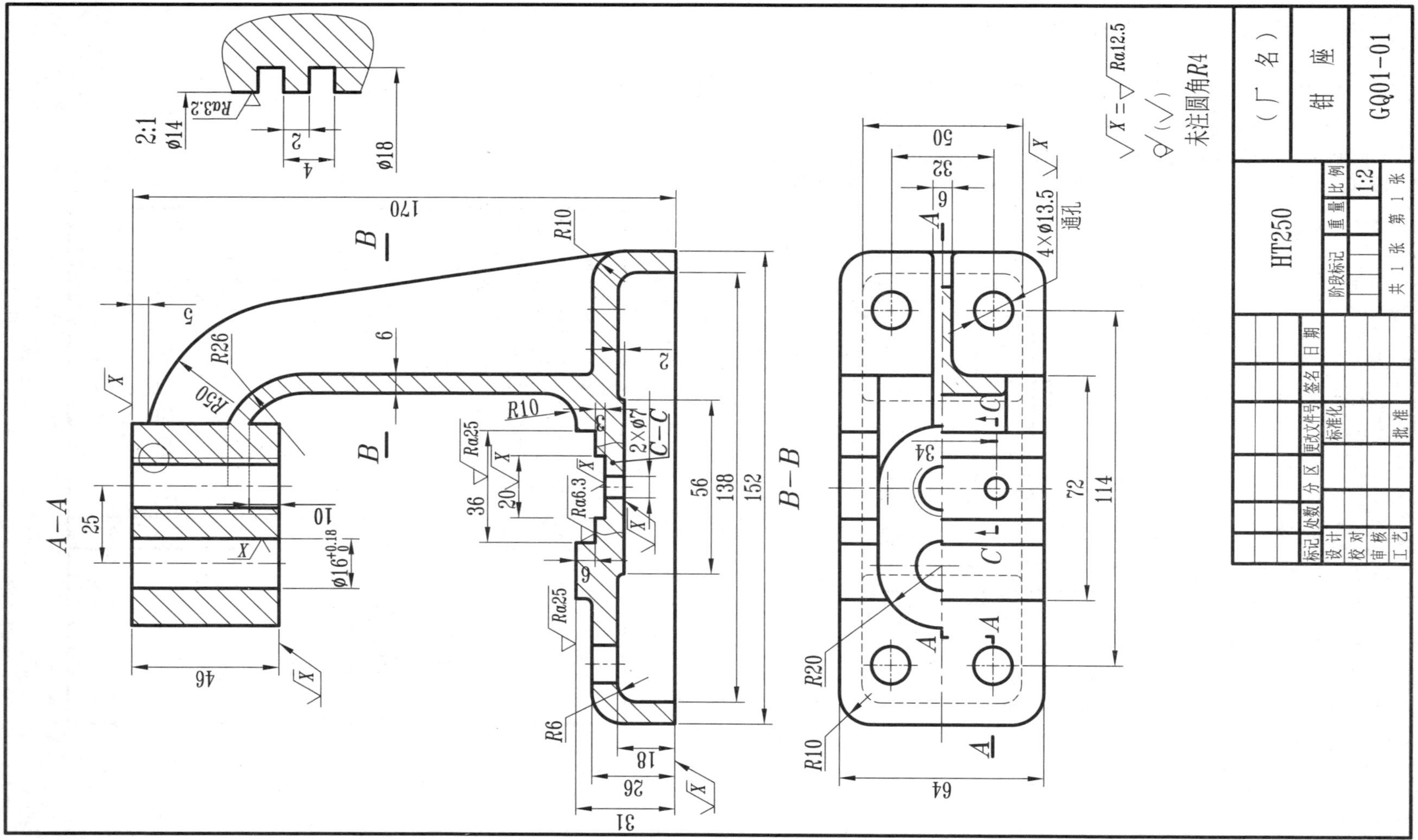

(厂名)
钳座
GQ01-01
HT250
阶段标记
重量
比例
1:2
共 1 张 第 1 张
标记 处数 分区 更改文件号 签名 日期
设计 标准化
校对
审核
工艺 批准
未注圆角R4
4×ø13.5
通孔
A—A
B—B
C—C
2×ø7
2:1
Ra3.2
Ra6.3
Ra25
Ra12.5
R10
R26
R50
R20
R6
170
152
138
114
72
64
56
50
46
36
34
32
31
26
25
20
18
10
6
5
ø14
ø18
ø16$^{+0.18}_{0}$

班级　　　　姓名　　　　学号

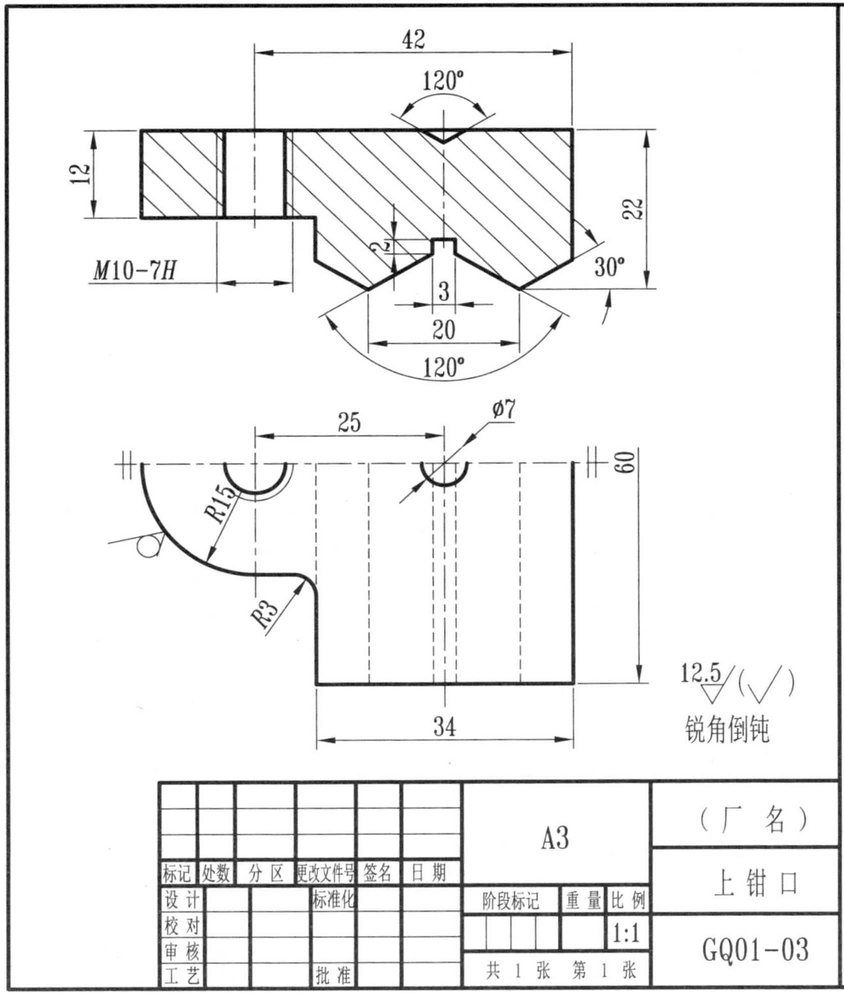
42
120°
12
22
M10-7H
2
3
30°
20
120°
25
ϕ7
60
R15
R3
34
12.5/(√)
锐角倒钝
A3
（厂 名）
上钳口
GQ01-03
标记 处数 分 区 更改文件号 签名 日 期
设 计 标准化
校 对
审 核
工 艺 批 准
阶段标记 重 量 比 例
1:1
共 1 张 第 1 张

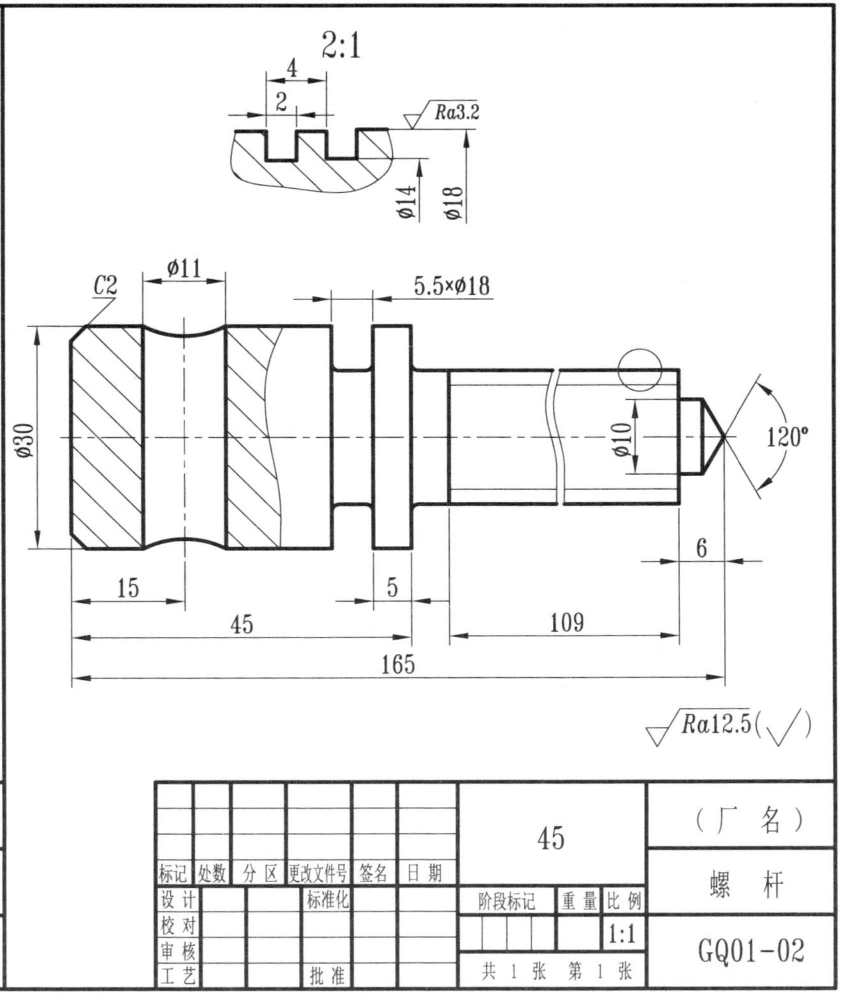
2:1
4
2
Ra3.2
ϕ14
ϕ18
C2
ϕ11
5.5×ϕ18
ϕ30
ϕ10
120°
6
15
5
45
109
165
Ra12.5(√)
45
（厂 名）
螺 杆
GQ01-02
标记 处数 分 区 更改文件号 签名 日 期
设 计 标准化
校 对
审 核
工 艺 批 准
阶段标记 重 量 比 例
1:1
共 1 张 第 1 张

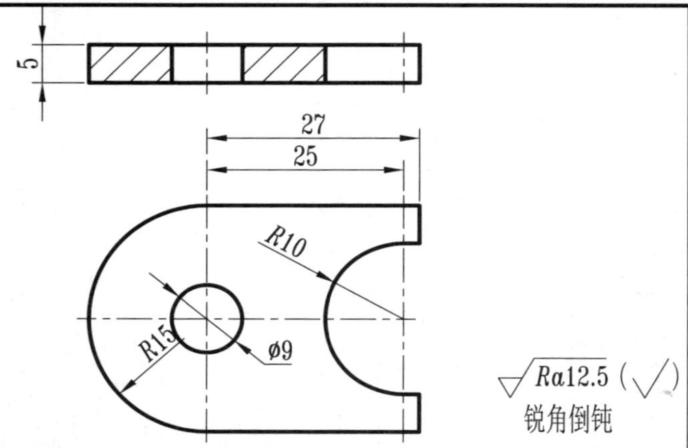

标记	处数	分区	更改文件号	签名	日期	A3	（厂 名）
设计			标准化			阶段标记 / 重量 / 比例 1:1	压 板
校对							
审核							GQ01-04
工艺			批准			共 1 张 第 1 张	

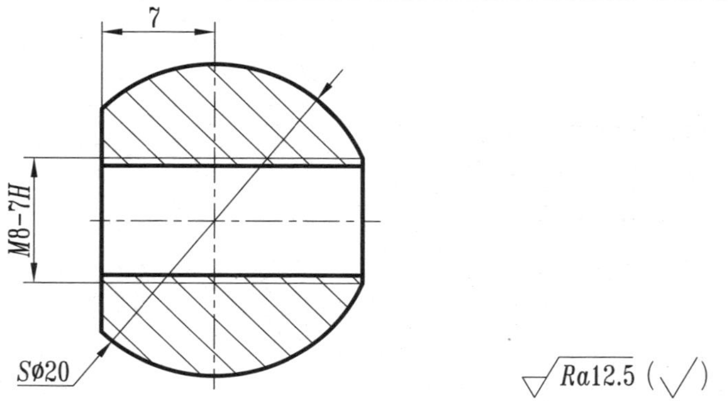

标记	处数	分区	更改文件号	签名	日期	A3	（厂 名）
设计			标准化			阶段标记 / 重量 / 比例 1:1	手柄球
校对							
审核							GQ01-06
工艺			批准			共 1 张 第 1 张	

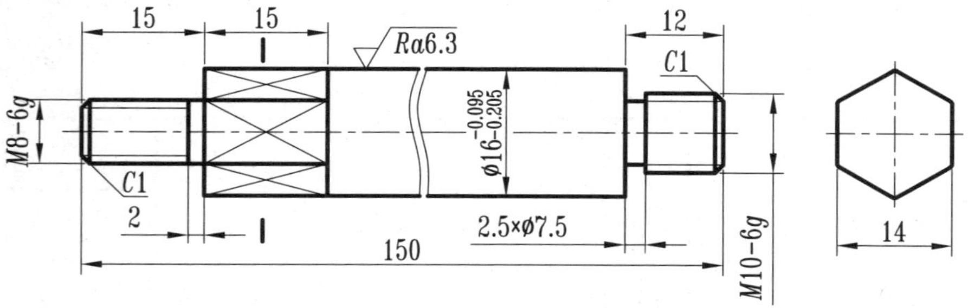

Ra12.5 (√)
锐角倒钝

标记	处数	分区	更改文件号	签名	日期	45	（厂 名）
设计			标准化			阶段标记 / 重量 / 比例 1:1	导 杆
校对							
审核							GQ01-05
工艺			批准			共 1 张 第 1 张	

 班级 姓名 学号

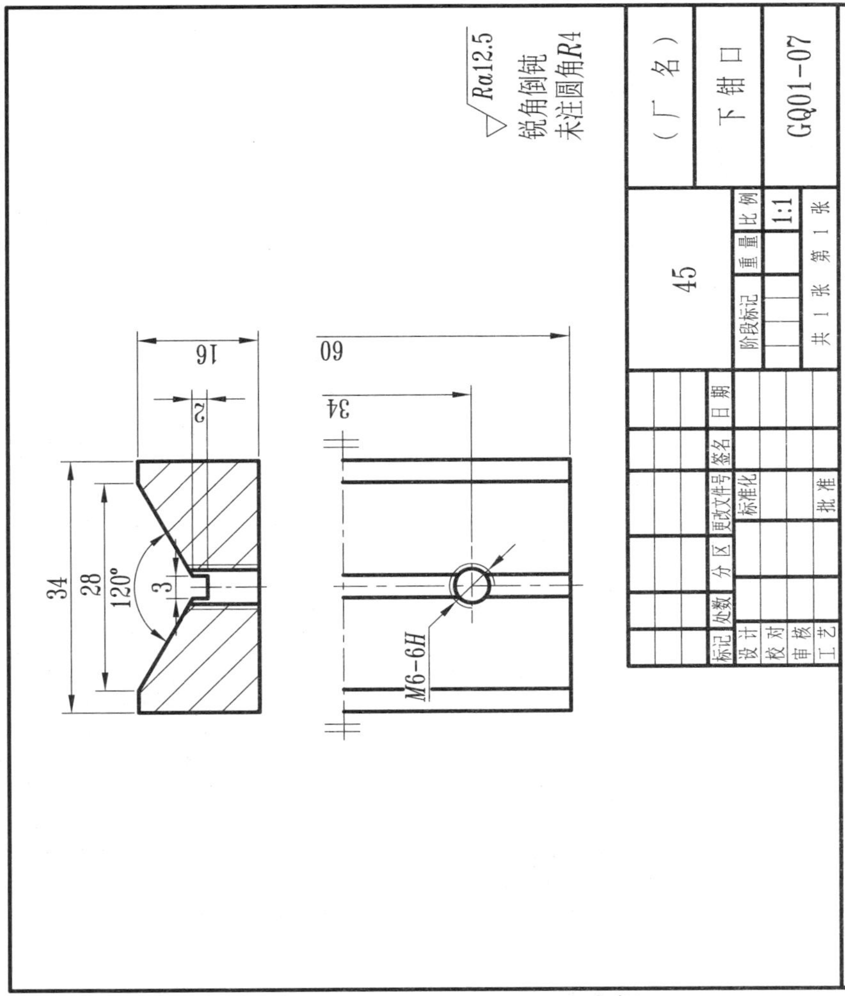

Ra12.5
锐角倒钝
未注圆角R4
（厂 名）
下钳口
GQ01-07
45
阶段标记
重量
比例
1:1
共 1 张 第 1 张
标记
处数
分区
更改文件号
签名
日期
设计
标准化
校对
审核
工艺
批准
16
2
60
34
28
120°
3
M6-6H

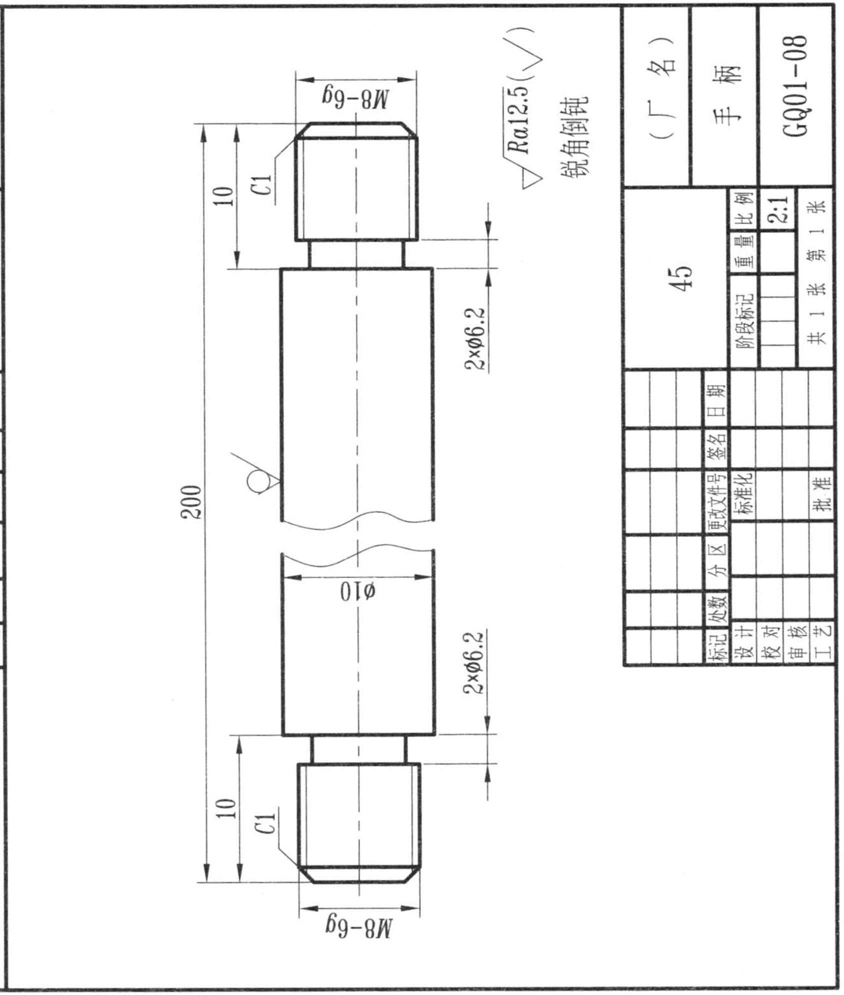

Ra12.5（√）
锐角倒钝
（厂 名）
手柄
GQ01-08
45
阶段标记
重量
比例
2:1
共 1 张 第 1 张
标记
处数
分区
更改文件号
签名
日期
设计
标准化
校对
审核
工艺
批准
M8-6g
C1
10
200
2×φ6.2
φ10

3. 根据油泵的装配示意图和各零件图，在A3图纸上画油泵的装配图。

工 作 原 理

在泵体7内装有一对啮合的齿轮3、5。当主动齿轮轴5作顺时针旋转时（见泵油原理图），将机油从左边进油孔ø15吸入，然后经管接头孔$G3/8$压出。

技 术 要 求

（1）装合后主动轴用手旋动时，不得有时紧时松现象。
（2）校验时各结合面处不得漏油。
（3）在800r/min驱动下，流量不得少于8L/min。

尺 寸 标 注

（1）规格尺寸$G3/8$；
（2）配合尺寸ø15$H7/f7$、ø15$H7/f7$、ø14$H7/n6$、28.76±0.03；
（3）安装尺寸35、2×M6−7H；
（4）总体尺寸112、73、88。

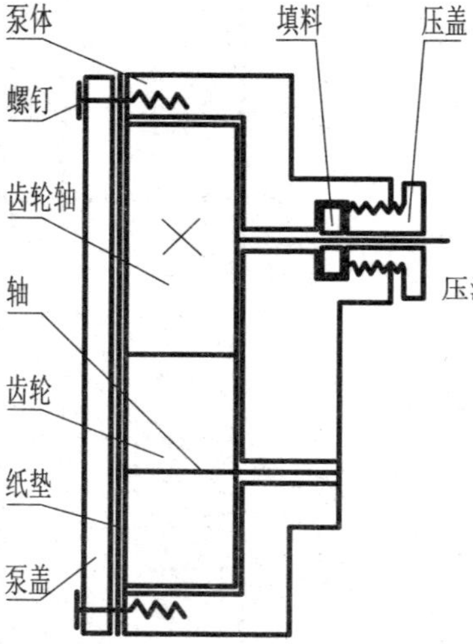

油泵装配示意图

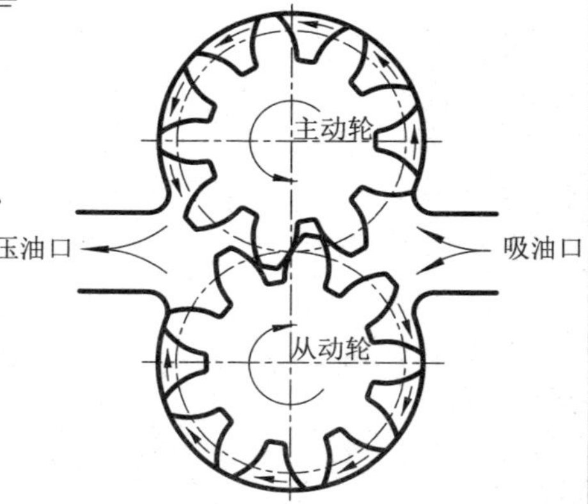

油泵工作原理图

标准件明细表

名 称	螺钉M6×12 GB/T 65-2000	材 料	35
序 号	6	数 量	6

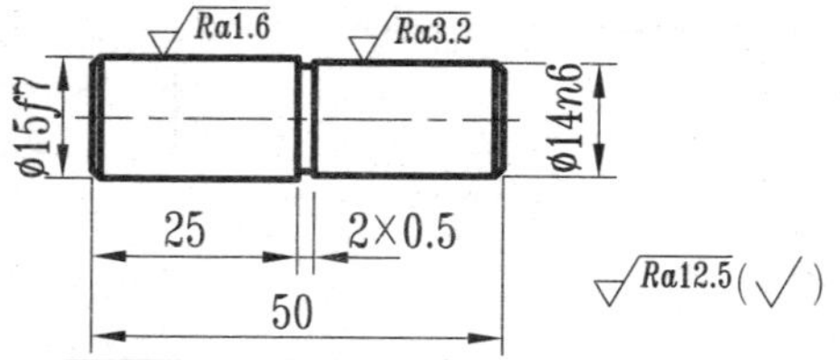

技术要求
1. 两端倒角$C1$；
2. ø15外圆高频淬火 HRC43~45。

标记	处数	分区	更改文件号	签名	日期	45			（厂 名）
设计			标准化			阶段标记	重量	比例	轴
校对								1:1	JYB-04
审核									
工艺			批准			共 1 张	第 1 张		

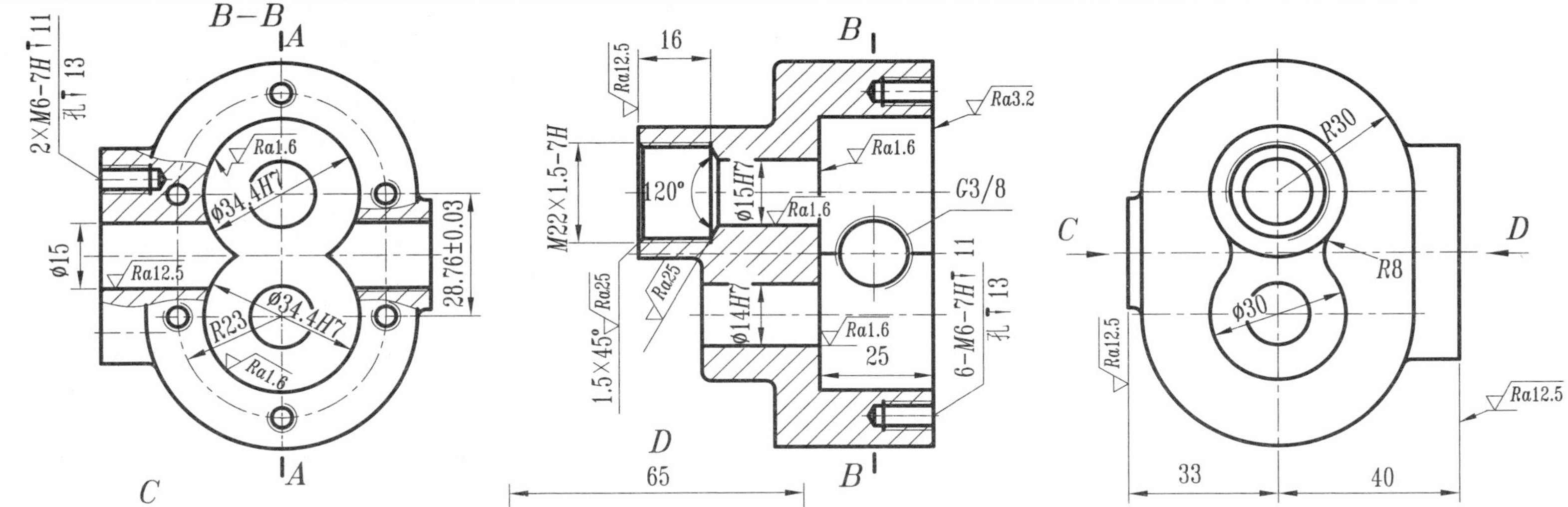

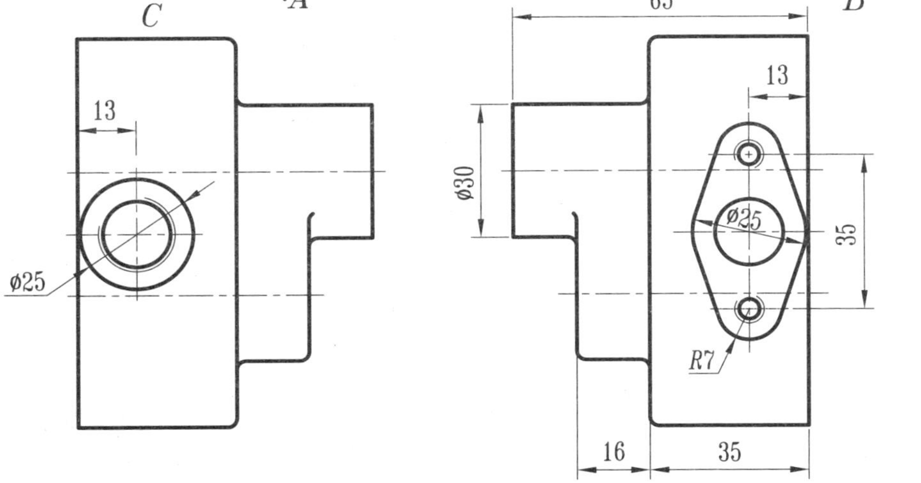

技术要求

1. 未注圆角为$R3$;
2. 未加工表面涂灰漆。

$\sqrt{}$ ($\checkmark$)

						HT200		(厂 名)
标记	处数	分 区	更改文件号	签名	日 期			泵 体
设 计			标准化			阶段标记	重 量	比 例
校 对								1:1
审 核								JYB-07
工 艺			批 准			共 1 张 第 1 张		

班级　　　　姓名　　　　学号

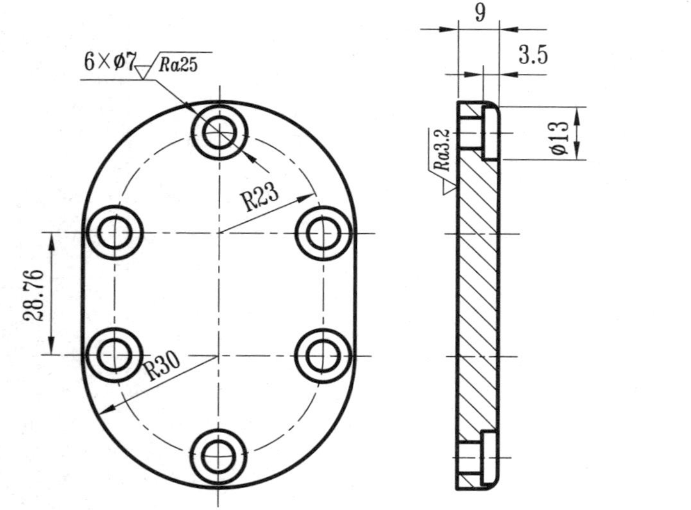

技术要求
未加工表面涂灰漆

HT200	(厂 名)	泵 盖	JYB-01	比例 1:1	共 1 张 第 1 张

标记 处数 分区 更改文件号 签名 日期 设计 校对 审核 工艺 标准化 批准 阶段标记 重量

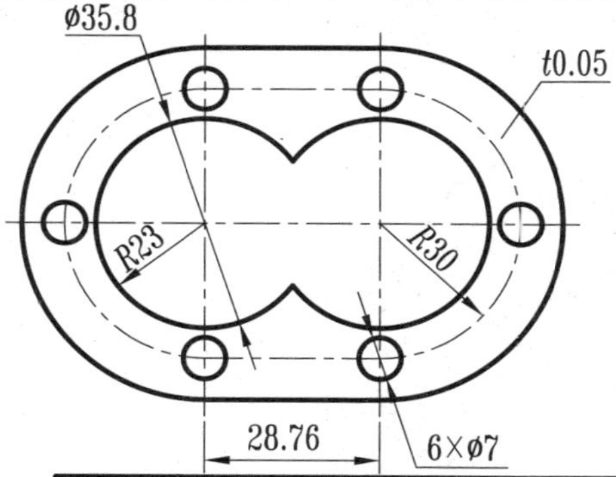

描图纸	(厂 名)	纸 垫	JYB-02	比例 1:1	共 1 张 第 1 张

标记 处数 分区 更改文件号 签名 日期 设计 校对 审核 工艺 标准化 批准 阶段标记 重量

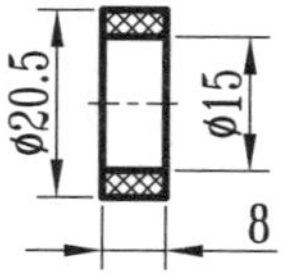

丁腈橡胶	(厂 名)	填 料	JYB-08	比例 1:1	共 1 张 第 1 张

标记 处数 分区 更改文件号 签名 日期 设计 校对 审核 工艺 标准化 批准 阶段标记 重量

班级　　姓名　　学号

模 数 m	3
齿 数 z	9
压力角 α	20°

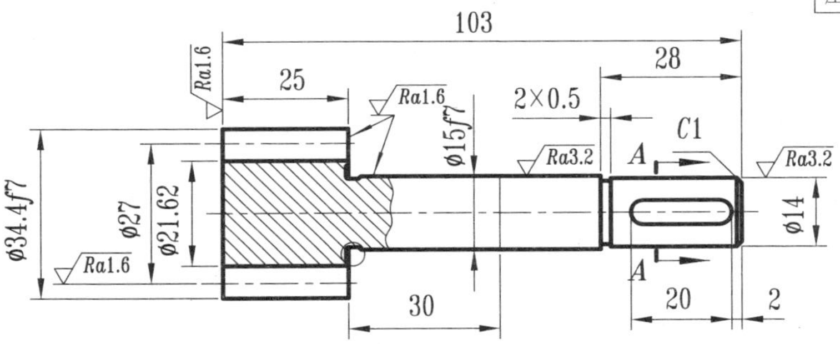

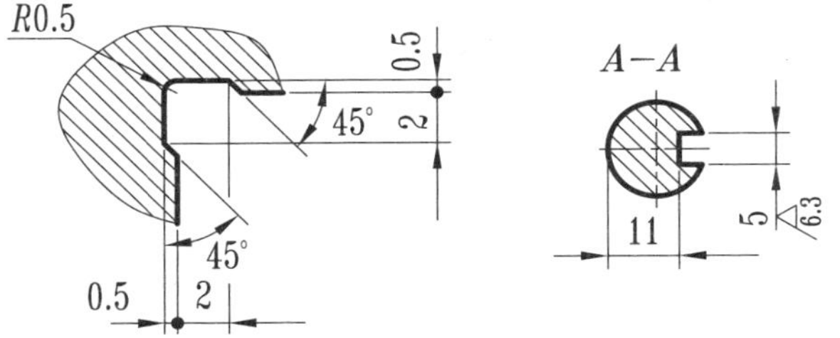

技术要求

1. 调质至HB220～230；
2. 轮齿与ϕ15长30处高频淬火HRC43～45。

Ra12.5 (√)

标记	处数	分区	更改文件号	签名	日期	45	(厂名)
设计			标准化			阶段标记 / 重量 / 比例 1:1	齿轮轴
校对							
审核							JYB-05
工艺			批准			共 1 张 第 1 张	

模 数 m	3
齿 数 z	9
压力角 α	20°

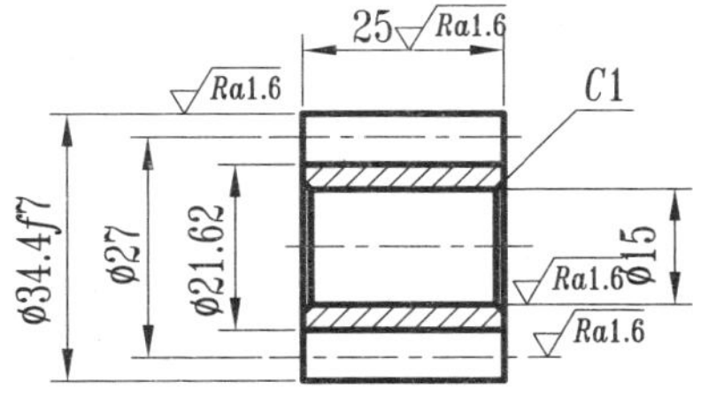

技术要求

1. 调质至HB220～230；
2. 齿部高频淬火HRC43～45。

Ra25 (√)

标记	处数	分区	更改文件号	签名	日期	45	(厂名)
设计			标准化			阶段标记 / 重量 / 比例 1:1	齿轮
校对							
审核							JYB-03
工艺			批准			共 1 张 第 1 张	

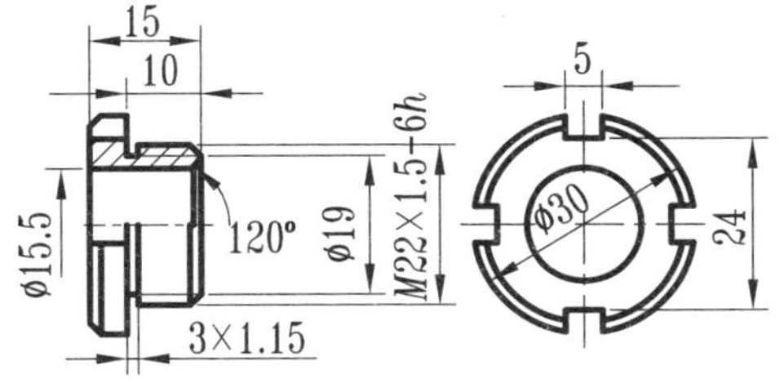

技术要求

1. 表面发蓝；
2. 槽部淬火HRC35～37；
3. 其余倒角C1.5。

Ra12.5

标记	处数	分区	更改文件号	签名	日期	30	(厂名)
设计			标准化			阶段标记 / 重量 / 比例 1:1	压盖
校对							
审核							JYB-09
工艺			批准			共 1 张 第 1 张	

班级　　姓名　　学号

4. 看懂旋塞的工作原理，并拆画其中1、2、4号的零件图（尺寸在图中直接量取，不标尺寸）。

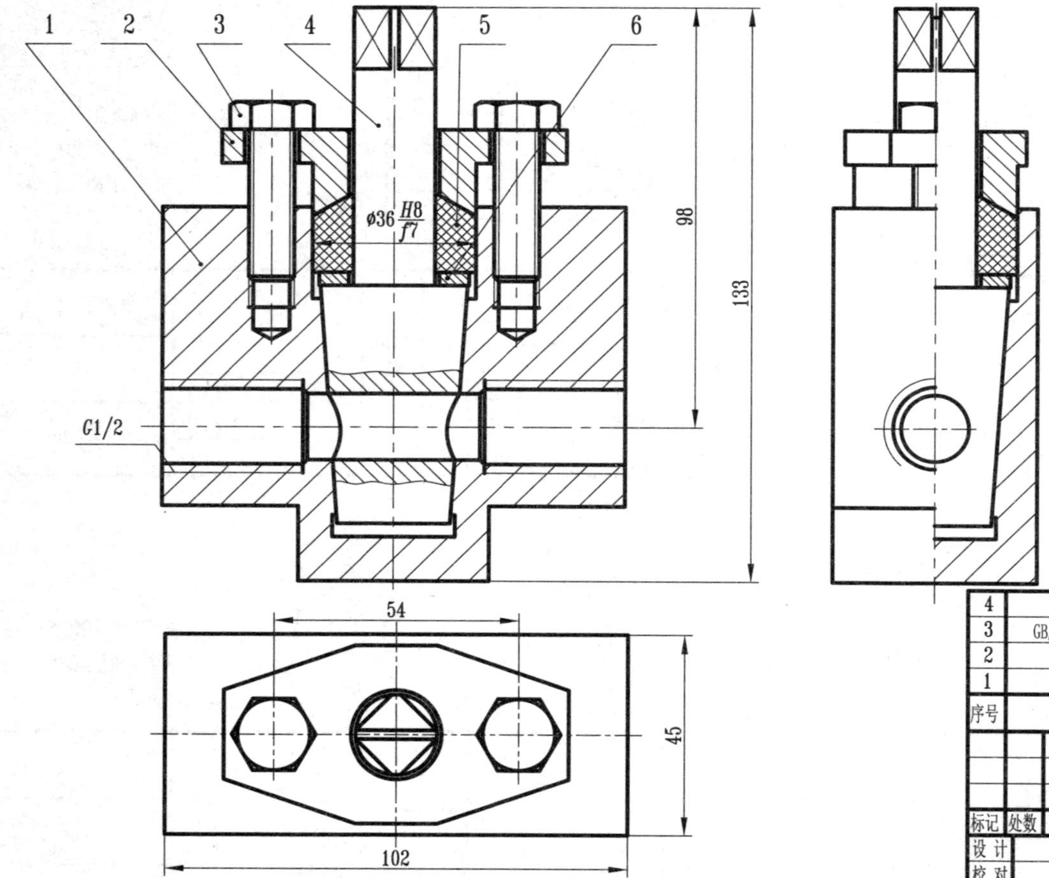

技术要求

1. 旋塞关闭位置时，不得有泄漏；
2. 工作压力为0.25MPa；
3. 填料压紧后的高度约为12mm。

序号	代号	名称	数量	备注
6		垫圈A18	1	
5		填料	1	
4		阀杆	1	
3	GB/T 5783-2000	螺栓$M10\times25$	2	
2		填料压盖	1	
1		阀体	1	

标记	处数	分区	更改文件号				旋塞
设计			标准化	阶段标记	重量	比例	
校对							XS-01-00
审核							
工艺			批准	共 1 张 第 1 张			

班级　　姓名　　学号

5. 读懂钻模的装配图。

用　　途

在批量生产中，在钻床上钻孔用的夹具，称为钻模。该钻模用于对工件中$3\times\phi7$孔的加工。

工 作 原 理

该钻模底座1是主要零件，其他零件都依据它来定位。被加工工件（双点画线画出）$\phi40H7$孔和内侧端面在钻模底座上定位，装上钻模版后用带肩螺母和开口销夹紧。钻头通过钻套钻孔。当钻套磨损后可再换新钻套。由于钻模$3\times\phi7$孔的尺寸精度和位置精度比加工工件$3\times\phi7$的精度高，可以保证加工件的精度。销2用于钻模板和底座的定位，方便孔$\phi7F7$与底座上的圆弧槽对准，避开钻头钻入底座。

要　　求

读懂装配图，弄清工作原理和表达方法，看懂各零件间的装配关系以及各个零件的结构形状。并完成：

（1）画出零件1或零件3的零件图（按零件图的要求选择表达方案，比例自定）；

（2）注全零件的尺寸和技术要求；

（3）$\phi14H7/k6$为________制的________配合，是零件和零件________表面接触；

（4）装或拆卸被加工工件的顺序是____________________。

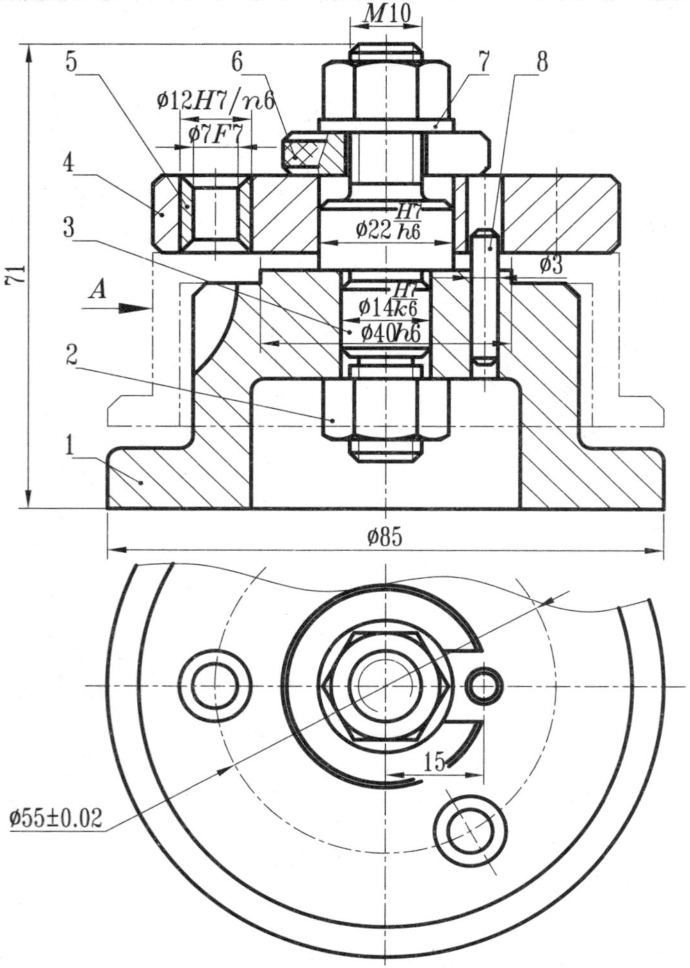

件1 A

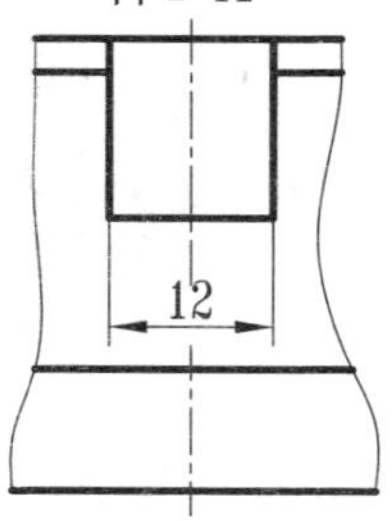

零件工作图

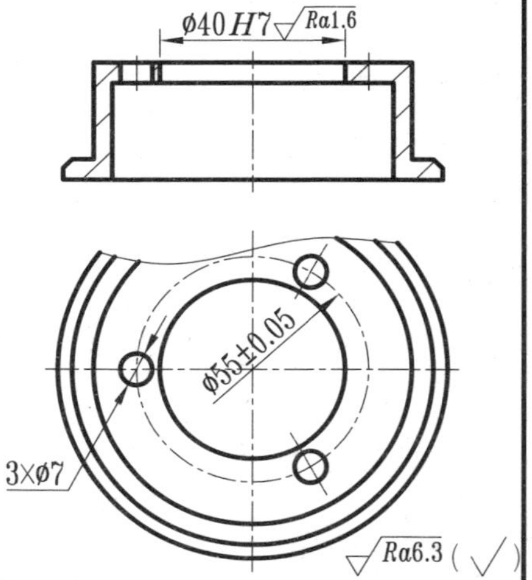

序号	代号	名称	数量	备注
8	GB/T 119.1-2000	圆柱销A3×28	1	
7	GB/T 97.1-2000	垫圈A10	1	
6	GB/T 851-2000	开口垫圈 10-30	1	
5	ZM - 01 - 04	钻套	3	
4	ZM - 01 - 03	钻模板	1	
3	ZM - 01 - 02	轴	1	
2	GB/T 41-2000	螺母M10	2	
1	ZM - 01 - 01	底座	1	

标记	处数	分区	更改文件号		
设计			标准化	阶段标记	重量 比例
校对					
审核				共 1 张 第 1 张	
工艺			批准		

钻 模

ZM - 01 - 00

班级 姓名 学号

6. 读懂换向阀的装配图。

用　途

换向阀是用于管路中控制流体输出方向的一种阀门。

工 作 原 理

本换向阀主要由阀体1、阀门2和手柄4等零件组成。在图示情况下流体由右边进入，因上出口不通，就从下出口流出。当转动手柄4，使阀门2旋转180°时， 则下出口不通，就改从上出口流出。同时根据手柄转动角度的大小，还可以调节出口的流量。

要　求

读懂装配图，弄清换向阀的工作原理和表达方法，看懂各零件间的装配关系以及各个零件的结构形状。画出零件1和零件2的零件图（按零件图的要求选择表达方案，图形大小在装配图中量取，不标尺寸）。

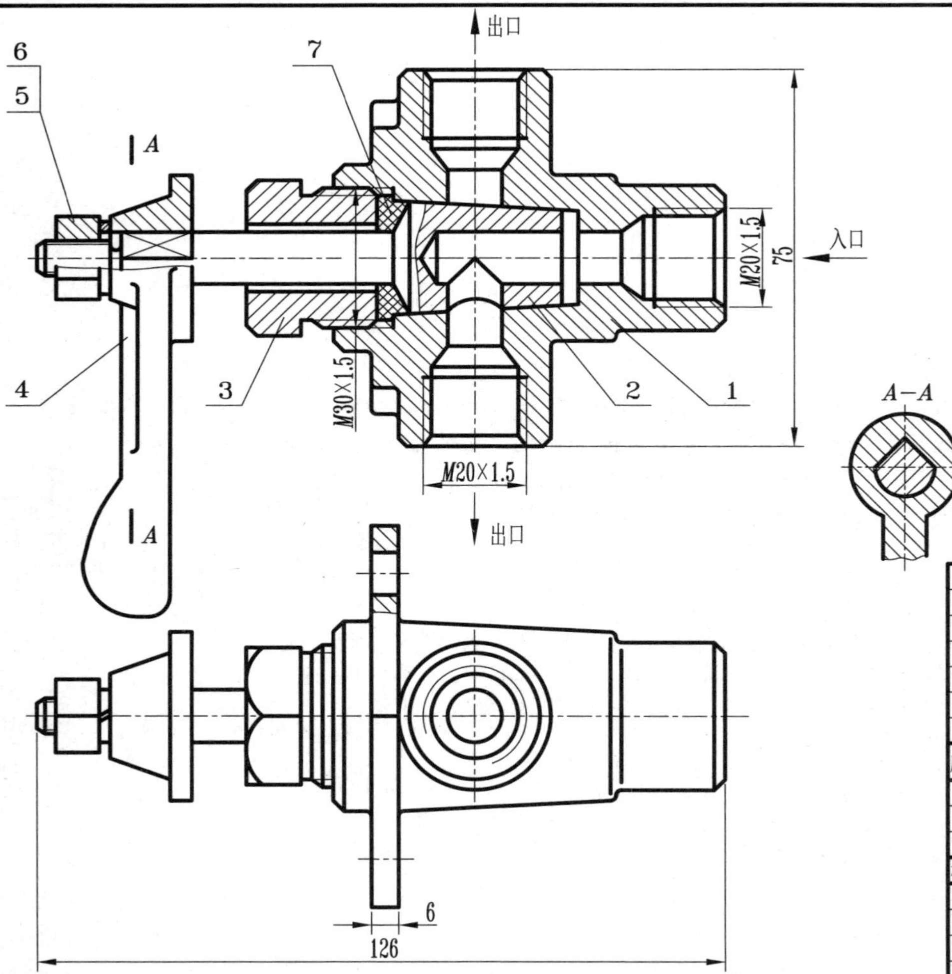

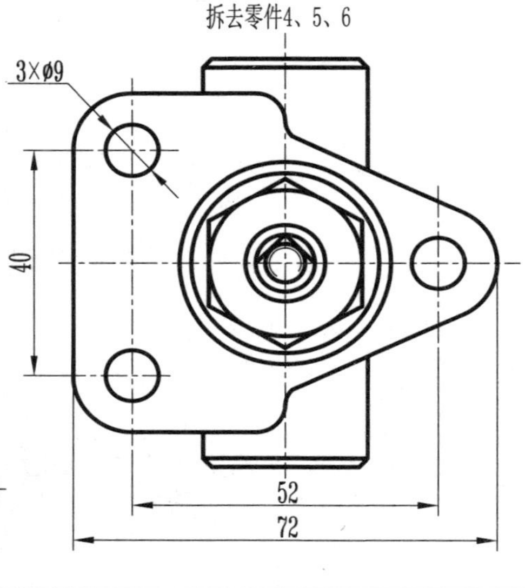

7	HXF-01-05	填料	1	
6	GB/T 6170-2000	螺母M8	1	
5	GB/T 93-2000	垫圈 8	3	
4	HXF-01-04	手柄	1	
3	HXF-01-03	锁紧螺母	1	
2	HXF-01-02	阀门	2	
1	HXF-01-01	阀体	1	
序号	代 号	名 称	数量	备 注

标记	处数	分 区	更改文件号				换 向 阀
设 计			标准化		阶段标记	重 量	比 例
校 对							HXF - 01 - 00
审 核							
工 艺			批 准		共 1 张	第 1 张	

班级　　姓名　　学号

7. 看懂虎钳的工作原理，并完成下列任务。

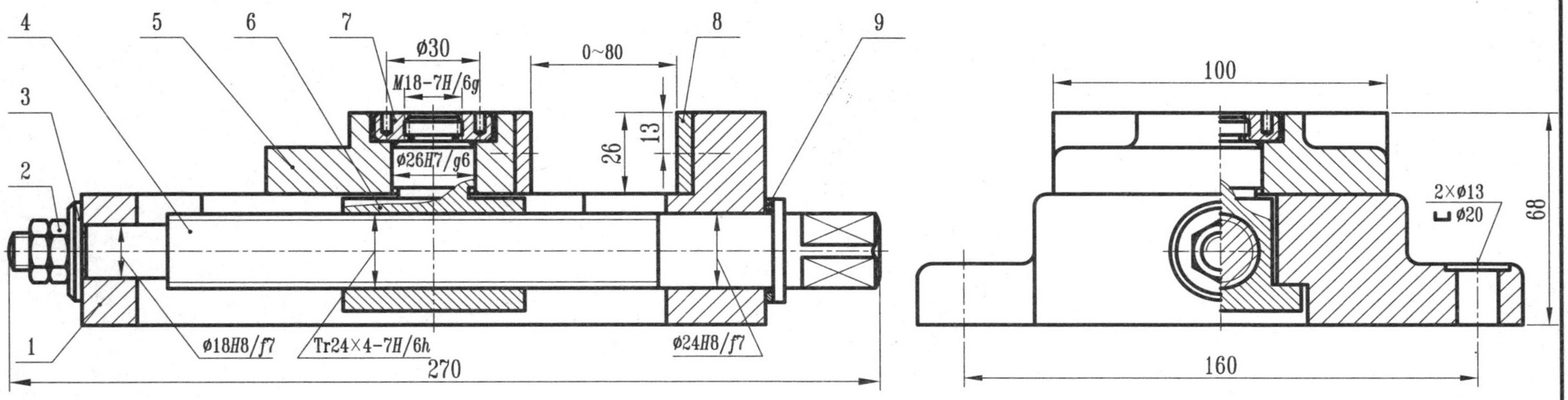

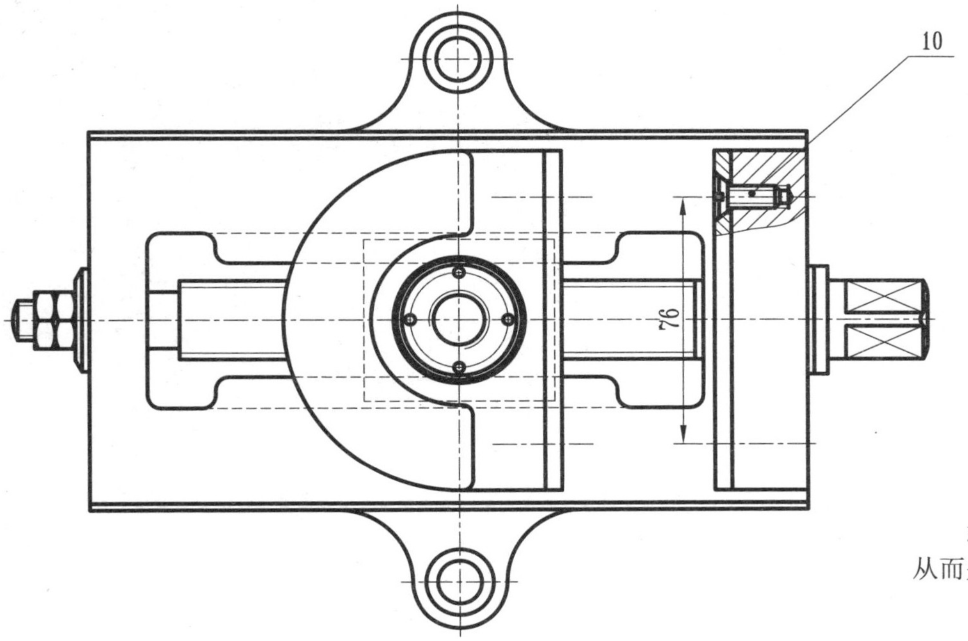

工作原理

转动螺杆(件4)时，可使滑块(件6)随之向右或左移动，从而夹紧或松开工件。

问答题

(1) 分析所采用的视图及各视图的作用。

(2) 分析零件间的装配连接关系，说明动掌(件5)和滑块(件6)的拆卸顺序。

(3) 台虎钳上哪些表面有配合要求？试说明各配合代号的含义。

(4) 读懂底座(件1)、螺杆(件4)、动掌(件5)和滑块(件6)等零件的形状，分别画出它们的零件图。

序号	代号	名称	数量	备注
10		螺钉M6×18	4	GB/T 68-2000
9	HQ-01-07	垫圈	1	
8	HQ-01-06	钳口	2	
7	HQ-01-05	螺母	1	
6	HQ-01-04	滑块	1	
5	HQ-01-03	动掌	1	
4	HQ-01-02	螺杆	1	
3		垫圈 A18	1	GB/T 617-2000
2		螺母 M12	2	GB/T 97-2000
1	HQ-01-01	底块	1	

标记	处数	分区	更改文件号		台虎钳
设计		标准化		阶段标记 / 重量 / 比例	
校对					HQ-01-00
审核					
工艺		批准		共 1 张 第 1 张	

练习9　立体的三维表达

练习9-1　立体的三维表达

1. 已知立体的两个视图,画出它的正等轴测图。

（1）

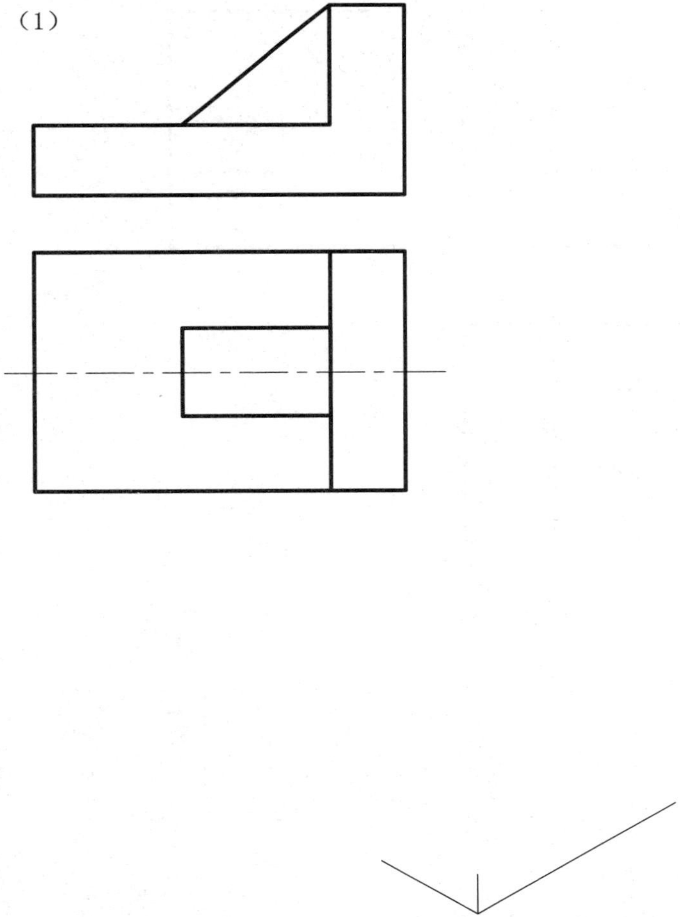

（2）

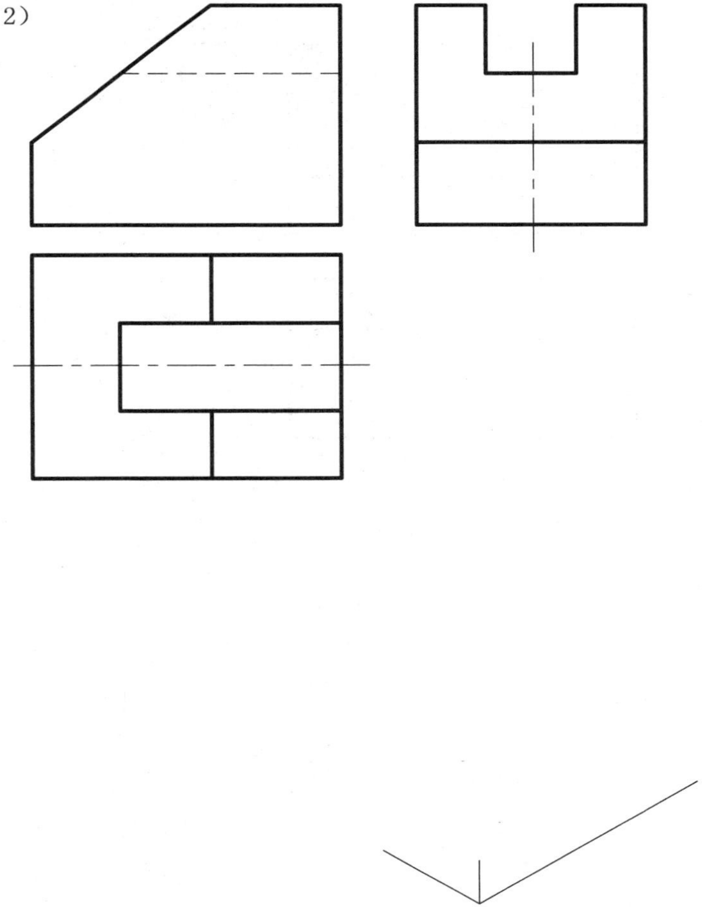

2. 已知立体的三个视图,画出它的正等轴测图。

（1）

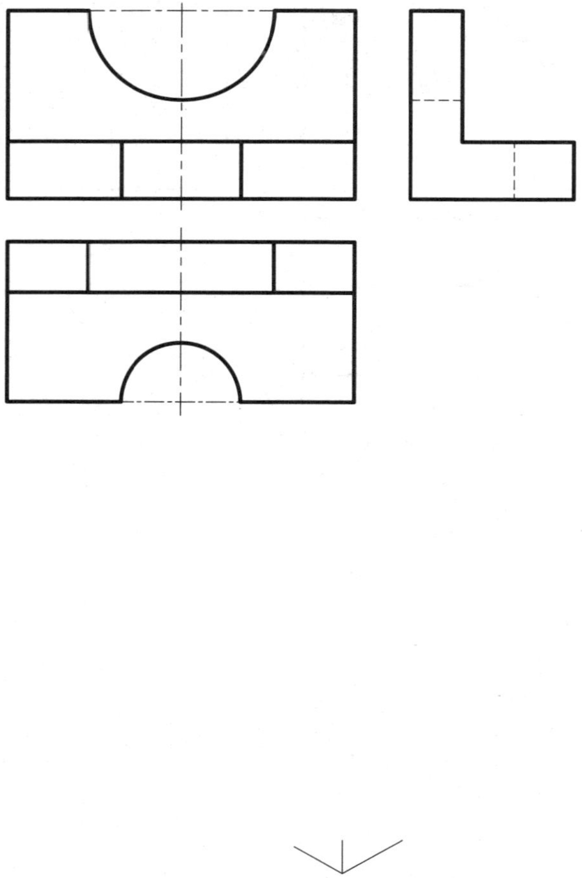

（2）

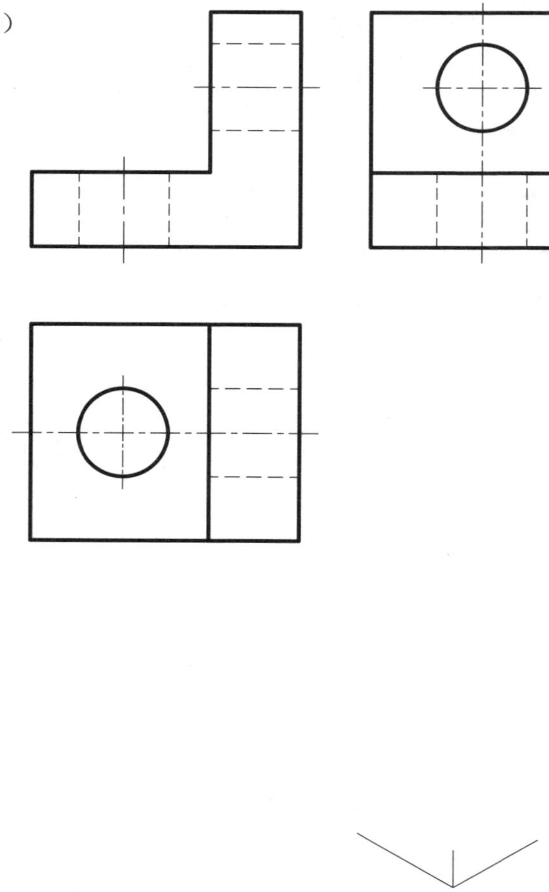

班级　　　　姓名　　　　学号

练习9-3　立体的三维表达

3．已知立体的两个视图，画出它的斜二轴测图。

（1）

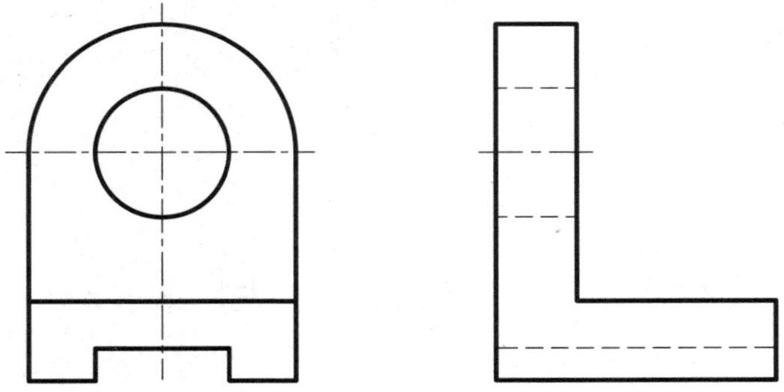

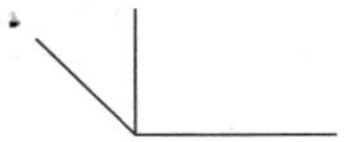

（2）

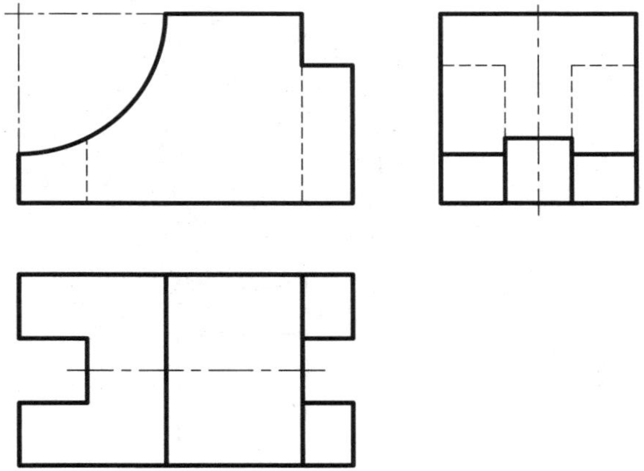

4. 已知组合体的两个视图,画出它的第三视图，并选择适当的比例在A3图纸上画出正等轴测图（尺寸在图上量取）。

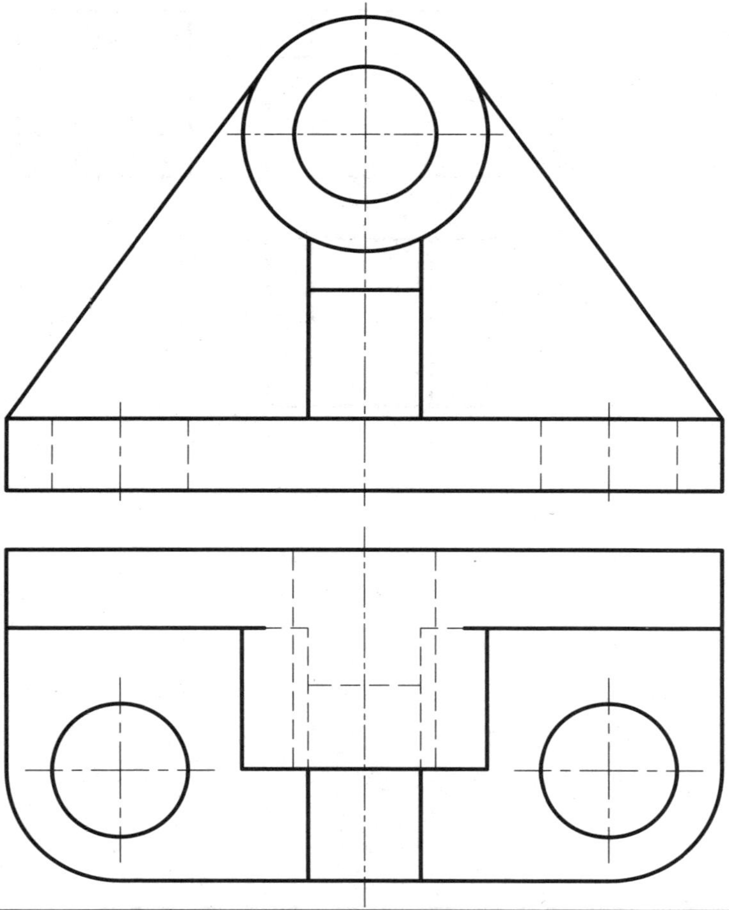

班级　　　　姓名　　　　学号

练习10　计算机绘图简介

练习10-1　计算机绘图简介

1. 绘制下列平面图形。

（1）

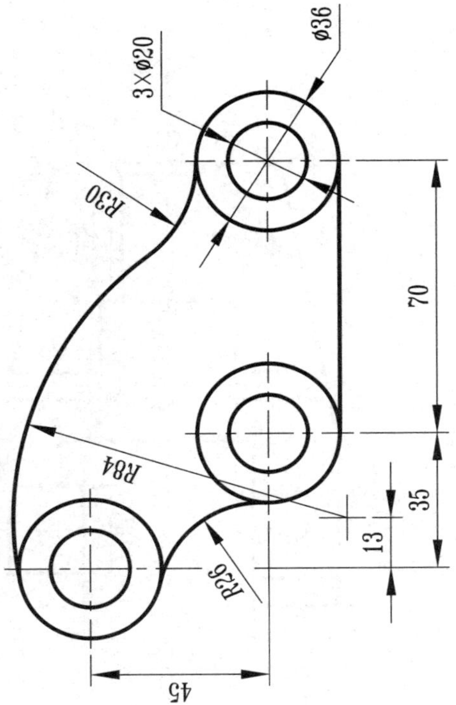

（2）

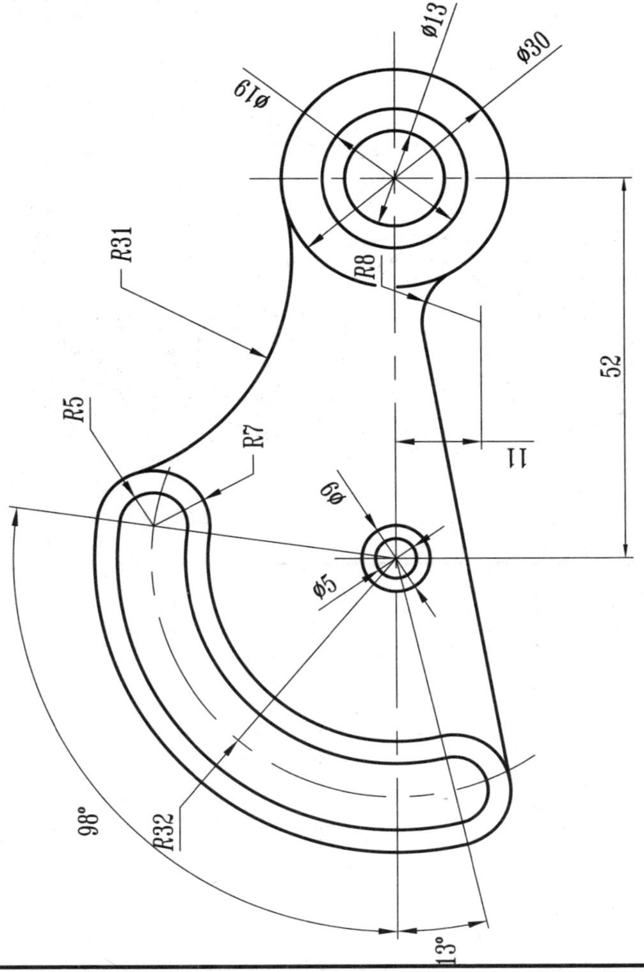

2. 根据下列零件的图形和尺寸建模。

（1）

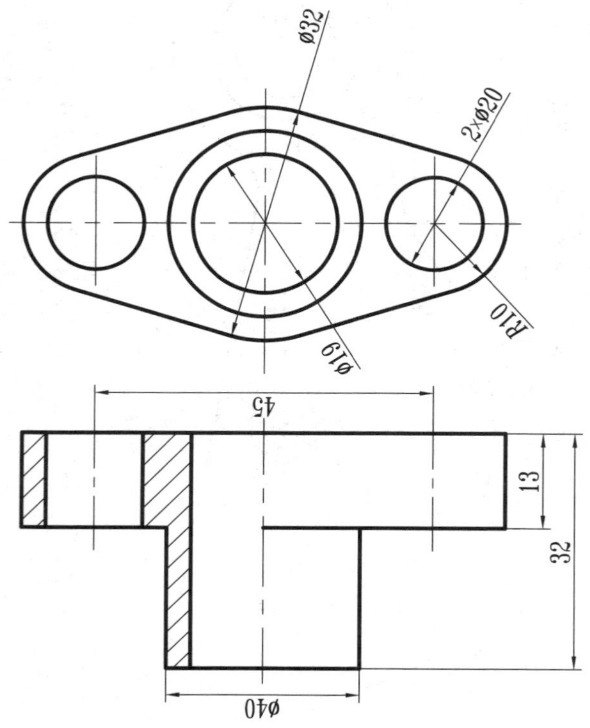

（2）

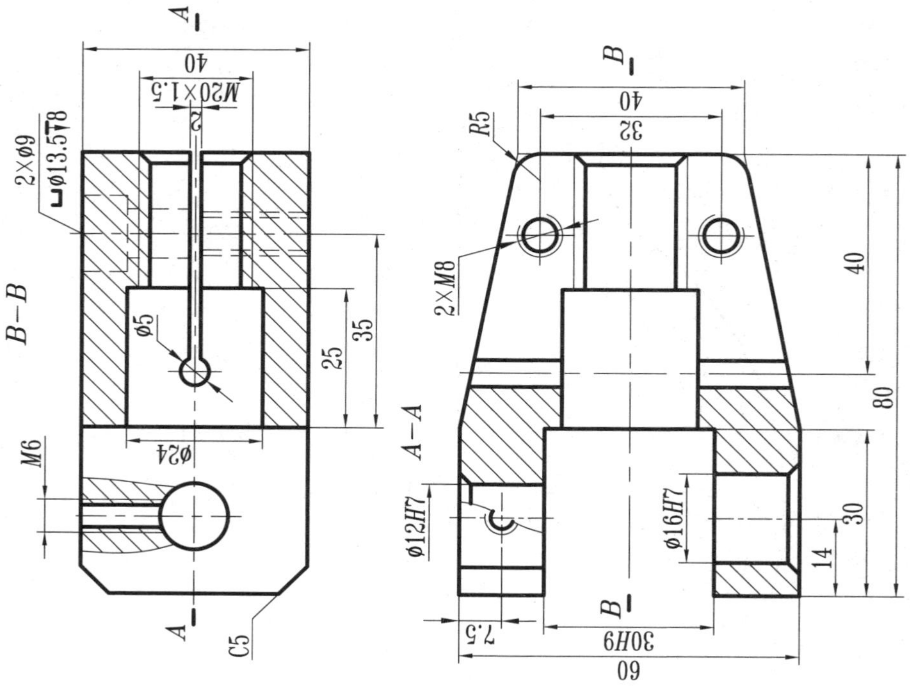

班级 姓名 学号

3. 根据所给的轴测图和尺寸建模。

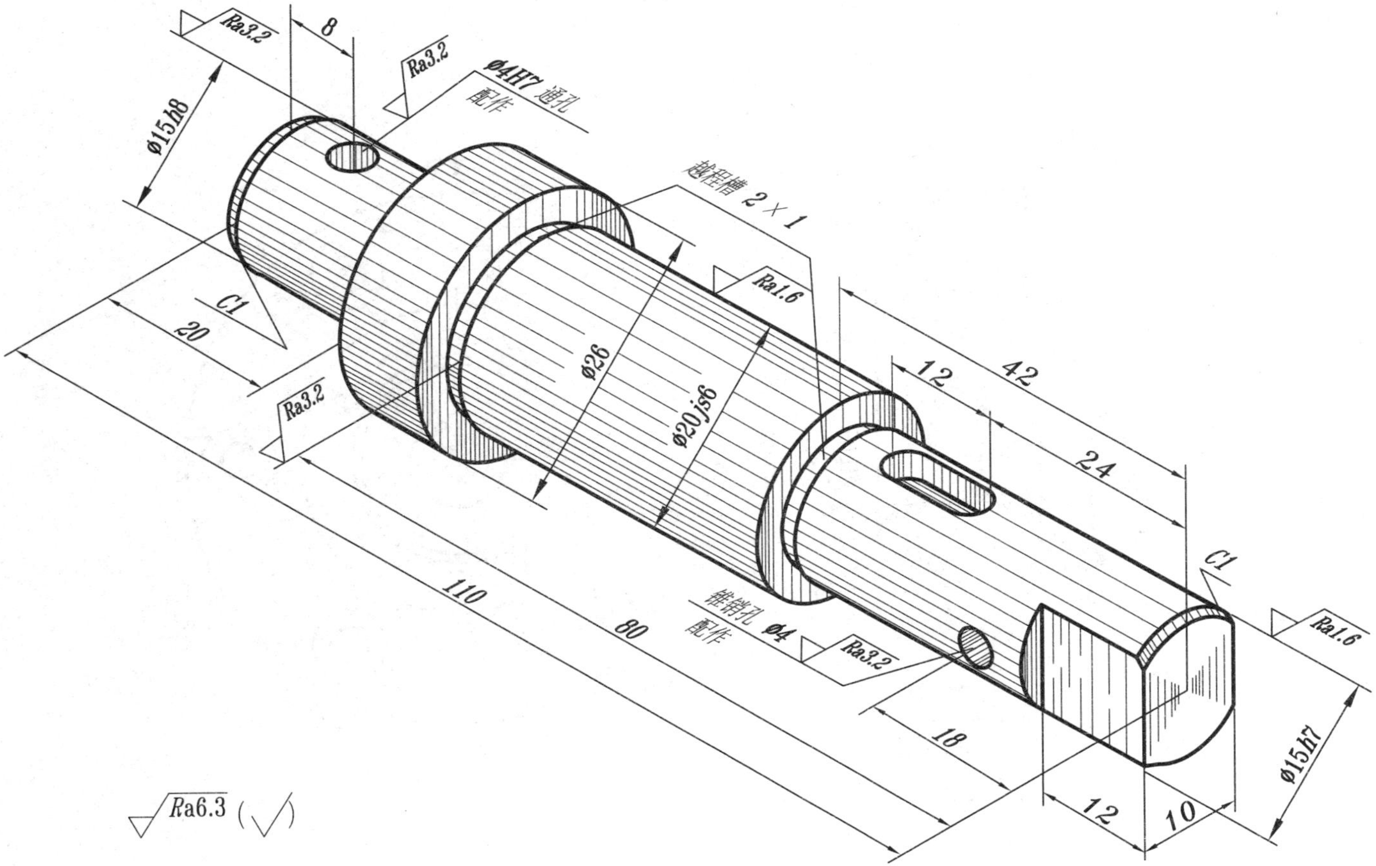

名称：从动轴
材料：　45

班级　　　　姓名　　　　学号

4. 根据零件的图形和尺寸建模。

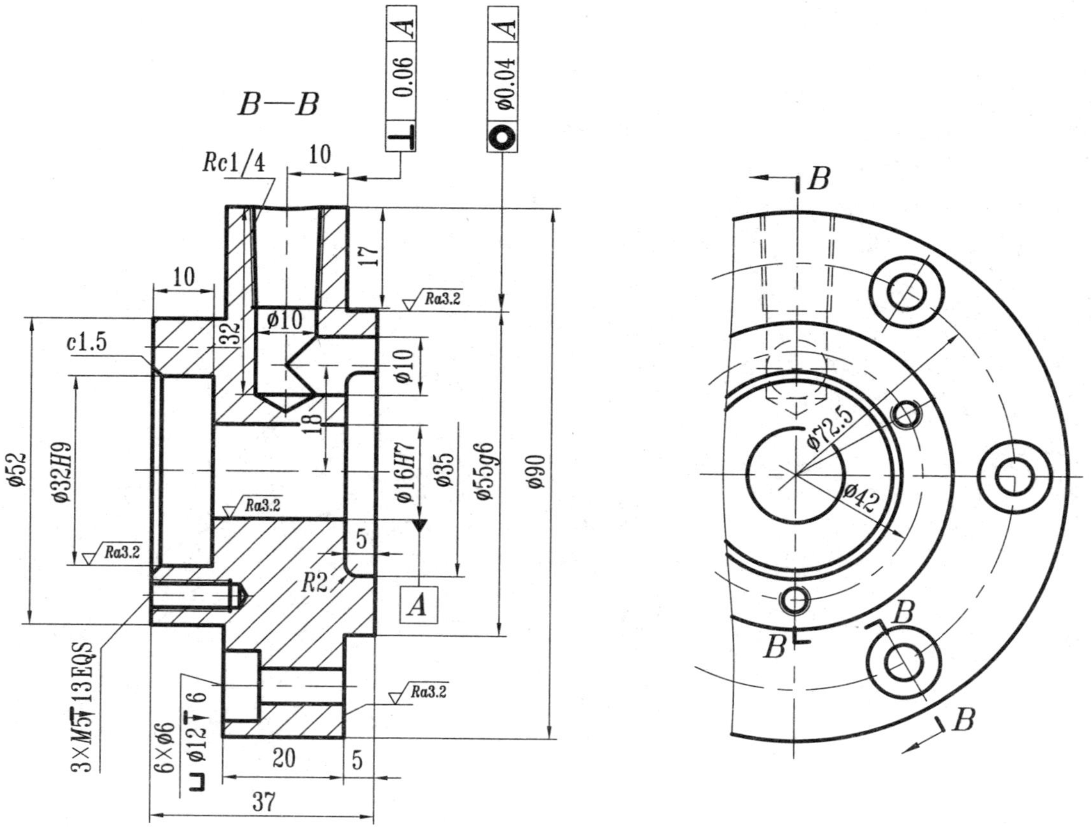

班级　　姓名　　学号

5. 根据零件的图形和尺寸建模。

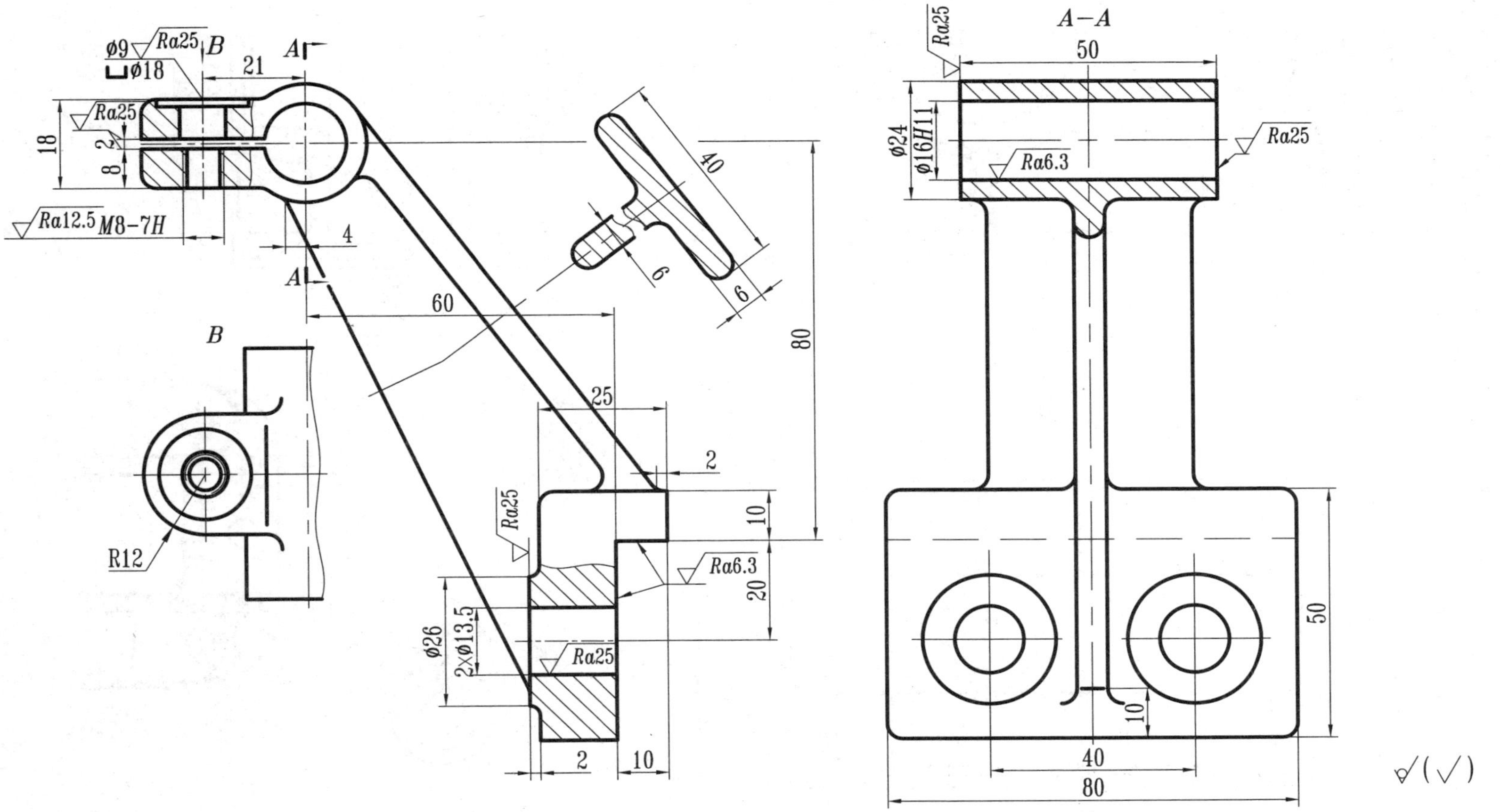

6. 根据零件的图形和尺寸建模。

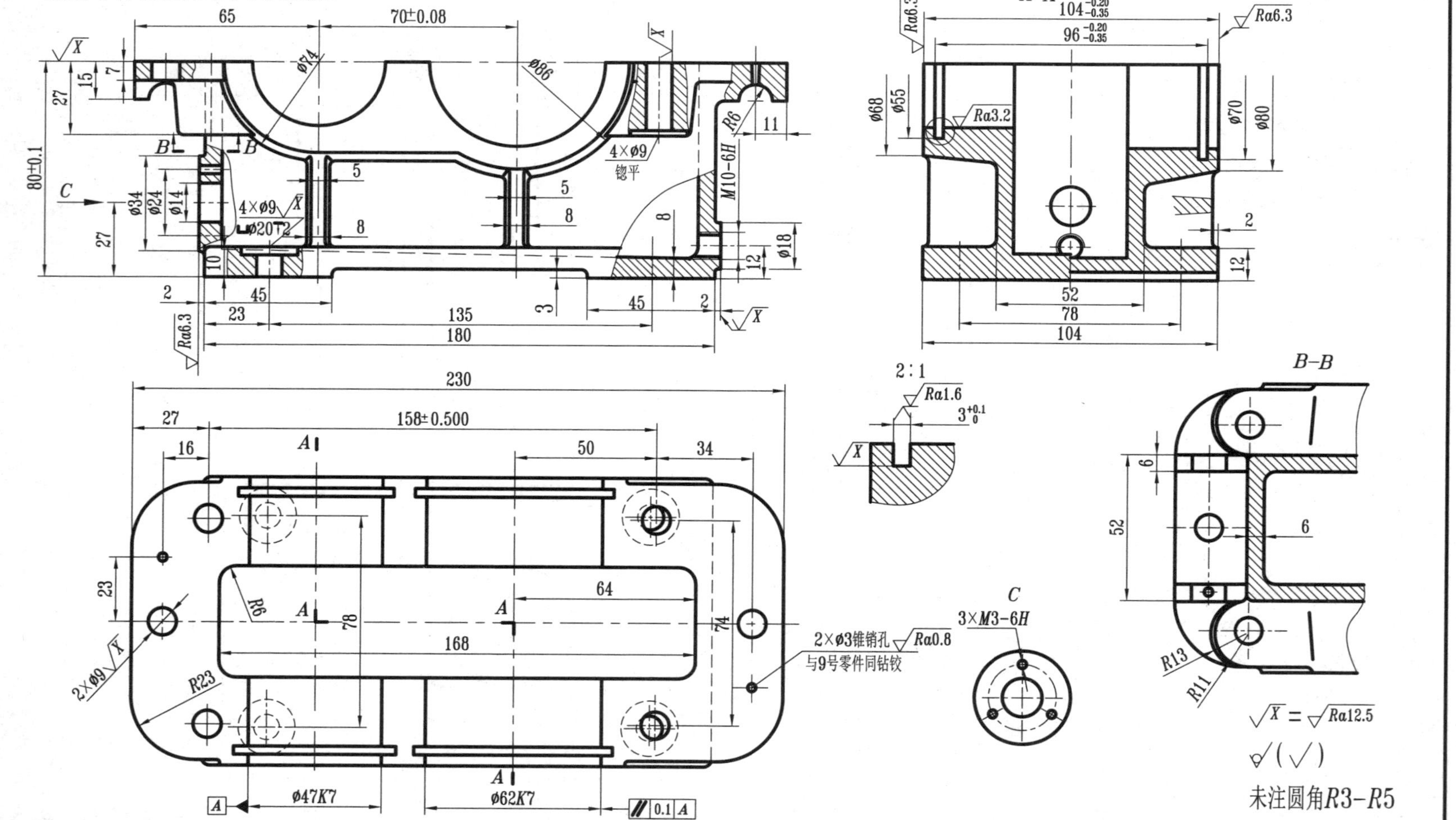

班级　　　　姓名　　　　学号